本书为国家社科基金项目“互模拟理论的逻辑研究”（12BZX060）结项成果

The Studies of the Logic of Bisimulation

互模拟理论的逻辑研究

姚从军/著

科学出版社
北京

图书在版编目（CIP）数据

互模拟理论的逻辑研究/姚从军著. —北京：科学出版社，2016
ISBN 978-7-03-048620-2

Ⅰ.①互… Ⅱ.①姚… Ⅲ.①模态逻辑–研究 Ⅳ.①B815.1

中国版本图书馆 CIP 数据核字（2016）第 126709 号

责任编辑：朱萍萍 刘 溪 李香叶 / 责任校对：郑金红
责任印制：李 彤 / 封面设计：无极书装
编辑部电话：010-64035853
E-mail：houjunlin@mail. sciencep. com

科学出版社 出版
北京东黄城根北街 16 号
邮政编码：100717
http://www.sciencep.com
北京凌奇印刷有限责任公司 印刷
科学出版社发行 各地新华书店经销
*
2016 年 7 月第 一 版 开本：720×1000 B5
2022 年 1 月第四次印刷 印张：12 3/4
字数：249 000

定价：65.00 元

序

姚从军是我 2011 年招收，2014 年出站的博士后，自此我们结下了师生之缘，我们是亦师亦友的关系。他在中国社会科学院哲学研究所博士后流动站的任务是协助导师完成国家社科基金的重大课题。在做课题的那些日子里，从军尊重师长、勤奋好学，以旺盛的精力攻读了大量专业文献；在研究团队中，他宽容大度，乐于助人，积极参与了团队的各种学术活动，这些都给我留下了深刻的印象。

从军自 2002 年攻读逻辑学硕士研究生以来，孜孜不倦地专攻现代逻辑，尤其是模态逻辑和语言逻辑。今天呈现在读者面前的《互模拟理论的逻辑研究》一书，是从军承担的国家社会科学基金项目“互模拟理论的逻辑研究”（12BZX060）的结项成果，是他数年辛勤劳作的结晶，是他科研生涯阶段性的标志。祝贺从军的收获！

在 20 世纪 80 年代左右，人们在计算机科学、模态逻辑和集合论中大体上同时发现了互模拟的概念。今天，互模拟理论在模态逻辑、集合论和计算机科学领域已经发挥了日益重要的作用。在模态逻辑方面，自从本特姆（Benthem）定理问世之后，互模拟被广泛地运用于模态逻辑的研究中，目前已成为模态逻辑模型论的一个核心概念；在集合论中，互模拟的研究不断向深度和广度扩展，互模拟理论也是非良基集合论的核心；在计算机科学中，互模拟理论广泛地应用在并发系统的研究中。当今，互模拟概念不断被用到新的形式化理论中，这对于逻辑学，特别是哲学逻辑的进一步发展将会起到更大的促进作用。

互模拟理论目前属于国际前沿研究课题，在国内外学术界没有见到系统介绍互模拟理论的专著。《互模拟理论的逻辑研究》一书的问世，为逻辑学、数学和计算机科学等领域的学者、师生熟悉和了解互模拟理论打开了方便之门，因此具有毋庸置疑的出版价值。

互模拟的研究远未结束，还有许多问题尚待解决，比如，双模拟的研究有待完善；非良基集合的分类有待深入；不同非良基模型解决不同种类悖论的优劣有待探讨……希望该书再版时可以见到更深入的研究成果。

邹崇理

中国社会科学院哲学研究所研究员

2016 年 4 月 16 日

目　　录

第二部分　互模拟与非良基集合

绪　论

第一节　研究背景

“从直观上讲，互模拟就是两个系统能够相互模仿对方，从而从观察者的角度讲，它们在某种程度上是行为等价的（两个系统从某一时刻开始行为等价是指，如果观察者对它们做任意长时间同样的观察都可得到同样的结果）”。[①]

经典的互模拟概念定义在加标转换系统(LTS)上。令Σ是 LTS 的所有状态集，Σ上的互模拟是一个满足下列条件的关系 $Z \subseteq \Sigma \times \Sigma$：

(1)$\langle w, v\rangle \in Z$, 并且 $w \xrightarrow{a} w'$ 蕴涵存在一个 v'使得 $v \xrightarrow{a} v'$, 并且$\langle w', v'\rangle \in Z$。

(2)$\langle w, v\rangle \in Z$, 并且 $v \xrightarrow{a} v'$ 蕴涵存在一个 w'使得 $w \xrightarrow{a} w'$, 并且$\langle w', v'\rangle \in Z$。

最大互模拟被定义为所有互模拟关系的并。当 LTS 的状态是进程时，最大互模拟被看作是这些进程的行为等价性定义。

在 20 世纪 80 年代左右，人们在计算机科学、模态逻辑和集合论中大体上是同时发现了互模拟。无论是在计算机科学中，还是在模态逻辑和集合论中，互模拟都是通过对代数结构之间的态射概念进行提炼而产生的。最基本的态射形式是同态，它给予了我们把一个结构（源结构）嵌入另一个结构（目标结构）的方式，使得源结构中的所有关系保持在目标结构中。然而，它的逆不一定成立；鉴于此，需要更强的态射概念。而常用的一个概念是同构，然而同构的概念又太强，因为同构的结构在本质上和形式上都是相同的。于是，人们希望有一个介于同态和同构之间的概念，在这一探索过程中，互模拟被引入。

互模拟理论在模态逻辑、集合论和计算机科学中已经发挥了日益重要的作用。当今，互模拟已成为模态逻辑模型论的一个核心概念：可以使用互模拟证明插值定理等重要定理；使用互模拟证明一些模态逻辑的表达力；用它去解释什么样的模型性质是模态可定义的；用它来定义在模型上保持模态公式有效性的运算；使用互模拟构造商模型，等等。

互模拟理论也是非良基集合论的核心。当人们把集合的论域由良基集合扩展到非良基集合时，经典的外延公理在判断非良基集合之间的相等性方面显得无能为力，运用基于互模拟概念的各种加强的外延公理可以很好的解决这一问题。互模拟也可以定义在图上或方程组上，通过图之间或方程组之间的互模拟关系，可

---

① 周晓聪．2009．代数与共代数方法及其运用讲义．http://www.cs.sysu.edu.cn/~zxc/report/coalgebra.pdf［2009-10-10］．

以间接的判断集合之间的等价性。最早为标准集合论设计的各种可满足性的判定算法在非良基集合论中有它们的对应算法。在这里，属于关系以所有可能的方式违反了良基性，然而基于互模拟的限制原则避免了论域中个体的过分增加。另外，互模拟还被用来判断由某个集合生成的流之间的相等性，用来证明后继函数的单射性质以及被用来刻画序数等。

今天，互模拟理论因为各种目的被广泛地运用于并发系统的研究中，例如，最大互模拟一般被看作是施加于系统上的最精致的行为等价性；互模拟证明方法被用来证明进程之间的等价性；利用最大互模拟检测算法的效力和最大互模拟合成性特征使进程的状态空间最小化；最大互模拟和它的变体被用来对某些系统进行抽象化。互模拟和由它生成的共归纳技术被运用于许多领域，如函数语言、对象定位语言、类型论、数据类型、域论、数据库、编辑最优化、程序分析、证明工具等。①

第二节 研究意义

互模拟在模态逻辑、计算机科学和集合论中已经发挥了日益重要的作用。

自从范本特姆（Johan van Benthem）定理问世之后，互模拟被广泛地运用于模态逻辑的研究中，目前已成为模态逻辑模型论的一个核心概念；在集合论中，互模拟的研究不断向深度和广度扩展。当今，互模拟不断地被用到新的形式化理论中，这对于逻辑学，特别是哲学逻辑的进一步发展将会起到更大的促进作用。但是互模拟在各领域的研究很不平衡，比如在计算机科学中互模拟的研究比较深入和广泛，并且现在还是该领域的研究热点，而互模拟在模态逻辑和集合论中的研究显得单一。对模态逻辑来说，人们主要是运用互模拟判断各种模态逻辑的表达力等；对于集合论来说，人们主要是使用三个正则互模拟形成不同的外延性概念，从而导出非良基集合之间相等的不同标准，这些研究显得很不够，因此有必要在模态逻辑和非良基集合论中加强互模拟理论的研究。本书除了阐述互模拟在模态逻辑和非良基集合论中的基本理论外，主要做这样一些工作：系统梳理互模拟理论，并加以详实地证明；在模态逻辑中定义并研究了互模拟的一个新变体“双模拟”；探讨构造互模拟等价的模型的方法，使用这样的方法构造新模型，并运用所构造的新模型证明了模态逻辑的一些性质；研究两类商模型，并比较它们之间的关系；研究非良基集合的分类；研究与正则互模拟簇相对应的方程组的解引理；基于互模拟和有界互模拟，阐明模态逻辑的克里普克（Kripke）模型和非良基集合论模型之间的关系；从方程组的解这一角度梳理反基础公理 AFA 的基本理论。下面分别探讨这些研究的意义。

---

① 李娜，姚从军．2010．互模拟的一些基本性质．云南师范大学学报，42（5）：68-73.

第一，据我们所知，在国内学术界，除了课题组成员外，还没有人研究互模拟，所以有必要系统地引进它，加以消化并力促创新。目前国际上也没有一本系统介绍互模拟的专著，因此有必要系统梳理互模拟理论，并加以翔实地证明。鉴于此，本书在第二章系统地介绍了模态逻辑中互模拟的一些概念，并对其中的一些定理进行了独立证明；第六章系统地介绍了互模拟在非良基集合论中的基本理论；第八章从方程组的视角诠释了互模拟及非良基公理。所有这些条分缕析工作和补证工作不仅可以还互模拟一个完整的理论概貌，而且有利于人们学习和了解互模拟，进一步运用互模拟。

第二，模型在解释模态理论中有着举足轻重的作用，模态逻辑许多性质的证明依赖于合适的模型，本书在第三章对休斯(Hughes, G E)和克雷斯韦尔(Cresswell, M J）的压延技术进行改造，创造出它的两种变体，证明运用这样的变体构造的模型与原模型是互模拟等价的，并借此证明了模态系统的一些特征。构造一个模型的商模型也是一种重要的模型构造技术。在计算机科学中人们常用互模拟来缩小状态空间，在直觉主义逻辑中帕特森（Anna Patterson）运用一个模型内部的互模拟及语言等价性构造该模型的两种商模型，并且比较了两种商模型之间的关系。但是在模态逻辑里，还没有学者以互模拟为模构造商模型。构造模互模拟的商模型，讨论这样的商模型的作用及其与其他商模型的关系，揭示这样的商模型的优越性等，这样的研究在理论上弥补了这方面的研究空缺，并将进一步促进模态逻辑的发展。本书第三章在模态逻辑中构造模互模拟的商模型和模语言等价的商模型，比较这两种商模型之间的关系。

第三，今天，互模拟仍然是计算机科学研究的热门课题，计算机科学的学者们研究了互模拟的许多变体，如弱互模拟、开互模拟等，并且运用它们刻画计算机行为。模态逻辑中很少有人研究互模拟的变体。在模态逻辑中定义各种互模拟变体，讨论这些变体在模态逻辑中的作用等，这样的研究将会为模态逻辑的发展注入新的活力：运用这些变体会发现模态逻辑的一些新性质，找到证明模态定理的新方法，或者导致新的逻辑理论产生。本书第四章提出了互模拟的一种新变体“双模拟”，定义双模拟及与之有关的其他概念，讨论双模拟的性质，比较双模拟与模拟、互模拟的关系，并基于模态逻辑得出有关双模拟的一些事实。本书第五章介绍了模态逻辑的非良基模型定义和知识结构模型定义，并基于克里普克模型上的互模拟与有界互模拟概念证明这两类模型与克里普克模型之间的关系。

第四，数学研究的论域扩展到非良基集合时，经典的外延公理在判断集合的相等性上无能为力，因此需要更强的外延性公理，正则互模拟是目前人们用来强化外延性的一个通用工具。良基集合类只有一个唯一的正则互模拟$\sim_G$，然而非良基集合类有许多不同的正则互模拟关系，人们在定义不同的正则互模拟时发现了不同的非良基公理。埃泽尔（Aczel, P）定义了正则互模拟$\sim$和与之相应的非良基公理簇 AFA~，讨论了关于 AFA~的一些定理，给出了 AFA~的模型；进一步给出了三个具体的正则互模拟 $\trianglelefteq^*$，$\trianglelefteq^t$ 和 $\equiv_{V_0}$ 及与它们相对应的反基础公理 $AFA^{\trianglelefteq^*}$，$AFA^{\trianglelefteq^t}$ 和 $AFA_{\equiv_{V_0}}$。由这些反基础公理形成了不同的非良基集合论，布斯（Booth）对 1~3 层的芬斯勒（Finsler, P）集合进行了分类，塔克斯（Nitta Takashi）对布斯的 3 层芬斯勒集合分类进行了修改，并对 1~3 层的斯科特（Scott, D）集合进行了分类，但是还没有人对埃泽尔集合进行分类，本书填补了这一空缺。其次，巴威斯（Barwise, J）运用方程组来刻画集合，提出了与 AFA 相对应的平坦方程组的解引理。但是目前还没有人研究与 SAFA，FAFA 等非良基公理相对应的解引理，本书给出与非良基公理簇相对应的解引理“每个方程组有唯一的典范解”。所有这些研究必将进一步促进非良基集合理论本身的发展，扩大非良基集合论的应用范围，增加非良基集合论的应用价值。

第五，既然互模拟在模态逻辑与非良基集合论中几乎同时产生，那么模态逻辑与非良基集合论之间的关系也是一个可以研究的领域。本书基于互模拟探讨了它们之间的关系，证明了“模态逻辑的非良基模型描述了互模拟等价的克里普克模型类”，并讨论了集合上的互模拟与模态等价的关系。

第三节　研究思路

第一章沿着图同构—自动机的路径等价—进程的行为等价性这个轨迹追溯互模拟产生的内在逻辑，综述互模拟的研究历史和现状，接下来章节分三部分对互模拟理论进行介绍和研究。

第一部分（第二章到第五章）介绍并证明模态逻辑中有关互模拟的一些基本理论，定义一些新概念、给出并证明一些新结论。第二章定义经典互模拟，概述互模拟的基本理论，并在模态模型上定义互模拟，把互模拟运用于模态逻辑的研究中，得出一些基本定理。本章对一些基本理论进行了系统的梳理，并对其中提到的定理、推论或命题给予完整的证明，这里主要是进行梳理和补证工作。第三章定义几种商模型，并对各种商模型进行比较，得出一些新结论。第四章引入互模拟的一个变体“双模拟”，在这里提出一些新定义，证明一些新结论。第五章引入了模态逻辑的非良基模型定义和知识结构模型定义，并基于互模拟和有界互模拟概念证明了这两类模型与克里普克模型之间的关系。

第二部分（第六章到第九章）介绍并研究集合论中互模拟的一些理论。非良基公理和非良基集合有两种表达方式：可达点图和方程组。第六、七章从可达点图的视角探讨了互模拟和非良基集合理论，介绍了集合论中互模拟的基本理论，给出三个具体的正则互模拟 $\trianglelefteq^*$，$\trianglelefteq^t$ 和 $\equiv_{V_0}$ 以及与它们相对应的非良基公理 FAFA，SAFA 和 AFA，讨论了正则互模拟 $\trianglelefteq^*$，$\trianglelefteq^t$ 和 $\equiv_{V_0}$ 之间的关系，探究了与它们相对应的非良基集合论的域及这些域之间关系，并对这些非良基集合论的域进行分类。

第八、九章从方程组的视角探讨了互模拟和非良基集合理论，讨论方程、方程组和解引理（称之为 AFA 解引理），接着引入一系列互模拟坍塌概念，主要是迭代互模拟坍塌和完全互模拟坍塌，最后在可达点图的典范装饰概念的基础上得出方程的典范解，并证明：在基于正则互模拟的非良基集合论中，每个方程组有唯一的典范解。

第三部分（第十章）借助互模拟讨论模态逻辑与非良基集合之间的关系。第一节介绍了模态逻辑的两种语义：克里普克模型和非良基集合模型，给出了这两种语义相互推演的过程，并进一步比较二者的外延关系；第二节从模型的视角讨论了集合上的互模拟与模态等价的关系。

第四节 主 要 工 作

本书的主要工作在于：

第一，梳理了互模拟在模态逻辑和非良基集合论中的产生背景、发展历程和研究现状，系统地阐述了互模拟在这两个领域中的基本理论和运用，并对一些定理和命题进行了补证。

第二，从一个传递模型分别构造出它的禁对称传递模型和反对称传递模型，并运用这些新模型证明：K4 被禁对称的传递模型类所刻画；S5 被自返的、反对称的传递模型类所刻画。构造了模互模拟的商模型和模语言等价的商模型，提出并证明：在无穷模态逻辑 $ML_{\infty}(\tau, \Phi)$ 中，恒等映射 I: $W^* \to W''$是从模互模拟的商模型$\langle W^*, R^*, V^*\rangle$到模语言等价的商模型$\langle W'', R'', V''\rangle$的一个同态；在亨尼西-米尔纳（Hennessy-Milner）模型类中，恒等映射 I: $W^* \to W''$是从模互模拟的商模型$\langle W^*, R^*, V^*\rangle$到模语言等价的商模型$\langle W'', R'', V''\rangle$的一个同态。

第三，在模拟的基础上，定义了“双模拟”的概念，探索了“双模拟”的一些基本性质，讨论了模拟、互模拟和双模拟之间的关系。

第四，对 1~3 层的埃泽尔非良基集合进行了分类；提出并证明：“在 ZFC^-+ $AFA^\sim$中每个可达点图有唯一的典范装饰”和“在 ZFC^-+ $AFA^\sim$中每个方程组有唯一的典范解”。

第五，证明了“非良基集合模型描述了互模拟等价的克里普克模型类”和“模态逻辑在集合上的互模拟下具有不变性”，讨论了集合上的互模拟与模态等价的关系。

第一章　互模拟理论研究概况

互模拟研究的开端可追溯到 20 世纪 60 年代后期计算机科学的研究，米尔纳（Milner）的工作最为突出，帕克（Park）在固定点理论的指导下，于 1981 年正式提出互模拟与互模拟证明方法。在计算机科学之外，互模拟在哲学逻辑和集合论等逻辑领域也得到持续而深入的研究。

本章只梳理和概括互模拟在模态逻辑和集合论这两个逻辑领域的研究状况，其中第一节主要从横向角度概述了互模拟在模态逻辑领域的研究状况，而第二节是从纵向角度概述了互模拟在集合论中的研究状况。

本章主要参考了桑吉罗吉（Davide Sangiorgi）的论文《互模拟与共归纳的起源》①和李娜、姚从军合著《互模拟理论的逻辑研究述评》②，同时参阅了本章提到的所有文章和专著。

第一节　模态逻辑中互模拟理论的研究概况

一、互模拟产生的动因

加标转换系统 LTS 是用来描述一个系统可能产生的交互的最常采用的结构。在计算机的并发系统中，计算就是交互。例如，进入一个记忆单元，访问一个数据库，在一台洗衣机中选择一个程序。一个交互的参与者就是进程（在洗衣机的例子中，洗衣机和选择程序的人就是被涉及的进程）。一个进程的行为应该告诉我们进程和外部世界在什么时候交互以及怎样交互。因此，我们首先需要一个适当的方法来描述一个进程的行为。

交互的另一个例子是能够卖茶和咖啡的自动售货机③。机器有一个投钱的狭孔，一个是索要咖啡的按钮，另一个是索要茶水的按钮，还有一个用于储藏饮料的空间。机器的行为就是在与机器交互中我们能够看到的东西。这意味着用机器进行试验活动：按按钮并看看发生了什么。我们能够看到的是哪个按钮何时被按下去了和我们何时能得到什么饮料。其他的每件事情，比如机器的颜色和形状是不相关的。我们能够把与机器行为相关的东西描述成一个加标转换系统，如图 1.1 所示。

---

① Sangiorgi D. 2007. On the Origins of Bisimulation and Coinduction. Technical Report 24, Department of Computer Science, University of Bologna.

② 李娜，姚从军．2010．互模拟理论的逻辑研究述评．哲学动态，(4)：104-107.

③ Sangiorgi D. 2009. Bisimulation and Coinduction, part 1: Behavious, Fixed-points. Unpublished manuscript: 16.

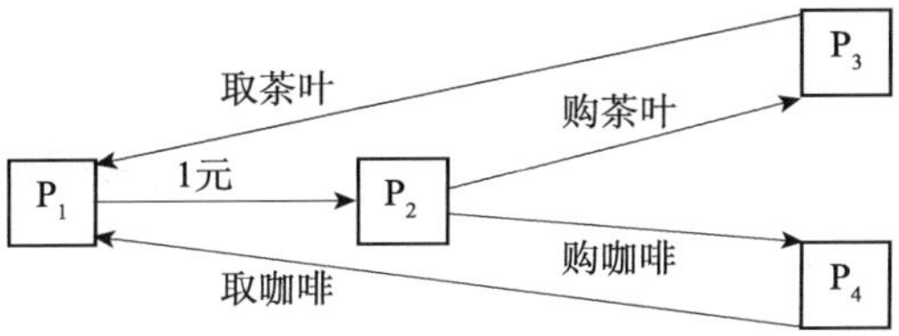

图 1.1 自动售货机的模型一

一个加标转换系统告诉我们一个系统可能处于什么状态，以及从每一个状态开始的可能的交互。一个交互用一个加标的直线表示，用加标转换系统的术语来说，称之为转换。在图 1.1 自动售货机里，存在四个状态。开始机器处于状态 P_1。P_1 与 P_2 之间的标有 1 元的转换表示在状态 P_1，机器接受了一个硬币，并因此进入了状态 P_2；在 P_2 中进一步有两种可能转换，一种转换表示要咖啡，另一种转换表示要茶叶，如此等等。

下面是一个与图 1.1 自动售货机有相同语言的另一台售货机的模型图 1.2①。

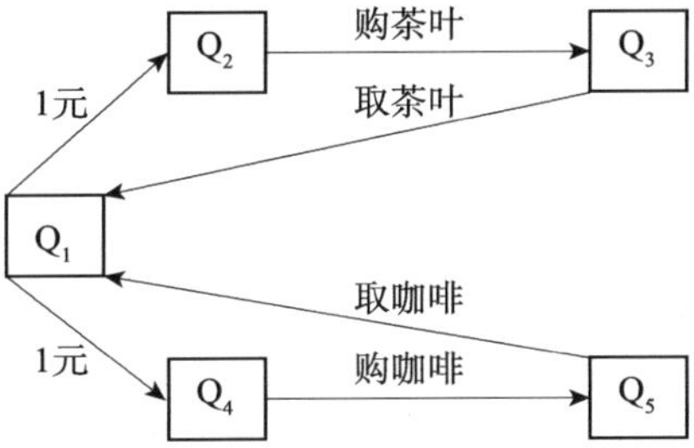

图 1.2 自动售货机的模型二

"虽然这个自动机与上一个自动机有相同的语言，也就是 P_1 和 Q_1 有相同的路径集，但是在一个办公室里，拥有第一台机器和拥有第二台机器的确不一样！当我们把硬币投入图 1.2 描述的机器时，结果状态可能是 Q_2，也可能是 Q_4，机器的非确定性决定了我们无法控制这一点。结果，如果我们想要一杯饮料，就必须接受机器提供给我们的任一饮料。与此不同的是，图 1.1 描述的机器总是让我们选择我们最喜欢的饮料。这就说明这两个自动机不是行为等价的，更具体地说，虽然 P_1 和 Q_1 是语言等价（路径等价）的，但是与它们进行交互可能导致迥异的结果。这说明，正如同态不能用来刻画状态的行为等价性一样，路径等价性也不能用来刻画进程的行为等价性；同时，数学中的同构、强同态，以及模态逻辑的有界态射，虽然可以用来判断一些进程之间的行为等价性，但是这些概念使用的是加标转换系统之间的函数关系，这就把许多实际上是行为等价的进程（结构）排除在行为等价类之外，因此需要寻找合适的概念描述进程之间的行为等价性，这

① Sangiorgi D. 2009. Bisimulation and Coinduction, part 1: Behavious, Fixed-points. Unpublished manuscript: 16.

一动机直接导致了互模拟的诞生。”①

二、互模拟的诞生

在 20 世纪 70 年代，逻辑学者开始研究逻辑的表达力问题时，互模拟在模态逻辑中始被发现。对此，需要处理的问题包括：在什么情况下，当模型改变时，模态公式的真值保持不变？或者更确切地说：在什么样的模型构造中，模态公式具有不变性？模态逻辑能够表达模型的哪些性质？当从模型 M 转移到模型 N 时，保持一个性质指的是：如果一个性质在 M 中成立，那么它在 N 中也成立；性质具有不变性指的是：性质在 M 中成立，当且仅当它在 N 中也成立。

为研究这个问题，很自然就要从最基本的保持结构的构造开始，即从同态开始。从模型 M 到模型 N 的同态是一个函数 F：$M \to N$，满足：

（1）如果一个原子命题在 M 中的点 s 上为真，那么它在 N 中的点 $F(s)$ 上也成立。

（2）如果在 M 中的任意两点 s 和 s' 之间存在一个转换，那么在 N 中的两点 $F(s)$ 和 $F(s')$ 之间也存在一个转换。

同态太弱以至于不能保持模态公式的真值。也就是说，从模型 M 到模型 N 的同态 F 不能保证：如果一个公式在 M 中的点 t 上成立，那么它在 N 中的点 $F(t)$ 上也成立。例如，考虑一个模型 M，它只有一个点，没有转换关系；与一个模型 N，它有两个点，且两点之间有转换关系。一个同态把 M 中的点映射到 N 中的任一点上，公式 $\neg\Diamond\neg\bot$ 在 M 中为真，而在 N 中为假。在这一点上，同态无能为力的原因在于它缺乏一个向后的条件。因此，学者们希望通过增加某种形式的逆蕴涵来弥补这一过失，从而保持不变性。有两种自然的方式可达到此目的。

（1）把同态定义中的蕴涵变成当且仅当，即：原子命题 p 在 M 的 s 点上成立，当且仅当它在 N 的 $F(s)$ 点上成立；在 M 中 $s\mathrm{T}^M s'$ 当且仅当在 N 中 $F(s)\,\mathrm{T}^N F(s')$。

（2）增加一个向后条件，即：如果对于 N 中的某个点 t 和 M 中的某个点 s，$F(s)\,\mathrm{T}^N t$ 成立，那么在 M 中存在一个点 s'，使得 $s\mathrm{T}^M s'$ 并且 $t = F(s')$。

第一个解决方法产生了强同态，第二个解决方法产生了有界态射。加上条件（1）或者（2），就保证了不变性性质：模态公式的真值在强同态或有界态射下保持不变。也就是说，如果 F 是从 M 到 N 的强同态或者有界态射，那么对于 M 中的任一点 s 和公式 ϕ，我们有 $M, s \vDash \phi$ 当且仅当 $N, F(s) \vDash \phi$。就不变性而言，强同态是一个很强的条件，满的强同态很接近同构。相比而言，有界态射更有优势，然而它也不能刻画所有不变性情况，如图 1.3 所示②的两个模型满足相同的模态公式，但是它们之间不存在有界态射关系。

① 李娜，姚从军．2010．互模拟的一些基本性质．云南师范大学学报，42（5）：68-73.

② Blackburn P, de Rijke M, de Venema Y. 2001. Modal Logic. Cambridge: Cambridge University Press: 66.

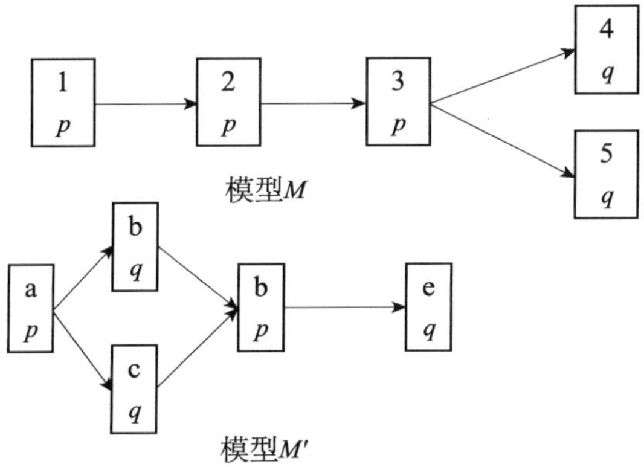

图 1.3　非 P-态射的模态等价模型

图 1.3 描述了两个模型 M 和 M'：这里 1, 2, 3, 4, 5, a, b, c, d, e 表示模型的状态，p 和 q 表示在相应状态上为真的原子命题。我们可以定义模型 M 和 M'的状态之间的一个全关系

$$Z = \{(1, \mathrm{a}), (2, \mathrm{b}), (2, \mathrm{c}), (3, \mathrm{d}), (4, \mathrm{e}), (5, \mathrm{e})\}。$$

很明显，模型 M 和 M'之间不具有有界态射关系。[①]但是这两个模型是模态等价的，因此需要寻找比有界态射更弱的条件来刻画模态不变性。

下一步是由范本特姆在他的博士论文中完成的，他把模型之间具有的有界态射关系扩充成一个对称关系，这就导致了互模拟的产生。范本特姆最初称这个关系为 P-关系，稍后又把它命名为 Zigzag 关系。在克里普克模型中，模型 M 和 N 之间的 P-关系是一个全关系 S(S 的域是 M 中的状态，共域是 N 中的状态)，使得对于所有的 sSt，原子命题在 s 点上成立，当且仅当它在 t 点上成立；对所有的 sSt 和所有满足 $s\mathrm{T}^{M}s'$的 s'，存在一个 t'，满足 $t\mathrm{T}^{N}t'$且 $s'St'$；对所有的 sSt 和所有满足 $t\mathrm{T}^{N}t'$的 t'，存在一个 s'，满足 $s\mathrm{T}^{M}s'$且 $s'St'$。

为了弄清有界态射和 P-关系之间的区别，考虑图 1.4[②]中的模型（这里字母表示状态的名称，不表达命题）。不存在从 M 到 N 的有界态射：t 的像要么是 v，要么是 w，在任何一种情况下，总存在一个 s 不能匹配地从 u 开始的转换（注意存在从 N 到 M 的有界态射）。然而，这两个模型之间存在一个 P-关系，使之把 s 和 u 关联起来，把 t 和 v，w 关联起来。

图 1.4　P-关系模型

① 姚从军．2010．走进模态逻辑的互模拟．科学技术哲学研究，27（3）：36-39.

② Sangiorgi D. 2007. On the Origins of Bisimulation and Coinduction. Technical Report24, Department of Computer Science, University of Bologna.

范本特姆在研究模态逻辑与经典逻辑之间的对应关系时定义了 P-关系，他的目标是刻画与模态逻辑相对应的一阶逻辑片段，这是测量模态逻辑表达力的一个重要方法。范本特姆不是将模态逻辑与经典逻辑相比较的第一人，从 20 世纪 60 年代开始就已经出现了把模态逻辑翻译成一阶逻辑的“标准翻译”，但是直到 20 世纪 70 年代，翻译的重要性才开始被人们所认识。范本特姆的刻画定理通过翻译及互模拟把模态逻辑和一阶逻辑联系起来。用今天的术语说，范本特姆的刻画定理就是说：包含一个自由变元的一阶公式 α 等价于一个模态公式的标准翻译，当且仅当 α 是互模拟不变的①。

下面介绍一下定理的原始证明。证明从左到右的蕴涵很简单：通过对公式的复杂度进行归纳就可以证明模态公式具有互模拟不变性。证明相反的蕴涵有些困难。关键在于证明：如果存在模型 M，N 的扩张 M'，N' 使得 s 和 t 具有互模拟关系，那么 M 中的点 s 和 N 中的点 t 满足相同的模态公式。从模型 M，N 扩张到 M'，N' 的原因在于：在任意的模型上，两个不具有互模拟关系的点有可能满足相同的模态公式，对于不是像有穷的模型来说，这种情况就有可能发生。相比而言，扩张模型 M'，N' 是饱和的，因为它们有足够的点。在这样的模型上，两个点满足相同的模态公式当且仅当它们是互模拟的。因为所有像有穷模型是饱和的，范本特姆的构造产生了人们熟悉的亨尼西-米尔纳定理：对于像有穷的模型而言，两个点是互模拟的当且仅当它们满足相同的模态公式②。然而，饱和模型不一定是像有穷的，因此范本特姆的构造具有更大的一般性。

三、互模拟的运用研究

自从范本特姆定理问世之后，互模拟被广泛地运用于模态逻辑的研究中。亨尼西-米尔纳定理实际上得出了：在像有穷的模型类上，互模拟与模态等价性是一致的。戈德布拉特（Goldblat）提出了亨尼西-米尔纳类，它是互模拟与模态等价性一致的转换系统类。据此，像有穷的转换系统类就属于这样的类。白磊本（Patrick Blackburn）等证明了模态饱和的模型类和可数饱和的模型类也属于这一类③。霍伦勃（Hollenberg, M）在他的博士论文中讨论了与亨尼西-米尔纳类相关的许多概念，并且讨论了这些概念之间的联系，得出结论：像有穷的转换系统类恰好是所有极大亨尼西-米尔纳类的交④。

巴威斯和莫斯（Lawrence Moss）在 1996 年的合著中把基本模态逻辑扩展成无穷模态逻辑 ML_∞，并证明对于任意两个模型 $\langle X, R, V\rangle$，$\langle X', R', V'\rangle$，任意的 $x \in X$，

---

① van Benthem J. 1976. Modal Correspondence Theory. Ph.D. Dissertation, University of Amsterdam: 143-177.

② Hennessy M, Milner R. 1985. Algebraic laws for nondeterminisim and concurrency. JACM, 32(1): 137-161.

③ Blackburn P, de Rijke M, de Venema Y. 2001. Modal Logic. Cambridge: Cambridge University Press: 92-102.

④ Hollenberg M L. 1998. Logic and Bisimulation. Ph.D. Dissertation, University of Utrecht.

$x' \in X'$，以及任意的公式$\varphi \in ML_\infty$，$x \vDash \varphi \Leftrightarrow x' \vDash \varphi$蕴涵 x 和 x'是互模拟的[①]。这表明，在无穷模态逻辑 ML_∞中，互模拟与模态等价性一致。与此相关，范本特姆与巴威斯在 1996 年所作的一次报告中把模态不变性分析为无穷扩展的插值定理。

沃洛柯威茨（Walukiewicz）和贾宁（Jazin）1996 年把互模拟运用到一元二阶逻辑（MSO），提出并且证明了与上述范本特姆定理类似的定理：在 MSO 中可表达的互模拟不变的性质集等价于在μ-演算中可表达的性质集[②]。这个定理首次把 MSO、互模拟和μ-演算三个概念联系起来。帕特森在他的《互模拟和直觉主义命题逻辑》中研究了直觉主义命题逻辑的模型上的互模拟与语言等价性的关系，得出直觉主义命题逻辑的两个有穷的或者有穷的和主要过滤的或者饱和的克里普克模型是互模拟的当且仅当它们有相同的有效公式集。但是，如果这两个模型是像有穷的，这个结论不成立，这一点与模态逻辑的情况不同。进而他讨论了两个状态之间的互模拟及语言等价性关系，提出运用一个模型内部的互模拟及语言等价性构造该模型的商模型，得出结论：如果满足上述条件的两个模型是全互模拟的，那么用互模拟或语言等价性为模构造两个模型的商模型是同构的[③]。

范本特姆在 1996 年概述了互模拟逻辑的一些新发展[④]，包括：①人们发现的不变性定理的新证明，如初等序列、饱和模型和艾伦芬赫特（Ehrenfeucht , A）游戏等技术。特别地，罗森（Eric Rosen）在 1995 年证明了模态不变性定理在有穷模型论中也成立。②改变模态语言的表达力，然后修改相匹配的模拟概念，从而使不变性定理仍然成立。德莱克（Maarten de Rijke）在 1993 年的博士论文中对这个交互进行了广泛的研究，库特尼亚（Natasha Kurtonina）在 1996 年的博士论文中对非布尔语言与非对称模拟之间的关系进行了研究。③在计算机科学中，研究路线恰好相反，可以在各种模拟概念下研究加标转换系统的进程，然后寻找与它们相匹配的模态语言。范本特姆与贝格斯特拉（Bergstra, J）在 1995 年的合著中比较了这两条研究路线的相同点。霍伦勃 1997 年的博士论文也与这个问题相关。④扩充到无穷模态语言，模态等价性与互模拟等价性一致，模态的和计算性传统融合在非良基集合论中，巴威斯和莫斯在 1996 年的合著中实现了这一目标。⑤模态系统的互模拟分析扩展到模态程序，被称为互模拟安全的。这样得到的是常规运算和一个合适的否定。范本特姆把互模拟安全性视为动态逻辑的程序核心，霍伦勃 1996 年扩展了这种方法，涉及了大多数标准的进程代数运算。

前面所有的研究主要是互模拟的运用研究，下面我们来看看互模拟理论本身

---

① Barwise J, Moss L. 1996. Vicious Circles: On the Mathematics of Non-Well-Founded Phenomena. Stanford: CSLI Publications: 135.

② Kang E. 2008. Bisimulation and Modal Logic. http://math.mit.edu/~rosen/18.504/bisimulation.pdf [2008-12-12].

③ Patterson A. 1997. Bisimulation and Propositional Intuitionistic Logic//Proceedings of the 8th conference on concurrency theory. Vol.8. Warsaw: Warsaw Press: 68-82.

④ van Benthem J. 1996. Exploring Logical Dynamics. Stanford: CSLI Publiction: 87-120.

的研究状况。

四、互模拟的纯理论研究

人们对互模拟的一些基本性质进行了研究。米斯拉（Jayadev Misra）在他的笔记中谈到了互模拟，给出了互模拟的五个特征，最后给出最大互模拟~的定义，证明了最大互模拟~是一个等价关系，进一步指出最大互模拟~是他所定义的函数 F 的最大固定点①。

逻辑学家研究了互模拟的一些变体。格莱别克（R.van Glabbeek）1993年列出了155种互模拟变体概念②。各布冉迪（Jelle Gerbrand）在1999年的博士论文中基于克里普克模型定义了互模拟与有界互模拟，给出了模态逻辑的非良基模型定义和知识结构定义。他得出“知识结构可被看作α-互模拟的点模型类”③。桑吉罗吉提出了模拟等价性概念，讨论了最大模拟、最大互模拟以及模拟等价性之间的关系，并基于CSS讨论了倒钩互模拟④；刘奋荣老师在《偏好变化和信息过程》文稿中给出了赋值模型上的两个互模拟概念——赋值互模拟和距离互模拟。

互模拟的算法问题也是一个热门的研究问题。桑吉罗吉在《关于互模拟证明方法》（1998）中研究了互模拟的一般性的证明方法。他使关系 R 通过可靠的关系函数 F 扩展成 $F(R)$，并给出一个简单条件保证 F 的可靠性，证明了可靠的函数类仅包含非平庸函数，这个类在合成、并、叠置等函数运算下是封闭的，从而大大减少了确立最大互模拟的工作⑤。互模拟问题就是确定一个集合相对于一给定关系稳定的、最粗糙的划分问题。为了解决这一问题，霍皮罗福特（Hopcroft）1971年给出了一个使加标转换系统的状态的数量最小化的算法，其问题等价于确定一个集合相对于一个有穷函数集的稳定的、最粗糙的划分问题。佩奇（Paige）、塔贾（Tarjan）和博尼（Bonic）1985 年针对只有一个函数的情况给出在线性时间里解决这一问题的方法——正战略算法：开始是单元素类，然后通过一系列步骤把两个或更多的类并起来。霍皮罗福特使用负战略进行划分：首先把所有的状态作为一个类，然后一步步析出不满足稳定性条件的类。佩奇和塔贾 1987 年对霍皮罗福特的观点进行改造，得出快速算法。受集合论中集合秩的启发，多维（Dovier）等 2004 年把正战略和负战略合起来，得到一个更有效的互模拟算法。这种算法在线性时间里把正负算法作为一个子算法，并且在每一种情况下，用这种算法进行

---

① Misra J. 2005. Notes on Bisimulation. http://www.cs.utexas.edu/~cathyliu/395T-S07/ClassNotes. dir/Bisimulation.pdf［2009-12-10］.

② van Glabbeek R. 1993. The Linear Time-Branching Time Spectrum Ⅱ: the Semantics of Sequential Processes with Silent Moves//Proceedings CONCUR'93, Springer LNCS, Vol.715. New York: Springer: 66-81.

③ Gerbrandy J. 1999. Bisimulations on Planet Kripke. Technical Report DS-1999-01, Institute for Logic, Language and Computation, University of Amsterdam: 19-33.

④ Sangiorgi D. 2009. Bisimulation and Coinduction,part 1:Behavious,Fixed-points. Unpublished mauncript: 63-81, 163-169.

⑤ Sangiorgi D. 1998. On the Bisimulation Proof Method. Journal of MSCS, 1998,(8): 68-82.

计算的复杂性都会小于或等于佩奇和塔贾的快速算法[①]。

互模拟的研究也在向公理化方向发展。戈斯蒂诺（Giovanna, D'Agostino）等2005年用互模拟量词扩展命题动态逻辑，建立了互模拟量词逻辑公理化系统BQL，它的表达力等同于μ-演算[②]。另外，还有对互模拟描述性问题研究，既有已提到的较具体的描述，也有如共代数、范畴论等抽象的描述，并研究了这些不同描述形式的区别，以及如何在形式化上实现它们之间的转换；还有互模拟在一定系统上的判定性和完全性的研究，以及计算互模拟复杂性的研究等。

第二节　集合论中互模拟理论的研究概况

一、互模拟的萌芽（1926—1982）

在集合论中向互模拟方向发展取得的大多数成果都是在非良基集合的研究中产生的。非良基集合就是允许包含自身的集合，它们违反了良基公理。良基公理要求集合上的∈关系不能产生无穷递降序列

$$\cdots \in A_n \in A_{n-1} \in \cdots \in A_1 \in A_0。$$

例如，满足方程 $\Omega = \{\Omega\}$ 的一个集合Ω是循环的，因此是非良基的。如果一个集合存在一个无穷的关系序列，并且这个序列中的元素两两不同，那么这个非循环的集合也是非良基的。

如果使用良基公理，则集合是良基的。在良基集上，相等的概念是使用策梅罗的外延公理表达的：两个集合相等仅当它们有相同的元素。这个相等概念十分直观，并且它允许我们用∈上的超穷归纳法进行等词上的推理，因此是没有争议的。例如，我们能够由此得出相等关系是唯一的。相比较而言，非良基集合在层次上是无穷的，因此归纳论证可能不适用。例如，考虑集合 A 和 B，它们是通过方程 $A = \{B\}$ 和方程 $B = \{A\}$ 来定义的，如果通过外延公理确立它们是相等的，则得到一个同语反复定义：A 和 B 相等当且仅当 B 和 A 相等。

整个20世纪，对非良基集合相等问题有不同的描述，非良基公理也出现了。米利曼诺夫（Mirimanoff, D）首先介绍了良基集与非良基集合的区别[③]。他认识到除了简单的形如 $\Omega = \{\Omega\}$ 的自返集之外，策梅罗的公理集合论也承认复杂的非良基集合。

米利曼诺夫在他的先锋性著作中对含有原子的集合定义了一个同构概念，原子就是今天所说的本元，是一些不可分解的元素，不是空集。他定义了同构概念：

① Dovier A, Piazza C, Policriti A. 2004. An efficient algorithm for computing bisimulation equivalence. Theoretical Computer Science, 311(5): 42-56.

② D'Agostino G, Lenzi G. 2005. An axiomatization of bisimulation quantifiers via the μ-calculus. Theoretical Computer Science, 338(3): 119-132.

③ Sangiorgi D. 2007. On the Origins of Bisimulation and Coinduction. Technical Report24, Department of Computer Science, University of Bologna.

两个集合 E 和 E' 同构，如果它满足：

（1）集合 E 和 E' 是等价的，也就是说在 E 和 E' 的元素之间可建立一个完全的对应。

（2）上面的对应可这样建立：E 中的每个原子 e 对应于 E' 的一个原子 e'，并且其逆也成立；E 中的每个集合元素 F 对应于 E' 的一个集合元素 F'，并且其逆也成立，F 和 F' 也如此建立对应，如此等等。

米利曼诺夫的意图很明显，就是把集合与相同的树结构关联起来。如果把集合看作树，那么从根本上说米利曼诺夫的同构是这些树之间的同构。然而米利曼诺夫没有提出比策梅罗的外延公理更强的外延公理，芬斯勒首先进行了这个尝试。他提出了 3 条针对集合域的公理，其中一条是外延公理，它假定同构的集合是相等的。不过芬斯勒的同构概念与米利曼诺夫的同构概念不同，在芬斯勒看来，集合 X 和 Y 同构当且仅当 X 的传递闭包与 Y 的传递闭包之间有一个双射。

米利曼诺夫的同构概念与互模拟之间罅隙的产生在于他没有把集合之间的同构提升到集合的相等。例如，按他的理论，集合 $A = \{B\}$ 和 $B = \{A\}$ 同构但不相等，因此集合 $\{A, B\}$ 就不同构于集合 $\{A\}$ 和 $\{B\}$，由于前者有两个元素，后两者都只有一个元素。为了达到同构与相等的同一，在建立两个同构集合之间的完美对应时，应考虑同构本身产生的坍塌。通过削弱对应中的单射与满射条件就能够做到这一点。例如，使对应是全关系而不是函数，也就是使它们成为互模拟。如果米利曼诺夫研究了同构对外延性的影响，并坚持同构定义的精神实质，他就有可能发现互模拟。

但是，米利曼诺夫的同构概念与芬斯勒和斯科特的非良基公理给出的集合上相等的概念已相差不远了，实际上，集合上的相等概念是基于同构概念之上的。米利曼诺夫的定义基于这样的思想之上：通过对潜无穷对象进行由上到下，由复合对象到其组成部分的解剖、观察，从而认识到潜无穷对象的相等性。这个观点处于互模拟定义的核心，因为在互模拟中，分解一个进程就是观察它的转换。然而，米利曼诺夫使用的完美对应性是集合组成部分之间的一个双射，而不是一个关系，所以在此基础上得到的相等概念就比互模拟严格。例如，考虑纯自返集 $\Omega = \{\Omega\}$ 和集合 $U = \{\Omega, U\}$，很显然它们具有互模拟关系，然而它们不是同构的，因为它们的树图不同，如图 1.5 所示[①]。

米利曼诺夫和芬斯勒的工作意义深远，他们都反对当时的标准集合论方法，并且对当时公认的“集合是分层的”和“循环都是悖论的”的常识进行了挑战。米利曼诺夫和芬斯勒认为，并非所有的循环定义都可恶，把好的循环定义挑出来是逻辑学家的任务。

---

① Sangiorgi D. 2007. On the Origins of Bisimulation and Coinduction. Technical Report24, Department of Computer Science, University of Bologna.

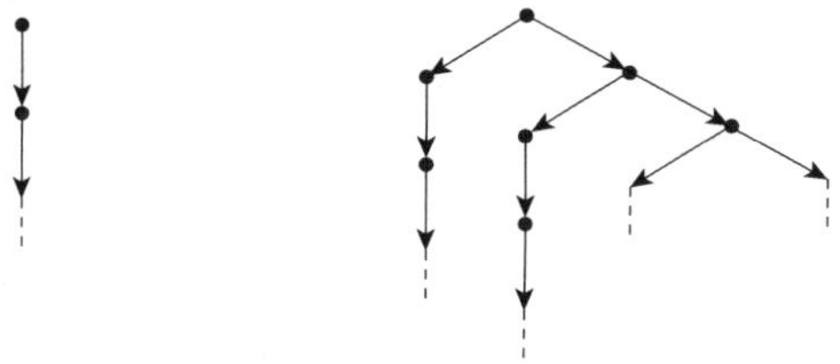

图 1.5 集合Ω和 U 的树展开

米利曼诺夫和芬斯勒的尝试性工作鲜为人知，直到 20 世纪 60 年代，由于斯佩克尔（Specker, E）和斯科特的研究工作，人们对非良基结构的兴趣才有一个小的复苏。20 世纪 60 年代后期到 80 年代，由于布法（Boffa）和其他许多人的工作，人们对非良基结构的兴趣有了一个更为广泛的复兴。这一时期，人们提出了许多非良基公理假设，与此相随地出现了关于非良基集合的新的外延性解释。

二、互模拟的产生及初步研究（1983—1987）

福蒂（Forti）和霍塞尔（Honsell）1983 年首次在集合论中引入互模拟概念。在互模拟的描述中，福蒂和霍塞尔使用了从一个集合 A 到它的幂集 $\wp(A)$ 的函数 f: $A \to \wp(A)$，互模拟被称为 f 保持（conservative）关系。可以把 A 看作所有可能状态集，把 f 自己看作非加标的转换函数，因此 $f(x)$ 指的是 x 的下一个可能状态集，令 R 是 A 上的二元关系。福蒂和霍塞尔通过如下定义的函项 F，定义了 R 的 f-不动点行为：对于所有的 $s, t \in A$，$\langle s, t\rangle \in F(R)$ 当且仅当

（1）对 $\forall s' \in f(s)$，$\exists t' \in f(t)$ 使得 $\langle s', t'\rangle \in R$；

（2）对 $\forall t' \in f(t)$，$\exists s' \in f(s)$ 使得 $\langle s', t'\rangle \in R$。

如果 $R \subseteq F(R)$，那么一个自返的且对称的关系 R 是 f-保持的；如果它是 F 的一个不动点，即 $R = F(R)$，那么 R 是 f-可允许的（admissible）。F 在完全格上是单调的，因此它有一个最大不动点，即最大的 f-可允许关系。福蒂和霍塞尔运用共归纳原则证明了这个最大不动点是所有 f-保持关系的并。f-保持关系和今天的互模拟概念的区别在于前者需要是自返的和对称的。

三、互模拟的深入研究（1988—2001）

在数学中，埃泽尔使互模拟和非良基集合广受欢迎。在他的 1988 年的博士论文中，他用可达点图来描述集合，并且给出了可达点图上的互模拟的具体表现形式：令 M 是一个系统，R 是 M 上的二元关系，对于 $a, b \in M$（a_M 和 b_M 分别指结点 a, b 的子结点集），定义 R^+ 为

$$aR^+b \Leftrightarrow \forall x \in a_M \exists y \in b_M xRy \wedge \forall y \in b_M \exists x \in a_M xRy。$$

如果 $R \subseteq R^+$，那么 R 就是系统 M 上的一个互模拟关系。

埃泽尔使用互模拟证明方法，证明了一些非良基集合之间的相等性，集合之

间的这种相等性也被称作强外延性，因为这是一种最宽泛的相等，并且与集合的∈-结构相融。两个集合不等，仅当它们描述了某种可观察的、结构上的不同。由此他发展了共归纳理论；特别地，他奠定了共代数语义学方法（终结语义学）的基础。[①]

史密斯（Sidney Smith）1996年给出了所有可达点图收集 H 上的一个正则互模拟概念~，定义了~-外延性、~-完全性和~-绝对性，证明了每个~-完全性系统都是满系统；定义了三种不同的正则互模拟 $\sim_A$，$\sim_F$，$\sim_S$，以此为基础导出了非良基公理AFA，FAFA，SAFA，指出AFA，FAFA，SAFA所对应的模型分别是 $\sim_A$，$\sim_F$，$\sim_S$-完全性系统，进而比较了 $\sim_A$，$\sim_F$，$\sim_S$ 外延性强弱[②]。哈里士（Stephen Harnish）定义了半正则互模拟，在半正则互模拟上又定义了正则互模拟；在引入了正则互模拟概念后，又定义了集合互模拟；由此定义的集合互模拟与埃泽尔定义的互模拟一致；特别地，哈里士给出了新概念：迭代互模拟坍塌和完全互模拟坍塌；最后，利用迭代互模拟坍塌证明了同构图集合论GST相对于ZFC是协调的[③]。塔克斯等2003年基于正则互模拟研究了与AFA，FAFA，SAFA，BAFA相对应的集合的域，分析这些域的异同，比较了这些域的大小[④]。

赫伯克（Karel Hrbacek）和耶克（Thomas Jech）1999年利用任意的 R 关系，在集合的图上定义了互模拟 B，这个定义比埃泽尔使用属于关系定义的互模拟更具一般性；证明了互模拟关系的单调性、空关系的互模拟性和互模拟关系在并运算下的封闭性；阐述了运用图上的装饰构造互模拟图的方法；给出两个点图互模拟的定义，证明了两个点图的装饰相同当且仅当这两个点图是互模拟等价的；最后给出一个重要推论：假定非良基公理，集合 $X=Y$ 当且仅当点图 $\langle \mathrm{TC}(\{X\}), \in, X\rangle$ 和 $\langle \mathrm{TC}(\{Y\}), \in, Y\rangle$ 是互模拟等价的[⑤]。

巴威斯等用方程组描述非良基集合，把AFA表述为“每个平坦方程组有唯一解”。为了寻找两个方程组同解的条件，巴威斯定义了方程组之间的互模拟关系，并证明了一个引理：令 $\varepsilon=\langle X, A, e\rangle$ 和 $\varepsilon'=\langle X', A, e'\rangle$ 是有共同的原子集 A 的两个平坦方程组，ε 和 ε' 有相同的解集当且仅当它们是互模拟的，且这个互模拟关系是等价关系[⑥]。巴威斯等构造了建立在方程组上的互模拟游戏，并得出结论：选手I在游戏 $\mathrm{G}(e,f)$ 没有获胜的策略等价于方程组 e 和 f 是互模拟的[⑦]。

各布冉迪把模型上的互模拟游戏推广到集合上。运用两个集合 S 和 T 玩游戏，

① Aczel D. 1988. Non-Well-Founded Sets. Stanford: CSLI Publications:16-108.
② Smith S.1996. Hypersets. Ph. D. Dissertation. University of Cambridge: 13-30.
③ Harnish S. 1998. GST: A Theory of Hyperset. Ph.D. Dissertation, Bluffton College : 43-80.
④ Takashi N, Tomoko Q, Tzouvaras A. 2003. Classification of Non-Well-Founded sets and an application. Math.Log.Quart, 49(2): 187-200.
⑤ Hrbacek K, Thomas Jech. 1999. Introduction to Set Theory. New York: Marcel Dekker Press: 263.
⑥ Barwise J, Moss L. 1996. Vicious Circles: On the Mathematics of Non-Well- Founded Phenomena. Stanford: CSLI Publications:79-81.
⑦ Barwise J, Moss L. 1996. Vicious Circles: On the Mathematics of Non-Well- Founded Phenomena. Stanford: CSLI Publications: 167-175.

他得出结论：正方有赢的战略，当且仅当 S 和 T 是互模拟的[①]。

四、互模拟的拓展研究（2002—）

戈斯蒂诺和韦塞(Albert Visser)2002年把论域从集合扩张到重叠集(multiset)，类似一个集合，但一个元素可在其中多次出现）[②]，认为斯科特公理化理论与ZFA几乎有相同的特点。他们证实，斯科特互模拟~s提供了一种装饰重叠图的方式和判断重叠集相等的标准，也提供了与重叠集相对应的重叠图坍塌理论。用这种方式，他们证明斯科特互模拟更适合重叠集域，给出了重叠互模拟概念以及与此对应的坍塌概念，并证明重叠集与相对应的根坍塌重叠图的等价性。

菲汀（Fitting）2002 年研究了互模拟在布尔向量中的表现形式及作用[③]。伴随着克里普克框架转向布尔向量空间，互模拟也从关系变成具有公平性的线性映射；这样的互模拟理论是一个混合物，它使常规的模态语义学与常规的线性代数很好地连接起来：单模态框架产生了基于二值布尔代数的布尔向量空间，多模态框架产生了基于更复杂的布尔代数的图。

莫斯 2008 年分析了一个图上的互模拟和两个图之间的互模拟之间的关系，定义了图上最大互模拟，证明了图上最大互模拟是等价关系。特别地，他给出了用图上的最大互模拟建立商图的方法，并且基于 AFA 构造了扩展图，进而利用互模拟证明了每个扩展图有一个唯一装饰[④]。桑吉罗吉 2009 年讨论了最大互模拟的代数性质——同余关系，使用互模拟证明方法证明了一些基本的代数规律，并对最大互模拟进行了公理化，这是对项代数上的最大互模拟的一个代数刻画[⑤]。

① Gerbrandy J. 1999. Bisimulations on Planet Kripke. Technical Report DS-1999-01, Institute for Logic, Language and Computation, University of Amsterdam: 27.

② D'Agostino G, Visser A. 2002. On Non-Well-Founded Multisets: Scott Collapse in the Multiworld. Drie lezingen voor de OZSL, 28 (2) : 45-68.

③ Fitting M. 2002. Bisimulation and Boolean vectors. Advances in Modal logic, 4 (2) : 35-57.

④ Moss L S. 2008. Non-Well-Founded Sets//Stanford Encyclopedia of Philosophy. vol.15. Stanford: CSLI Publication S: 35-72.

⑤ Sangiorgi D. 2009. Bisimulation and Coinduction, part 1: Behavious, Fixed-points. Unpublished manuscript: 63-77.

第一部分　互模拟与模态逻辑

第二章　模态逻辑中互模拟的基本理论

本章首先追溯了互模拟产生的内在逻辑轨迹，并定义了经典的互模拟和最大互模拟；接着讨论了它们的一些基本性质和互模拟证明方法；然后，讨论了互模拟在模态逻辑中的一些基本理论和重要结论；最后，在模态等价性下比较了模型之间的三类关系：同构、P-态射、互模拟。

本研究的主要工作是：尝试给出一种能够刻画计算机科学、模态逻辑和集合论中互模拟概念的统一定义，即先给出两个加标转换系统之间的互模拟定义，说明由此定义如何得到计算机科学、模态逻辑以及集合论中的互模拟的定义，并证明在这种定义下互模拟的一些基本性质；系统梳理互模拟理论，对白磊本等著的《模态逻辑》①中一些有关互模拟的基本定理进行扩展（即在一般模态语言 $\mathrm{ML}(\tau, \Phi)$ 下重新描述这些定理），并加以证明或补充证明；以模态等价性为视角，比较了同构、P-态射和互模拟之间的关系。

本章主要参考桑吉罗吉的专著《互模拟和共归纳卷一：行为，固定点》第 1 章②，白磊本等著《模态逻辑》第 2 章，李娜、姚从军合著《互模拟的一些基本性质》③，姚从军著《同构、P-态射、互模拟与模态等价性》④。

第一节　互模拟的定义

一、加标转换系统及相关概念

定义 2.1.1　令 A 是一个非空集，一个加标转换系统（结构）LTS 是一个二元组 $\langle W, \{R_a\}_{a\in A}\rangle$，其中 W 是一个非空集，A 是一个标号集，R_a 是 W 上的一个二元关系，即 $R_a \subseteq W \times W$。

当 $\langle w, v\rangle \in R_a$ 时，我们也写作 $w \xrightarrow{a} v$；在这种情况下我们称 v 是 w 的一个 a-衍生，有时简单地称为 w 的衍生。$w \xrightarrow{a} v$ 表示进程 w 接受了一个与环境的交互，在这个作用中，w 执行了一个行为 a，然后变成了进程 v。对于每个 a，$\xrightarrow{a}$ 是进程上的一个二元关系，因此我们将把有关关系的符号和术语运用到它上。

定义 2.1.2　令 W 是一个集合，R 是 W 上的一个二元关系。如果对所有的 $w \in W$，集合 $\{w' \mid wRw'\}$ 是有穷的，那么我们称集合 W 上的关系 R 是像有穷的。

---

① Blackburn P, de Rijke M, de Venema Y. 2001. Modal Logic. Cambridge: Cambridge University Press: 50-123.

② Sangiorgi D. 2009. Bisimulation and Coinduction, part 1: Behavious, Fixed-points. Unpublished manuscript: 8-24.

③ 李娜，姚从军．2010．互模拟的一些基本性质．云南师范大学学报，42（5）：68-73.

④ 姚从军．2009．同构、P-态射、互模拟与模态等价性．西南大学学报，36（2）：64-69.

定义 2.1.3　令 LTS 是定义 2.1.1 所述的加标转换系统，LTS 是：

（1）像有穷的，如果对每一个 a，关系 $\xrightarrow{a}$ 是像有穷的（也就是，对所有的 w 和 a，集合 $\{w' | w \xrightarrow{a} w'\}$ 是有穷的）；

（2）分支有穷的，如果它是像有穷的，并且对每个 w，集合 $\{a \ | w \xrightarrow{a} \}$ 是有穷的；

（3）状态有穷的，如果它有有穷多个状态；

（4）有穷的，如果它是状态有穷的，并且是非循环的（换句话说，不存在无穷的转换序列）；

（5）确定性的，如果它的所有进程是确定的。这里一个进程 w 是确定的是指对每一个 $a, w \xrightarrow{a} w'$ 和 $w \xrightarrow{a} w''$ 蕴涵 $w' = w''$。

通过考虑由进程生成的加标转换系统，可以把上述定义扩展到进程上。例如，由一个加标转换系统 LTS 的某个进程 w 所生成的加标转换系统 LTS_w 是像有穷的，那么 w 是像有穷的。

可以证明，分支有穷蕴涵像有穷；如果行为集是有穷的，那么状态有穷蕴涵分支有穷；确定性蕴涵像有穷。也可以证明这些蕴涵的逆蕴涵不成立。

加标转换系统本质上是加标有向图，它的变体是关系结构（没加标的有向图）和克里普克结构，很容易将加标转换系统的有关理论加以改造使之适应这些变体。一个加标转换系统告诉我们什么是进程的行为。下一个问题是：什么样的两个行为应该视为相等的行为（直观上说，如果不能通过与两个进程的交互把它们区分开来，那么这两个进程就是相等的）？下面我们来探讨这一问题。

二、互模拟的定义

经典的互模拟概念定义在加标转换系统上。我们首先在两个加标转换系统之间给出互模拟定义。

定义 2.1.4　令 $\text{LTS} = \langle W, \{R_a\}_{a\in A}\rangle$ 和 $\text{LTS}' = \langle W', \{R_a'\}_{a\in A}\rangle$ 是两个具有相同标号集的加标转换系统，$Z \subseteq W \times W'$ 是一个二元关系，定义 $Z^+ \subseteq W \times W'$ 满足下面的条件：

（1）wZ^+w' 并且对所有的 $v \in W$，R_awv，那么存在 $v' \in W'$ 使得 $R_a'w'v'$ 并且 vZv'（向前条件）；

（2）wZ^+w' 并且对所有的 $v' \in W'$，$R_a'w'v'$，那么存在 $v \in W$ 使得 R_awv 并且 vZv'（向后条件）。

如果 $Z \subseteq Z^+$，则称 Z 是 LTS 到 LTS′的一个互模拟，记作 Z：$\text{LTS} \leftrightarrows \text{LTS}'$（图 2.1）。当 Z 是连接 LTS 的状态 w 和 LTS′的状态 w' 的一个互模拟关系时，称 w 和 w' 是互模拟的。

除此之外，还有如下一些特殊情况：

（1）定义 2.1.4 中的条件（1）和（2）等价于 $wZ^+w' \leftrightarrow \forall v \in W(R_awv \to \exists v' \in W'(R_a'w'v' \wedge vZv')) \wedge \forall v' \in W'(R_a'w'v' \to \exists v \in W(R_awv \wedge vZv'))$。

（2）当 LTS = LTS′时，即：$W = W'$，且对任意的 $a \in A$，$R_a = R'_a$，则称 Z 是 LTS 上的一个互模拟。

注　在定义 2.1.4 中，如果取 $Z = Z^+$，得到计算机科学中加标转换系统 LTS 到 LTS′的互模拟的定义①。特别地，当 $A = \{a\}$时，$\{R_a\}_{a\in A} = \{R_a\}$简记作 R，并且取 $Z = Z^+$，则得到框架 $\langle W, R\rangle$ 到框架 $\langle W', R'\rangle$ 上的互模拟；如果 Z 是框架 $\langle W, R\rangle$ 到框架 $\langle W', R'\rangle$ 上的互模拟，并且分别在 $\langle W, R\rangle$ 和 $\langle W', R'\rangle$ 中增加赋值 V 和 V' 及对原子命题的赋值应满足的条件，则得到模态逻辑模型 $\langle W, R, V\rangle$ 到模型 $\langle W', R', V'\rangle$ 上的互模拟定义②。如果把 $\langle W, R\rangle$ 看作一个系统 M，R 为$\in$，$Z \subseteq M\times M$ 是一个二元关系，令 Z^+满足：

（1）wZ^+w'并且对所有的 $v \in M$，$v \in w$，那么存在 $v' \in M$ 使得 $v' \in w'$ 并且 vZv'；

（2）wZ^+w'并且对所有的 $v' \in M$，$v' \in w'$，那么存在一个 $v \in M$ 使得 $v \in w$ 并且 vZv'。

如果 $Z\subseteq Z^+$，则称 Z 是系统 M 上的一个互模拟。上述条件（1）和（2）等价于

$$wZ^+w' \leftrightarrow \forall v \in w\ \exists v' \in w'\ vZv' \wedge \forall v' \in w'\ \exists v \in w\ vZv'。$$

由此可以得到非良基集合论中系统 M 上的互模拟定义③。

用图来理解互模拟定义。图 2.1 描述了互模拟的条件。假设我们知道 wZw'和 R_awv_0（LTS 中的实线和图中间的 Z-实线显示了这个信息）。那么向前的条件说，找一个能完成这个正方形的 v_0'总是可能的（这一点通过 LTS′中的虚线和图上端的 Z-虚线显示出来）。假定我们知道 wZw'和 $R_aw'v_1'$（LTS′中的实线和图中间的 Z-实线显示了这个信息）。那么向后的条件说，找一个能完成这个正方形的 v_1 总是可能的（这一点通过 LTS 中的虚线和图下端的 Z-虚线显示出来）。

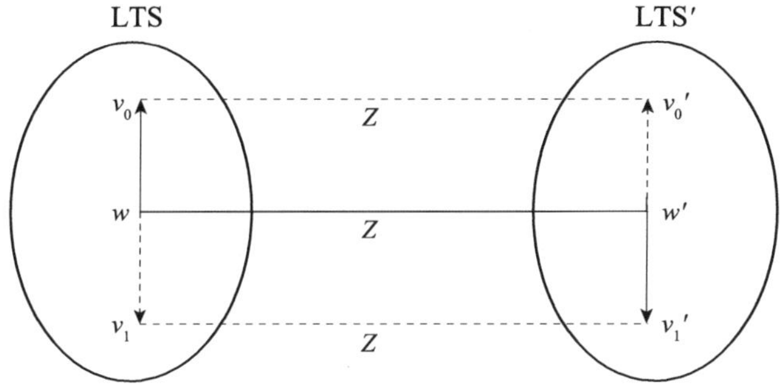

图 2.1　互模拟条件

可证 $Z = \{\langle a, 1\rangle, \langle b, 2\rangle, \langle c, 3\rangle, \langle d, 3\rangle, \langle e, 4\rangle, \langle f, 5\rangle, \langle f, 6\rangle\}$是图 2.2 中框架 $\langle W, R\rangle$ 到 $\langle W', R'\rangle$ 上的一个互模拟。其中：$W = \{a, b, c, d, e, f\}$，$R = \{\langle a, b\rangle, \langle b, c\rangle, \langle b, d\rangle, \langle c,$

① Milner R. 1999. Commuciation and Mobile Systems: the π-Calculus. Cambridge: Cambridge University Press: 18.
② Blackburn P, de Rijke N, de Venema Y. 2001. Modal Logic. Cambridge: Cambridge University Press: 64.
③ Aczel P. 1988. Non-Well-Founded Sets. Stanford: CSLI Publications: 20.

e〉, 〈d, e〉, 〈e, f〉}, W' = {1, 2, 3, 4, 5, 6}, R'={〈1, 2〉, 〈2, 3〉, 〈3, 4〉, 〈4, 5〉, 〈4, 6〉}。

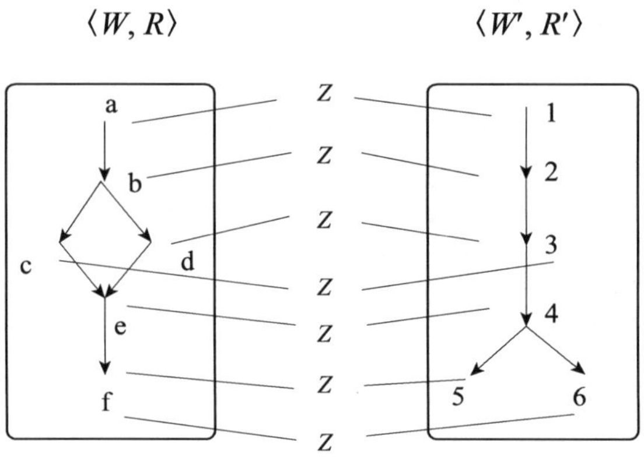

图 2.2　互模拟框架

第二节　互模拟的基本性质

一个互模拟关系不一定是自返的或对称的，也不一定是传递的。在图 2.3 中①，我们有 wZv，vZu，但是 wZu 不成立，这个互模拟 Z 不是传递的。

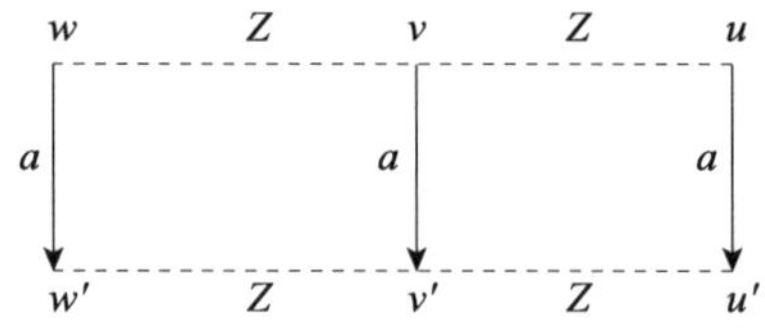

图 2.3　非传递的互模拟

性质 2.2.1　令 ∅ 是两个相同标号集的加标转换系统 LTS = $\langle W, \{R_a\}_{a\in A}\rangle$和 LTS′ = $\langle W', \{R_a'\}_{a\in A}\rangle$之间的一个空关系，则 ∅ 是 LTS 到 LTS′上的一个互模拟。

证明　因为 ∅ 是任意集合的子集，所以，$\varnothing \subseteq \varnothing^+$。

性质 2.2.2　令 LTS = $\langle W, \{R_a\}_{a\in A}\rangle$和 LTS′ = $\langle W', \{R_a'\}_{a\in A}\rangle$是任意的两个加标转换系统，并且 Z_1, Z_2 是 $W\times W'$上的任意两个二元关系，即：$Z_1, Z_2 \subseteq W\times W'$。如果 $Z_1\subseteq Z_2$，则 $Z_1^+\subseteq Z_2^+$。即：（　）$^+$是单调的。

证明　如果 wZ_1^+w'，则对任意的 $v\in W$，当 R_awv 时，存在 $v'\in W'$使得 $R_a'w'v'$ 并且 vZ_1v'成立。因为 $Z_1\subseteq Z_2$，所以，对任意的 $v\in W$，当 R_awv 时，存在 $v'\in W'$ 使得 $R_a'w'v' \wedge vZ_2v'$。同理可得：如果 wZ_1^+w'，则对任意的 $v'\in W'$，当 $R_a'w'v'$时，存在 $v\in W$ 使得 R_awv 并且 vZ_2v'成立。由此可得：wZ_2^+w'，即：$Z_1^+\subseteq Z_2^+$。

性质 2.2.3　如果 Z 是 LTS 到 LTS′上的一个互模拟，那么 Z^+也是 LTS 到 LTS′

① Misra J. 2005. Notes on Bisimulation. http://www.cs.utexas.edu/~cathyliu/395T-S07/ClassNotes.dir/Bisimulation.pdf［2009-12-10］.

上的一个互模拟。

证明 设 Z 是 LTS 到 LTS′上的一个互模拟，由定义 2.1.4 可得：$Z \subseteq Z^+$；由性质 2.2.2 可得：$Z^+ \subseteq (Z^+)^+$。再由定义 2.1.4 得：Z^+是 LTS 到 LTS′上一个互模拟。

性质 2.2.4 对于任意的加标转换系统 $\mathrm{LTS} = \langle W, \{R_a\}_{a\in A}\rangle$，如果恒等关系 $I \subseteq W \times W$，则 I 是 LTS 上的一个互模拟。即：W 上的恒等关系 I 是 LTS 上的一个互模拟。

证明 设 I 是 W 上的恒等关系。设 wIw，对任意的 v，如果 R_awv，取 $v' = v$ 可得 R_awv 并且 vIv。于是，wI^+w。因此，$I \subseteq I^+$。

性质 2.2.5 令 $\mathrm{LTS} = \langle W, \{R_a\}_{a\in A}\rangle$ 和 $\mathrm{LTS}' = \langle W', \{R_a'\}_{a\in A}\rangle$是任意两个加标转换系统，如果 Z 是 LTS 到 LTS′的一个互模拟，那么 Z^{-1} 是 LTS′到 LTS 的一个互模拟。并且 $(Z^{-1})^+ = (Z^+)^{-1}$。

证明 设任意的 $w' \in W'$, $w \in W$, 如果 $w'Z^{-1}w$, 那么 wZw', 因为 Z 是互模拟，由定义 2.1.4 得

$$
\begin{aligned}
wZ^+w' &\leftrightarrow \forall v \in W(R_awv \to \exists v' \in W'(R_a'w'v' \wedge vZv')) \wedge \forall v' \in W'(R_a'w'v' \to \exists v \\
&\qquad \in W(R_awv \wedge vZv')) \\
&\leftrightarrow \forall v' \in W'(R_a'w'v' \to \exists v \in W(R_awv \wedge v'Z^{-1}v)) \wedge \forall v \in W(R_awv \to \exists v' \\
&\qquad \in W'(R_a'w'v' \wedge v'Z^{-1}v)) \leftrightarrow w'(Z^{-1})^+w \leftrightarrow w((Z^{-1})^+)^{-1}w',
\end{aligned}
$$

于是，$Z^{-1} \subseteq (Z^{-1})^+$并且 Z^{-1} 是一个互模拟。又因 Z^{-1} 是可逆的并且 $Z^+ = ((Z^{-1})^+)^{-1}$，即：$(Z^{-1})^+ = (Z^+)^{-1}$。

性质 2.2.6 令 $\mathrm{LTS} = \langle W, \{R_a\}_{a\in A}\rangle$，$\mathrm{LTS}' = \langle W', \{R_a'\}_{a\in A}\rangle$ 和 $\mathrm{LTS}'' = \langle W'', \{R_a''\}_{a\in A}\rangle$，并且 Z_1 是从 LTS 到 LTS′的一个互模拟，Z_2 是从 LTS′到 LTS″的一个互模拟，则 Z_1 和 Z_2 的合成 $Z_1 \circ Z_2$ 是从 LTS 到 LTS″的一个互模拟，且 $Z_1^+ \circ Z_2^+ \subseteq (Z_1 \circ Z_2)^+$。

证明 因为 Z_1 是从 LTS 到 LTS′的一个互模拟并且 Z_2 是从 LTS′到 LTS″的一个互模拟，由定义 2.1.4 可得：$Z_1 \subseteq Z_1^+$并且 $Z_2 \subseteq Z_2^+$，因此，$(Z_1 \circ Z_2) \subseteq (Z_1^+ \circ Z_2^+)$。假设 $w(Z_1^+ \circ Z_2^+)w''$，于是存在 $w' \in W'$使得 wZ_1^+w'并且 $w'Z_2^+w''$，由定义2.1.4 得

$$
\begin{aligned}
wZ_1^+w' &\leftrightarrow \forall v \in W(R_awv \to \exists v' \in W'(R_a'w'v' \wedge vZ_1v')) \\
&\qquad \wedge \forall v' \in W'(R_a'w'v' \to \exists v \in W(R_awv \wedge vZ_1v')), \\
w'Z_2^+w'' &\leftrightarrow \forall v' \in W'(R_a'w'v' \to \exists v'' \in W''(R_a''w''v'' \wedge v'Z_2v'')) \\
&\qquad \wedge \forall v'' \in W''(R_a''w''v'' \to \exists v' \in W'(R_a'w'v' \wedge v'Z_2v'')),
\end{aligned}
$$

于是，

$$
\begin{aligned}
&\forall v \in W(R_awv \to \exists v' \in W'(R_a'w'v' \wedge vZ_1v')) \\
&\wedge \forall v' \in W'(R_a'w'v' \to \exists v'' \in W''(R_a''w''v'' \wedge v'Z_2v'')) \\
\to\ &\forall v \in W(R_awv \to \exists v' \in W'\ \exists v'' \in W''(R_a''w''v'' \wedge vZ_1v' \wedge v'Z_2v'')) \\
\to\ &\forall v \in W(R_awv \to \exists v'' \in W''(R_a''w''v'' \wedge vZ_1 \circ Z_2v'')). \qquad (*)
\end{aligned}
$$

同理得

$$\forall v' \in W' \,(R_a'w'v' \to \exists v \in W(R_awv \wedge vZ_1v'))$$
$$\wedge \forall v'' \in W''(R_a''w''v'' \to \exists v' \in W'(R_a'w'v' \wedge v'Z_2v''))$$
$$\to \forall v'' \in W''(R_a''w''v'' \to \exists v \in W(R_awv \wedge v(Z_1 \circ Z_2)v''))。 \quad (**)$$

由（*）和（**）可得

$$\forall v \in W(R_awv \to \exists v'' \in W''(R_a''w''v'' \wedge v(Z_1 \circ Z_2)v''))$$
$$\wedge \forall v'' \in W''(R_a''w''v'' \to \exists v \in W(R_awv \wedge v(Z_1 \circ Z_2)v''))$$
$$\leftrightarrow w(Z_1 \circ Z_2)^+w'',$$

于是，$(Z_1^+ \circ Z_2^+) \subseteq (Z_1 \circ Z_2)^+$。再由定义 2.1.4 得：$Z_1 \circ Z_2$ 是一个互模拟。

性质 2.2.7 假设$\{Z_i \mid i \in I\}$是一个 LTS 到 LTS′之间的一个互模拟簇，则$\bigcup\{Z_i \mid i \in I\}$也是 LTS 到 LTS′的一个互模拟①。

证明 如果$\{Z_i \mid i \in I\} = \varnothing$，则$\bigcup\{Z_i \mid i \in I\} = \varnothing$。由性质 2.2.1 可得：$\bigcup\{Z_i \mid i \in I\}$是一个互模拟。现在假设$\{Z_i \mid i \in I\} \neq \varnothing$，任取$\{Z_i \mid i \in I\}$中的一个元素，记作 Z_i 并且 $Z_i \subseteq \bigcup\{Z_i \mid i \in I\}$。因为 Z_i 是一个互模拟并且（ ）$^+$是单调的，于是，$Z_i \subseteq Z_i^+ \subseteq (\bigcup\{Z_i \mid i \in I\})^+$。由此得：$\bigcup\{Z_i \mid i \in I\} \subseteq (\bigcup\{Z_i \mid i \in I\})^+$。由定义 2.1.4 可得$\bigcup\{Z_i \mid i \in I\}$是 LTS 到 LTS′的一个互模拟。

性质 2.2.8 如果加标转换系统 LTS 和 LTS′都是确定性的，并且 Z_1 和 Z_2 是 LTS 到 LTS′的两个互模拟，则 $Z_1 \cap Z_2$ 也是从 LTS 到 LTS′的一个互模拟。即，互模拟的交也是互模拟。

注意，在一般的情况下，互模拟在交下不封闭，考虑图 2.4②。这里 Z_1 和 Z_2 是互模拟的，并且 $p(Z_1 \cap Z_2)q$。然而，$p'(Z_1 \cap Z_2)q'$和 $p'(Z_1 \cap Z_2)q''$都不成立。

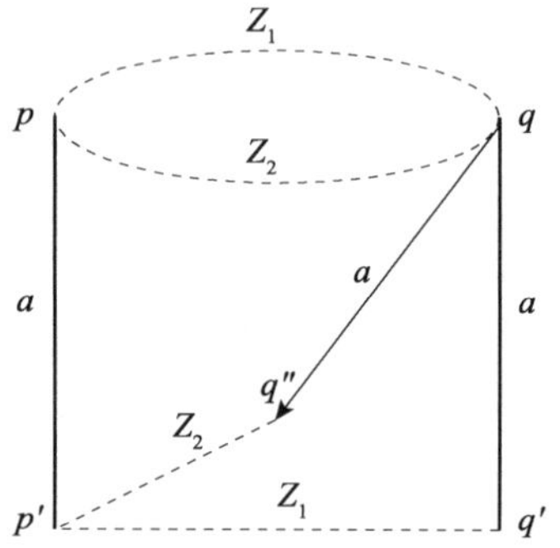

图 2.4 互模拟在交下不封闭

证明 因为 Z_1 和 Z_2 是 LTS 到 LTS′的一个互模拟，所以，$Z_1 \subseteq Z_1^+$并且 $Z_2 \subseteq Z_2^+$。于是，$(Z_1 \cap Z_2) \subseteq (Z_1^+ \cap Z_2^+)$。即：如果 $w(Z_1 \cap Z_2)w'$，则 wZ_1^+w'并且 wZ_2^+w'。由

① 文中∪，∩分别表示广义的并和交，即允许无穷个集合的并和交；∪，∩分别表示（通常的）并和交，即有穷个集合的并和交。

② Misra J. 2005. Notes on Bisimulation. http://www.cs.utexas.edu/~cathyliu/395T-S07/ClassNotes.dir/Bisimulation.pdf [2009-12-10].

此得：对于任意的 $v \in W$，如果 $R_a wv$，则存在 $v' \in W'$ 使得 $R_a' w'v'$ 并且 vZ_1v'；对于任意的 $v \in W$，如果 $R_a wv$，则存在 $v'' \in W'$ 使得 $R_a' w'v''$ 并且 vZ_2v''。由 LTS 和 LTS′ 的确定性得：$v' = v''$。于是，vZ_1v' 并且 vZ_2v'。因此，$R_a' w'v'$ 并且 $v(Z_1 \cap Z_2)v'$。于是，对于任意的 $v \in W$，如果 $R_a wv$，则存在 $v' \in W'$ 使得 $R_a' w'v'$ 并且 $v(Z_1 \cap Z_2)v'$。同理可证：对于任意的 $v' \in W$，如果 $R_a' w'v'$，则存在 $v \in W$ 使得 $R_a wv$ 并且 $v(Z_1 \cap Z_2)v'$。于是，$w(Z_1 \cap Z_2)^+ w'$。因此，$(Z_1 \cap Z_2) \subseteq (Z_1 \cap Z_2)^+$。由定义 2.1.4 得，$Z_1 \cap Z_2$ 也是从 LTS 到 LTS′的一个互模拟。

定理 2.2.1　如果 $\text{LTS} = \langle W, \{R_a\}_{a\in A}\rangle$ 和 $\text{LTS}' = \langle W', \{R_a'\}_{a \in A}\rangle$ 是任意的两个加标转换系统，那么存在唯一一个从 LTS 到 LTS′的最大互模拟。

证明　令 $\sim = \cup\{Z \subseteq W \times W' \mid Z$ 是 LTS 到 LTS′上的一个互模拟$\}$。由性质 2.2.7 可得：~是 LTS 到 LTS′上的一个互模拟。设 Z' 是 LTS 到 LTS′上的任意一个互模拟，即 $Z' \in \{Z \subseteq W \times W' \mid Z$ 是 LTS 到 LTS′上的一个互模拟$\}$，则 $Z' \subseteq \cup\{Z \subseteq W \times W' \mid Z$ 是 LTS 到 LTS′上的一个互模拟$\}$。故：~是 LTS 到 LTS′上的最大互模拟。唯一性显然。

性质 2.2.9　令 $\text{LTS} = \langle W, \{R_a\}_{a\in A}\rangle$ 和 $\text{LTS}' = \langle W', \{R_a'\}_{a\in A}\rangle$ 是任意的两个加标转换系统，~是从 LTS 到 LTS′的唯一的最大互模拟，那么对于任意的 $w \in W$，$w' \in W'$，$w \sim w'$ 当且仅当 $w \sim^+ w'$。

由前面的定理，~是 LTS 到 LTS′上的一个互模拟，所以，$\sim \subseteq \sim^+$。又由性质 2.2.3 得：$\sim^+$ 是 LTS 到 LTS′上的一个互模拟。由~的最大性得：$\sim^+ \subseteq \sim$。故，$\sim = \sim^+$。

性质 2.2.10　令 $\text{LTS} = \langle W, \{R_a\}_{a\in A}\rangle$ 是任意的一个加标转换系统，则 LTS 上的最大互模拟是一个等价关系。

证明　令 $\text{LTS} = \langle W, \{R_a\}_{a\in A}\rangle$ 是任意的加标转换系统，~是 LTS 上的最大互模拟。

（1）自返性：由性质 2.2.4，LTS 上的恒等关系 I 是一个互模拟并且 $I \subseteq \sim$，并且对所有的 $w \in W$，wIw，于是，对所有的 $w \in W$，$w \sim w$。因此，~在 LTS 上具有自返性。

（2）对称性：因为~是 LTS 上的互模拟，由性质 2.2.5 可得：$\sim^{-1}$ 是 LTS 上的互模拟。由~的最大性得：$\sim^{-1} \subseteq \sim$。因而，对于任意的 $w, v \in W$，如果 $w \sim v$，则 $v \sim^{-1} w$ 并且 $v \sim w$。因此，~在 LTS 上具有对称性。

（3）传递性：对任意的 $w, u, v \in W$，如果 $w \sim u$ 和 $u \sim v$，由~的定义得：存在一个互模拟 $Z_1 \subseteq \sim$ 使得 wZ_1u 并且存在互模拟 $Z_2 \subseteq \sim$ 使得 uZ_2v，于是，$w(Z_1 \circ Z_2)v$，并且由性质 2.2.6 可得：$Z_1 \circ Z_2$ 是一个互模拟，再由~的定义：$(Z_1 \circ Z_2) \subseteq \sim$，所以 $w \sim v$。因此，~在 LTS 上具有传递性。

第三节　互模拟证明方法

如上所述，最大互模拟定义直接暗示了一种证明技巧：为了证明 p_1 和 p_2 是最大互模拟的，只需找到一个包含 $\langle p_1, p_2\rangle$ 的互模拟关系。它被称为互模拟证明方法，并且是迄今最常见的用来证明最大互模拟的方法。使得互模拟证明方法有意义的是互模拟定义的两个特征：

（1）检验的局域性；

（2）具有互模拟关系的每对状态不具有层次性。

检验的局域性是因为我们仅仅看到从互模拟状态开始的直接转换。一个非局域性的行为等价的例子是路径等价性（如果两个进程能完成相同的序列，那么它们是路径等价的）。路径等价性不是局域的是因为计算从一个状态 s 开始的转换序列可能需要检验不同于 s 的其他状态。

互模拟对没有层次性是因为在检验上没有时态顺序：所有的互模拟对处于同样地位。因此，可以运用最大互模拟有效地实施涉及无穷对象的推理。这一点与归纳技巧形成鲜明对比，因为归纳技巧需要层次性，因此最好用于关于有穷对象的推理。例如，下面是一个局域的但本质上又是归纳的关于相等的定义：$p_1 = p_2$ 当且仅当，对于所有的 $R_ap_1p_1'$ 蕴涵存在一个 p_2'使得 $R_ap_2p_2'$，并且 $p_1' = p_2'$，并且对于所有的 $R_ap_2p_2'$蕴涵存在一个 p_1'使得 $R_ap_1p_1'$，并且 $p_1' = p_2'$。

如果进程是无穷的，即能实施一个无穷的转换序列，那么这个定义是非良基的。

下面我们给出几个使用互模拟证明方法的例子，这将有助于理解最大互模拟理论。

例 2.3.1　假定我们想证明图 2.5①中的 P_1 和 Q_1 满足 P_1~Q_1，我们必须找到一个包含⟨P_1, Q_1⟩的关系 Z。我们把⟨P_1, Q_1⟩放在 Z 中。因为要求 Z 是互模拟，我们必须保证 P_1 和 Q_1 的所有（包括多步）衍生有序对也在 Z 中——有序对的第一坐标是 P_1 的衍生，第二坐标是 Q_1 的衍生。检验 P_2，很自然地要把⟨P_2, Q_2⟩放在 Z 中，这样我们有 $R = \{\langle P_1, Q_1\rangle, \langle P_2, Q_2\rangle\}$。现在它还不是互模拟，因为 Q_2 的衍生 Q_3 不在其中。当使用互模拟定义检验⟨P_2, Q_2⟩时，我们发现 Q_2 没有转换与 $R_bP_2P_1$ 相匹配，它的唯一转换是 $R_bQ_2Q_3$（注意，如果我们把一个转换 $R_bQ_2Q_1$ 增加到 LTS 上，这个问题就消失了，因为⟨P_1, Q_1⟩ ∈ Z，所以新转换就与 R_bP_2 P_1 相匹配，但是 Z 仍然不是互模拟）。我们意识到必须在 Z 中增加⟨P_1, Q_3⟩。很容易证明 Z 现在就是一个互模拟了。

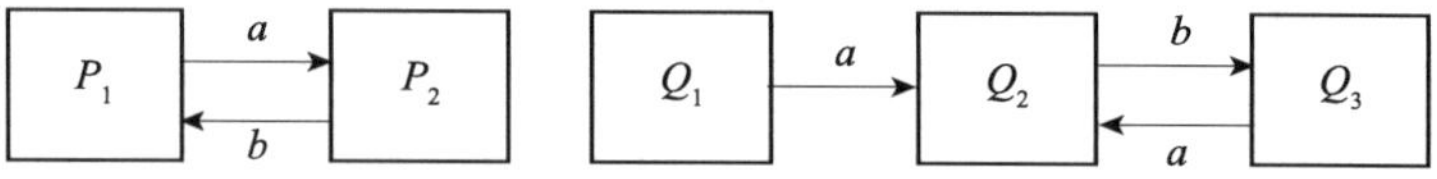

图 2.5　互模拟的两个进程

在上面的例子中，一个不成功的尝试把我们引向遗漏的有序对，然后我们就发现了一个互模拟。这种行为方式很常见：想证明 P~Q，我们首先假定一个最起码要包含⟨P, Q⟩的关系，假设它是互模拟关系；接着，检验互模拟条件，也许这个关系不是互模拟，因为某些有序对漏掉了。漏掉的有序对补上去，得到了一个新的互模拟假设，如此下去，直到发现一个互模拟关系。

① Sangiorgi D. 2009. Bisimulation and Coinduction, part 1: Behavious, Fixed-points. Unpublished manuscript: 14.

要记住，当使用互模拟证明方法时，要寻找尽可能小的互模拟。小的互模拟拥有的有序对少，这就减少了检验互模拟条件需要的工作量。例如，在上面的例子中，我们使用关系 $R \cup I \cup \{\langle P_1, Q_3\rangle\}$，这里 I 是恒等关系。这也是一个互模拟，并且包含我们感兴趣的那一对 $\langle P_1, Q_1\rangle$，但是它有更多的对，因此在证明中需要作更多的工作。

例 2.3.2　假定我们想证明 $Q_1 \sim R_1$，这里 Q_1 如图 2.5 所示，R_1 如图 2.6[①]所示。

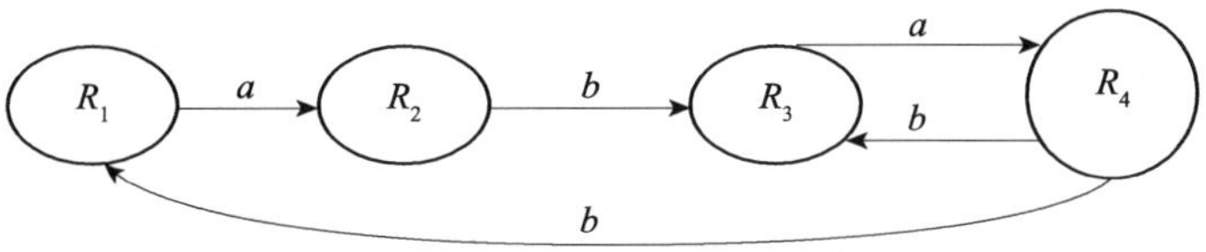

图 2.6　加标转换系统

对一个互模拟的初始假设为：$\{\langle Q_1, R_1\rangle, \langle Q_2, R_2\rangle, \langle Q_3, R_3\rangle, \langle Q_2, R_4\rangle\}$，这似乎是合理的，因为它包括了 LTS 的所有状态。然而这个关系不是一个互模拟：互模拟定义的向后条件在 $\langle Q_2, R_4\rangle$ 上失败，因为 Q_2 没有转换与 $R_4 \xrightarrow{h} R_1$ 相匹配。因此，我们增加 $\langle Q_3, R_1\rangle$，可以检验现在就产生了一个互模拟。

例 2.3.3　假定要证明图 2.7 中的进程 P_1 和 Q_1 不是最大互模拟的，我们需要证明没有互模拟关系包含 $\langle P_1, Q_1\rangle$。假设 Z 是包含 $\langle P_1, Q_1\rangle$ 的互模拟，那么它应该把 P_1 的衍生 P_2 与 Q_1 的衍生连接起来；Q_1 只有一个衍生 Q_2；但是，在 $\langle P_2, Q_2\rangle$ 上，互模拟定义的向后条件失效，因为只有 Q_2 有转换。

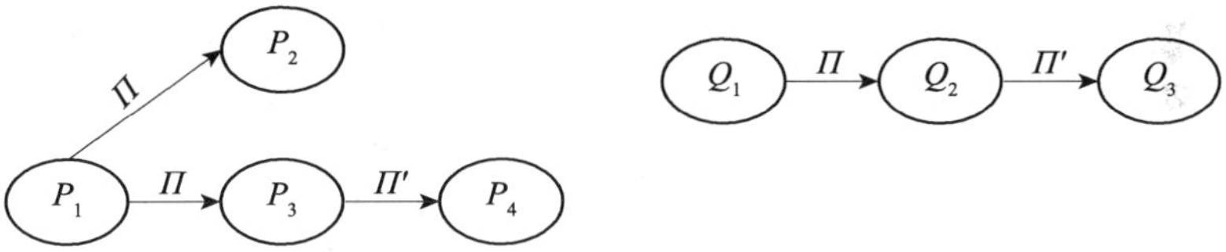

图 2.7　非互模拟的两个进程

我们经常把 LTS 描述成根图（或者仅仅是树），其中结点没有名字，如图 2.8[②]所示。讨论两个这样的树是否行为等价，指的是树的根是否行为等价。

---

① Sangiorgi D. 2009. Bisimulation and Coinduction, part 1: Behavious, Fixed-points. Unpublished manuscript: 19.

② Sangiorgi D. 2009. Bisimulation and Coinduction, part 1: Behavious, Fixed-points. Unpublished manuscript: 21.

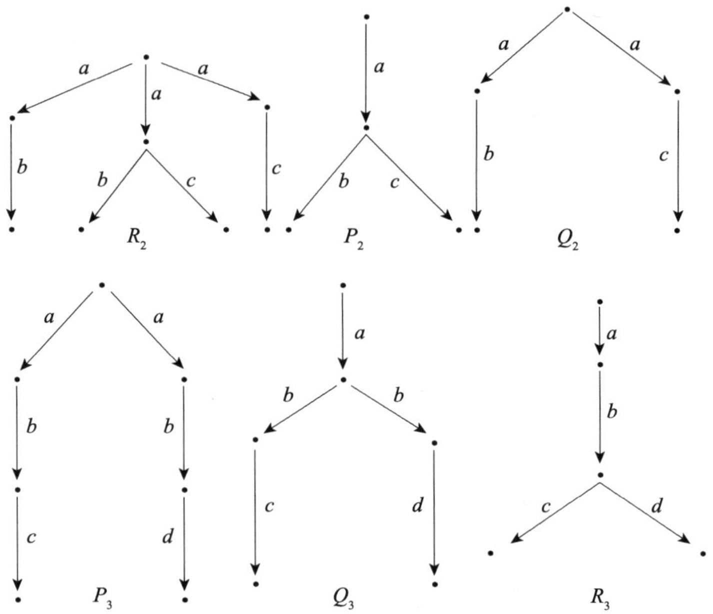

图 2.8　非最大互模拟的进程

第四节　互模拟与模态逻辑

一、基础知识

定义 2.4.1　基本模态语言 BML（有时也用 ML(◇, Φ)表示）是由一个命题变项的集合Φ和一元模态算子◇组成的。其中Φ的元素通常被记作 p,q,r 等。基本模态语言的合式公式 ϕ 由下面的规则给出

$$\phi = p \mid \bot \mid \neg\phi \mid \phi \vee \psi \mid \Diamond\phi，\text{其中 } p \in \Phi。$$

这样的合式公式集用 Form(◇,Φ)表示。

在 BML 中，如果将 $\vee$ 换为 $\bigvee$(允许无穷)得到无穷模态语言 ML_∞（有时也表示为 ML_∞(◇, Φ)），该语言的合式公式集用 $Form_\infty$(◇, Φ)表示。①

定义 2.4.2　一个模态相似型是一个对 $\tau = \langle O, \rho\rangle$，其中 O 是一个非空集，并且 ρ 是一个从 O 到 N 的函数，即，ρ: $O \to N$。O 的元素被称为模态算子，我们用 $\Delta, \Delta_1, \Delta_2, \cdots$表示 O 中的元素，函数 ρ 给每一个算子$\Delta \in O$ 指定一个有穷元数，表示Δ的元数。

为了与定义 2.4.1 一致，我们把一元三角Δ_1 称作菱形，并且把它们记作或$\langle a\rangle$或$\Diamond_a$，其中的 a 取自某个标号集。有时，我们假设算子的元数是已知的，因此，

① 书中$\bigvee$，$\bigwedge$分别表示广义的析取和分取，即允许无穷个支命题；$\vee$，$\wedge$分别表示（通常的）析取和分取，即支命题数量为有穷。

不区别τ和 O。

定义 2.4.3　一个模态语言 ML(τ, Φ)是由一个模态相似型$\tau = \langle O, \rho\rangle$和一个命题变项的集合$\Phi$构成的。$\tau$ 和Φ上的模态公式的集合 Form(τ, Φ)由下面的规则给出：

$$\phi = p \mid \neg\phi \mid \phi\vee\psi \mid \Delta(\phi_1, \cdots, \phi_{\rho(\Delta)}),\quad 其中\ p\in\Phi。$$

同样，在 ML(τ, Φ)中，如果将$\vee$换为$\bigvee$(允许无穷)得到无穷模态语言 ML$_\infty(\tau, \Phi)$，该语言的合式公式集用 Form$_\infty(\tau, \Phi)$表示。

基本模态语言 BML 是模态语言 ML(τ, Φ)的一个特例，这里 τ只包含一个一元模态词。

定义 2.4.4　令τ是一个模态相似型，一个τ-模型是一个三元组$M = \langle W, \{R_\Delta\}_{\Delta\in\tau}, V\rangle$。这里 W 是一个非空集；对 τ 中的每个 $n(n\geqslant 0)$元模态词Δ，R_Δ是 W 上的 n+1 元关系；V 是赋值函数，其定义域为模态语言 ML(τ, Φ)的命题变元集Φ，值域为 $P(W)$。

注意前面的像有穷定义同样适用于τ-模型，只是其描述要稍作变动：令 τ 是一个模态相似型，$M = \langle W, \{R_\Delta\}_{\Delta\in\tau}, V\rangle$是一个$\tau$-模型，如果对 M 的每一个状态 w 和 W 上的每一个 n+1 关系 $R_\Delta(\Delta\in\tau)$，集合$\{\langle v_1, \cdots, v_n\rangle \mid R_\Delta w v_1\cdots v_n\}$是有穷的，则称 M 是像有穷的。

在定义 2.4.4 中，舍弃赋值 V，把τ限制在一元模态词上，并用标号集 A 中的元素标识一元模态词（如 A 中的元素 a 对应了τ中的一元模态词$\langle a\rangle$），用 R_a 表示τ-模型中的一个二元关系 $R_{\langle a\rangle}$，那么定义 2.4.4 中的τ-模型就变为加标转换系统。

二、互模拟及其不变性

经典的互模拟是定义在一种特殊的框架之间，即只涉及二元关系的框架之间，下面我们在任意的两个τ-模型之间定义互模拟，并且取 $Z = Z^+$。

定义 2.4.5　令 τ是一个模态相似型，令$M = \langle W, \{R_\Delta\}_{\Delta\in\tau}, V\rangle$和 $M' = \langle W', \{R_\Delta'\}_{\Delta\in\tau}, V'\rangle$是两个$\tau$-模型，令 $Z\subseteq W\times W'$是一个二元关系，并且满足：对于任意的 $w\in W$，$w'\in W'$，$\Delta\in\tau$，wZw'当且仅当：

（i）对所有命题字母 p，$w\in V(p)$当且仅当 $w'\in V'(p)$；

（ii）对于所有的 $v_1, \cdots, v_n\in W$，如果 $R_\Delta w v_1\cdots v_n$，那么存在 $v_1', \cdots, v_n'\in W'$ 使得 $R_\Delta' w' v_1'\cdots v_n'$，并且对所有的 $i(1\leqslant i\leqslant n)$，$v_i Z v_i'$；（向前）

（iii）对于所有的 $v_1', \cdots, v_n'\in W'$，如果 $R_\Delta' w' v_1'\cdots v_n'$，那么存在 $v_1, \cdots, v_n\in W$ 使得 $R_\Delta w v_1\cdots v_n$，并且对所有的 $i(1\leqslant i\leqslant n)$，$v_i Z v_i'$。（向后）

则 Z 被称为 M 到 M'的一个互模拟关系。

对于基本的模态语言而言，即τ是一个基本模态相似型，后两条就变成：

（ii）′ 对于所有的 $v\in W$，如果 Rwv，那么存在 $v'\in W'$使得 $R'w'v'$，并且 vZv'；

（iii）′ 对于所有的 $v'\in W'$，如果 $R'w'v'$，那么存在 $v\in W$ 使得 Rwv，并且 vZv'。

下面如果不作说明，我们使用基本模态语言，并在基本模态语言下给出一些定义，并证明一些定理，略去τ-语言的一般情况。

举一个互模拟的例子。已知两个模型 $M=\langle S, R, V\rangle$和 $M'=\langle S', R', V'\rangle$。其中 S 和 R 如图 2.9（a）所示，对于所有的命题变元 p，$V(p)=\{s_0, s_1\}$；S'和 R'如图 2.9（b）所示，对所有命题变元 p，$V'(p)=\{s_0', s_1', s_2'\}$。

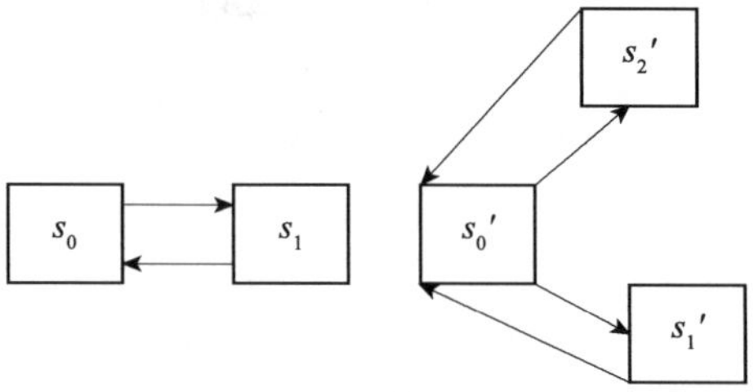

（a）　　　　（b）

图 2.9　互模拟的克里普克模型

现在给出它们之间的一个关系 $Z=\{\langle s_0, s_0'\rangle, \langle s_1, s_1'\rangle, \langle s_1, s_2'\rangle\}$，可以看到$\langle M, s_0\rangle \underline{\leftrightarrow} \langle M', s_0'\rangle$，$\langle M, s_1\rangle \underline{\leftrightarrow} \langle M', s_1'\rangle$，$\langle M, s_1\rangle \underline{\leftrightarrow} \langle M', s_2'\rangle$。

定义 2.4.6　令τ是一个模态相似型，令$M=\langle W, \{R_\Delta\}_{\Delta\in\tau}, V\rangle$和 $M'=\langle W', \{R_\Delta'\}_{\Delta\in\tau}, V'\rangle$是两个$\tau$-模型，如果下面的条件成立，我们称$\tau$-模型的一个性质$\varphi$是互模拟不变的：对任意的$\tau$-模型 M 和 M'，任意的 $s\in W$，$s'\in W'$，如果$\langle M, s\rangle \underline{\leftrightarrow} \langle M', s'\rangle$，那么 $M, s\vDash\varphi \Leftrightarrow M', s'\vDash\varphi$。

我们用 $M, s\vDash\varphi$ 表示公式φ在状态 $s\in S$ 上为真。

定理 2.4.1（模态逻辑互模拟不变性定理）[①]　令τ是一个模态相似型，$M=\langle W, \{R_\Delta\}_{\Delta\in\tau}, V\rangle$和 $M'=\langle W', \{R_\Delta'\}_{\Delta\in\tau}, V'\rangle$是两个$\tau$-模型，$Z$ 是从 M 到 M'的一个互模拟，对任意的 $s\in W$，$s'\in W'$，如果 sZs'，那么对每个模态公式 φ，$M, s\vDash\varphi$ 当且仅当 $M', s'\vDash\varphi$。

证明　我们只考虑基本模态语言 BML 的公式 φ，一般情况略。通过对公式 φ 进行结构归纳来证明此定理。

先看归纳基始，对于所有的命题字母 $p\in\Phi$，由于 sZs'，根据互模拟定义第一条可知 $M, s\vDash p$ 当且仅当 $M', s'\vDash p$。

对于归纳步骤，考虑如下三种情况：

（1）$\varphi=\neg\psi$：

$M, s\vDash\varphi \Leftrightarrow M, s\nvDash\psi$

$\Leftrightarrow M', s'\nvDash\psi$（据归纳假设）

$\Leftrightarrow M', s'\vDash\varphi$；

① Blackburn P, de Rijke M, de Venema Y. 2001. Modal Logic. Cambridge: Cambridge University Press: 67.

（2）$\varphi = \psi \vee \phi$:

$$M, s \vDash \varphi \Leftrightarrow M, s \vDash \psi \text{ 或者 } M, s \vDash \phi$$
$$\Leftrightarrow M', s' \vDash \psi \text{ 或者 } M', s' \vDash \phi \text{（据归纳假设）}$$
$$\Leftrightarrow M', s' \vDash \varphi;$$

（3）$\varphi = \Diamond\psi$: 假设 $M, s \vDash \varphi$。那么存在某个 t，满足 Rst，有 $M, t \vDash \psi$。据定义 2.4.5（ii），对每个这样的 t，存在 $t' \in W'$ 使得 $R's't'$，并且 tZt'。根据归纳假设，$M, t \vDash \psi \Leftrightarrow M', t' \vDash \psi$。因此 ψ 在满足 $R's't'$ 的某个 t' 上为真，故 $M', s' \vDash \varphi$。我们可以用类似的方法证明逆蕴涵。假设 $M', s' \vDash \varphi$，存在 $t' \in W'$ 使得 $R's't'$ 且 $M', t' \vDash \psi$。根据定义 2.4.5（iii），对每个这样的 t'，存在 $t \in W$ 使得 Rst，并且 tZt'。根据归纳假设，$M, t \vDash \psi \Leftrightarrow M', t' \vDash \psi$，所以 $M, s \vDash \varphi$。①

综上所述可得，对每个模态公式 φ，$M, s \vDash \varphi$ 当且仅当 $M', s' \vDash \varphi$。

在一般模态语言中的证明与此类似。

这个定理的一个重要后承是 $ML(\tau, \Phi)$ 和 $ML_\infty(\tau, \Phi)$ 可表达的每个性质都是互模拟不变的，因此所有的模态公式都具有互模拟不变性，也就是说模态逻辑具有互模拟不变性。非形式地说，这个定理蕴涵了在 $ML(\tau, \Phi)$ 和 $ML_\infty(\tau, \Phi)$ 中可以表达的任一性质都不能把两个互模拟状态区分开来。

三、互模拟等价性

把两个 τ-模型连接起来的另一个有用的概念是互模拟等价性。

定义 2.4.7　如果在两个 τ-模型 $M = \langle W, \{R_\Delta\}_{\Delta\in\tau}, V\rangle$ 和 $M' = \langle W', \{R_\Delta'\}_{\Delta\in\tau}, V'\rangle$ 之间存在一个满足下列条件的互模拟关系 Z，我们就说这两个模型是互模拟等价的，并且称 Z 是从 M 到 M' 的一个全互模拟关系②：

（1）对 M 中的每个 $w \in W$，在 M' 中存在 $w' \in W'$ 满足 wZw'；

（2）对 M' 中的每个 $w' \in W'$，在 M 中存在 $w \in W$ 满足 wZw'。

使用缩写符号"≡"表示 M 和 M' 是互模拟等价，即 $M \equiv M'$。

我们回头看看定义 2.4.5 后面所举的那个互模拟例子：已知两个模型 $M = \langle S, R, V\rangle$ 和 $M' = \langle S', R', V'\rangle$。其中 S 和 R 如图 2.11（a）所示，对于所有的命题变元 p，$V(p) = \{s_0, s_1\}$；S' 和 R' 如图 2.11（b）所示，对所有命题变元 p，$V'(p) = \{s_0', s_1', s_2'\}$。$M$ 和 M' 之间的关系 $Z = \{\langle s_0, s_0'\rangle, \langle s_1, s_1'\rangle, \langle s_1, s_2'\rangle\}$ 就是从 M 到 M' 的一个全互模拟关系。

把互模拟等价性的定义与定理 2.4.1 联系起来，我们能够导出下面的定理。

定理 2.4.2　令 $M = \langle W, \{R_\Delta\}_{\Delta\in\tau}, V\rangle$ 和 $M' = \langle W', \{R_\Delta'\}_{\Delta\in\tau}, V'\rangle$ 是两个 τ-模型，φ 是一个 $ML(\tau, \Phi)$ 或 $ML_\infty(\tau, \Phi)$ 公式，$w_0 \in W$ 是 M 的一个初始状态。如果 $M \equiv M'$，并且 $M, s \vDash \varphi$，那么存在某个 $s_0' \in W'$ 使得 $M', s_0' \vDash \varphi$。

---

① 姚从军．2010．走进模态逻辑的互模拟．科学技术哲学研究，27（3）：36-39.

② Kang E. 2008. Bisimulation and Modal Logic. http://math.mit.edu/~rosen/18.504/bisimulation.pdf [2008-12-12].

此定理对简化一类可证问题的复杂性很有用。考虑模型检测问题：已知一个模态性质 ϕ，一个状态有穷的系统 M，一个初始状态 $s_0 \in W$，从 s_0 开始的系统 M 的运行满足 ϕ 吗？注意这个问题的复杂性依赖于系统 M 的大小，我们可以用一个满足 $M \equiv M'$ 的较小的系统 M' 取代 M，研究系统 M' 的运行是否满足 ϕ。

四、互模拟与模态等价性之关系

模态逻辑中，两个 τ-模型 $M = \langle W, \{R_\Delta\}_{\Delta\in\tau}, V\rangle$ 和 $M' = \langle W', \{R_\Delta'\}_{\Delta\in\tau}, V'\rangle$ 的模态等价性定义如下。

定义 2.4.8 令 $M = \langle W, \{R_\Delta\}_{\Delta\in\tau}, V\rangle$ 和 $M' = \langle W', \{R_\Delta'\}_{\Delta\in\tau}, V'\rangle$ 是任意两个 τ-模型，令 w，w' 分别是 M 和 M' 中的状态。w 的 τ-理论（或 τ-型）是在 w 中可满足的所有 τ-公式集，也就是：$\{\phi \mid M, w \vDash \phi\}$。如果 w 和 w' 有相同的 τ-理论，我们就说 w 和 w' 是模态等价的，记作 $w \approx w'$。模型 M 的 τ-理论是被 M 中所有状态满足的所有 τ-公式集，也就是：$\{\phi \mid M \vDash \phi\}$。如果模型 M 和 M' 有相同的 τ-理论，那么我们称 M，M' 是模态等价的，记作 $M \approx M'$。

人们最初用同构，后来用 P-态射来刻画模态等价性，也就是说：两个模型是同构的，那么这两个模型是模态等价的；或者说从一个模型 M 到另一个模型 M' 有一个 P-态射（需要满射），那么对所有的模态公式 ϕ，$M \vDash \phi \Leftrightarrow M' \vDash \phi$。根据上面的定理可知如果两个状态具有互模拟关系，那么没有模态公式能把它们区分开来，即它们是模态等价的。两个模型之间的互模拟等价性与模态等价性有何关系呢？

定理 2.4.3 如果两个模型是互模拟等价的，则这两个模型是模态等价的。

证明 假如 $M = \langle W, \{R_\Delta\}_{\Delta\in\tau}, V\rangle$ 和 $M^* = \langle W^*, \{R_\Delta^*\}_{\Delta\in\tau}, V^*\rangle$ 是互模拟等价的，那么从 M 到 M^* 有一个全互模拟关系 Z，对任意的公式 α，如果 α 在 M 上有效，则 α 在 W 的每个点上为真。根据互模拟等价性定义，W 中的点和 W^* 中所有的点都能建立 Z 关系。再根据定理 2.4.1，具有 Z 关系的任意两点有相同的模态理论，故 α 在 W^* 的每个点上为真，即 α 在 M^* 上有效。类似地，可证明如果 α 在 M^* 上有效，那么 α 在 M 上有效。可得出：对任意公式 α，$M \vDash \alpha \Leftrightarrow M^* \vDash \alpha$。①

定理 2.4.1 和定理 2.4.3 只是说明了互模拟也是模型的模态等价的充分条件，那么是否是必要条件呢？也就是定理 2.4.1 和定理 2.4.3 的逆命题成立吗？

对于基本的模态语言 BML 来说，如果对模型不加限制，其逆是不成立的。如图 2.10 所示②。

① 姚从军. 2009. 同构、P-态射、互模拟与模态等价性. 西南大学学报，36（2）：64-69.
② 姚从军. 2010. 走进模态逻辑的互模拟. 科学技术哲学研究，27（3）：36-39.

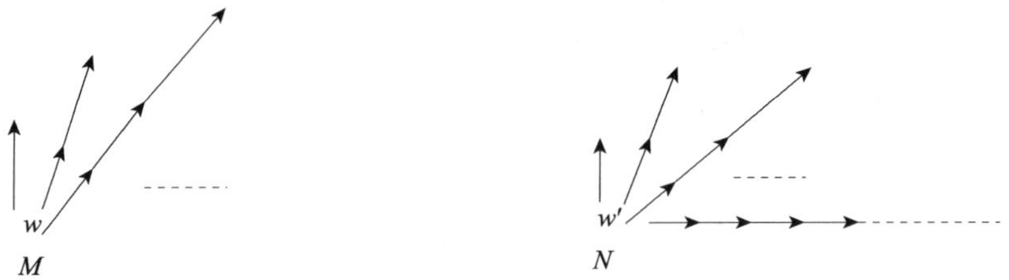

图 2.10　非互模拟的模态等价模型

这里箭头表示 R 转换关系。对于每个 $n > 0$，M 和 N 都有一个长度为 n 的有穷分支；两个模型的不同之处在于，除此之外，N 还有一个无穷长的分支；假定对于所有的有穷分支而言，两个模型相对应的状态对命题字母的赋值一致。

可以证明对基本模态语言 BML（有穷的）的任意公式 ϕ 来说，$M, w\vDash \phi$ 当且仅当 $N, w'\vDash \phi$。但是，尽管 w 和 w' 是模态等价的，也不存在连接它们的互模拟关系。为证明这一点，先假设存在一个互模拟 Z 连接 w 和 w'，我们将从这个假设推出矛盾。

既然 w 和 w' 用 Z 连接起来，那么 w 一定有一个后继，比如 v_1，与从 w' 开始的无穷路径上的第一个点 v_1' 连接起来。假设 n 是从 w 开始并且经过 v_1 的极大路径的长度，并且令 $w, v_1, \cdots, v_{n-1}$ 是这条路径上连续的点。使用互模拟条件 $n-1$ 次，可发现从 w' 发出的无穷路径上的点 $w', v_1', \cdots, v_{n-1}'$，满足 $w'R' v_1' \cdots R'v_{n-1}'$ 并且对每个 $1 \leqslant i \leqslant n-1$，$v_iZv_i'$ 成立。现在 v_{n-1}' 有一个后继，但是 v_{n-1} 没有后继，所以 v_{n-1}' 和 v_{n-1} 不是互模拟的，故 w 和 w' 不是互模拟的①。这同时说明了对于模态语言 $ML(\tau, \Phi)$ 来说，定理 2.4.1 和定理 2.4.3 的逆不成立。

如果把基本模态逻辑加以扩展，在无穷模态语言 ML_∞ 和 $ML_\infty(\tau, \Phi)$ 中，可以证明定理 2.4.1 的逆成立，于是有下面的定理。

定理 2.4.4　令 τ 是一个模态相似型，令 $M = \langle W, \{R_\Delta\}_{\Delta\in\tau}, V\rangle$ 和 $M' = \langle W', \{R_\Delta'\}_{\Delta\in\tau}, V'\rangle$ 是两个 τ-模型。对于无穷模态语言来说我们有下列命题成立：（$\approx$ 表示无穷模态逻辑的模态等价关系）

对每个 $w \in W$ 和 $w' \in W'$，如果 $w \approx w'$，那么 w 和 w' 一定具有互模拟关系。

证明　假定我们的模态相似型仅仅包含一个菱形，即我们在语言 ML_∞ 中证明这一结论。我们将证明 $\approx$ 本身满足定义 2.4.5 的条件。也就是说，我们在无穷模态逻辑 ML_∞ 中证明这些模型上的模态等价关系 $\approx$ 本身是一个互模拟。

$\langle W, w\rangle \approx \langle W', w'\rangle$ 蕴涵它们满足相同的命题字母，$\approx$ 满足定义 2.4.5（i）。

对于第二个条件，假定 $w \approx w'$ 并且 Rwv。我们将通过假定在 M' 中不存在一个 v' 满足 $R'w'v'$ 且 $v \approx v'$ 来得出一个矛盾。令 $S' = \{v' \mid R'w'v'\}$。注意 S' 一定是非空的，否则 $M', w'\vDash \Box\bot$，这与 $w \approx w'$ 矛盾，因为 $M, w\vDash \Diamond\top$。假定不存在 v' 满足 $R'w'v'$ 并且 $v \approx v'$。那么对满足 $R'w'v'$ 的每个 v' 都存在一个 $\phi_{v'} \in ML_\infty$ 使得 $M, v\vDash\phi_{v'}$ 和 M',

① Blackburn P, de Rijke M, de Venema Y. 2001. Modal Logic. Cambridge: Cambridge University Press: 68.

$v' \nvDash \phi_{v'}$ 成立。那么 $M, v \vDash \wedge\{\phi_{v'} \mid R'w'v'\}$，$\wedge\{\phi_{v'} \mid R'w'v'\}$是一个 ML_∞-公式；并因此 $M, w \vDash \Diamond\wedge\{\phi_{v'} \mid R'w'v'\}$，$\Diamond\wedge\{\phi_{v'} \mid R'w'v'\}$也是一个 ML_∞-公式。但是，w' 的所有后继 v' 都有 $M', v' \nvDash \wedge\{\phi_{v'} \mid R'w'v'\}$，所以 $M', w' \nvDash \Diamond\wedge\{\phi_{v'} \mid R'w'v'\}$，这与假设 $\langle M, w\rangle \approx \langle M', w'\rangle$ 矛盾。所以 Rwv 蕴涵在 M' 中存在一个 v' 满足 $R'w'v'$ 且 $v \approx v'$，这就证明了 $\approx$ 满足定义 2.4.5（ii）。

对于第三个条件，假定 $w \approx w'$ 并且 $R'w'v'$。我们将通过假定在 M 中不存在一个 v 满足 Rwv 且 $v \approx v'$ 来得出一个矛盾。令 $S = \{v \mid Rwv\}$。注意 S 一定是非空的，否则 $M, w \vDash \Box\bot$，这与 $w \approx w'$ 矛盾，因为 $M', w' \vDash \Diamond T$。假定不存在 v 满足 Rwv 并且 $v \approx v'$，那么对每个 v 满足 Rwv，都存在一个 $\phi_v \in ML_\infty$ 满足 $M', v' \vDash \phi_v$，并且 $M, v \nvDash \phi_v$。那么 $M', w' \vDash \Diamond\wedge\{\phi_v \mid Rwv\}$，$\Diamond\wedge\{\phi_v \mid Rwv\}$是一个 ML_∞-公式，但是 $M, w \nvDash \Diamond\wedge\{\phi_v \mid Rwv\}$，这与假设 $\langle M, w\rangle \approx \langle M', w'\rangle$ 矛盾。所以 $R'w'v'$ 蕴涵在 M 中存在一个 v 满足 Rwv 且 $v \approx v'$，故 $\approx$ 满足定义 2.4.5（iii）。

在语言 $ML_\infty(\tau, \Phi)$ 中证明这一结论成立是一个自然的扩展。相应的也可以证明定理 2.4.3 的逆命题在这种语言里也成立。

对于模态语言 $ML(\tau, \Phi)$ 来说，如果把模型限制在像有穷类上，定理 2.4.1 的逆命题也成立。

定理 2.4.5 令 τ 是一个模态相似型，并且令 M 和 M' 是两个像有穷的 τ- 模型。那么对每个 $w \in W$ 和 $w' \in W'$，w 和 w' 是互模拟的当且仅当 $w \approx w'$（$\approx$ 表示基本模态等价关系）①。

证明 假定我们的模态相似型仅仅包含一个菱形（也就是说我们考虑基本模态语言 BML）。从左到右的蕴涵直接从定理 2.4.1 得出；对于另一个方向，我们将证明模态等价关系 $\approx$ 本身是一个互模拟。

$W \approx w'$ 蕴涵它们满足相同的命题字母，$\approx$ 满足定义 2.4.5（i）。

对于第二个条件，假定 $w \approx w'$ 并且 Rwv。我们将通过假定在 M' 中不存在一个 v' 满足 $R'w'v'$ 且 $v \approx v'$ 来得出一个矛盾。令 $S' = \{v' \mid R'w'v'\}$。注意 S' 一定是非空的，否则 $M', w' \vDash \Box\bot$，这与 $w \approx w'$ 矛盾，因为 $M, w \vDash \Diamond T$。进一步，由于 M' 是像有穷的，那么 S' 一定是有穷的，比方说 $S' = \{v_1', \cdots, v_n'\}$。根据假设，对每个 $v_i' \in S'$，存在一个公式 ψ_i 使得 $M, v \vDash \psi_i$ 且 $M', v_i' \nvDash \psi_i$。可以推出：

$$M, w \vDash \Diamond(\psi_1 \wedge \cdots \wedge \psi_n) \text{和} M', w' \nvDash \Diamond(\psi_1 \wedge \cdots \wedge \psi_n)。$$

这就与我们的假设 $w \approx w'$ 矛盾。所以如果 $w \approx w'$ 并且 Rwv 蕴涵在 M' 中存在一个 v' 满足 $R'w'v'$ 且 $v \approx v'$，这就证明了 $\approx$ 满足定义 2.4.5（ii）。

假定 $w \approx w'$ 并且 $R'w'v'$。我们将通过假定在 M 中不存在一个 v 满足 Rwv 且 $v \approx v'$ 来得出一个矛盾。令 $S = \{v \mid Rwv\}$。注意 S 一定是非空的，因为不这样的话，那么 $M, w \vDash \Box\bot$，这与 $w \approx w'$ 矛盾，因为 $M', w' \vDash \Diamond T$。进一步，由于 M 是像有穷的，

① Hennessy M, Milner R. 1985. Algebraic laws for nondeterminisim and concurrency. JACM, 32(1): 137-161.

那么 S 一定是有穷的，例如，$S=\{v_1, \cdots, v_n\}$。根据假设，对每个 $v_i \in S$，存在一个公式 ψ_i 使得 $M', v' \vDash \psi_i$ 且 $M, v_i \nvDash \psi_i$。可以推出：

$$M', w' \vDash \Diamond(\psi_1 \wedge \cdots \wedge \psi_n) \text{和} M, w \nvDash \Diamond(\psi_1 \wedge \cdots \wedge \psi_n)。$$

这就与我们的假设 $w \approx w'$ 矛盾。所以如果 $w \approx w'$ 并且 $R'w'v'$ 蕴涵在 M 中存在一个 v 满足 Rwv 且 $v \approx v'$，这就证明了 $\approx$ 满足定义 2.4.5（iii）。

在模态语言 ML(τ, Φ) 中证明这一结论成立是一个自然的扩展。相应的也可以证明定理 2.4.3 的逆在这种语言里也成立。

上面我们只是在模型上讨论互模拟与模态等价性的关系，如果在框架上讨论它们之间的关系，我们会得出不同的结论。例如，有下面的一个事实。

事实 2.4.1　框架之间的全互模拟关系不蕴涵模态等价性。

证明　框架间的全互模拟关系就是模型间的全互模拟关系去掉关于命题字母的赋值条件。简言之，该定理说可能两个框架是互模拟的（两个框架间存在一个全互模拟关系），但是它们并非使相同的模态公式有效。我们用一个反例来说明。令 $\langle W, R\rangle$ 是一个框架，其中 $W=\{w_1, w_2\}$，$R=\{\langle w_1, w_2\rangle, \langle w_2, w_2\rangle\}$；令 $\langle W^*, R^*\rangle$ 是又一框架，其中 $W^*=\{w_1{}^*\}$，$R^*=\{\langle w_1{}^*, w_1{}^*\rangle\}$。我们令 $Z=\{\langle w_1, w_1{}^*\rangle, \langle w_2, w_1{}^*\rangle\}$，很明显 Z 是从 $\langle W, R\rangle$ 到 $\langle W^*, R^*\rangle$ 的一个全互模拟关系。但是这两个框架不是模态等价的，因为公式 $p \to \Box p$ 在 $\langle W^*, R^*\rangle$ 上有效，而在 $\langle W, R\rangle$ 上不是有效的。我们可以在 $\langle W, R\rangle$ 上定义一模型 $\langle W, R, V\rangle$，其中 $w_1 \in V(p)$，$w_2 \notin V(p)$，这样，因为 p 在 w_2 上为假，已知 Rw_1w_2，所以 $\Box p$ 在 w_1 上为假，这样 $p \to \Box p$ 在 w_1 上为假，所以 $p \to \Box p$ 在 $\langle W, R, V\rangle$ 上不是有效的，因此 $p \to \Box p$ 在 $\langle W, R\rangle$ 上也不是有效的[①]。

注意，令 $\langle W, R\rangle$ 和 $\langle W^*, R^*\rangle$ 具有全互模拟关系为 Z，$\langle W, R, V\rangle$ 是基于 $\langle W, R\rangle$ 的任意模型，则不一定存在一个基于 $\langle W^*, R^*\rangle$ 且与 $\langle W, R, V\rangle$ 互模拟等价的模型。如要这样的模型存在，则要求与 W^* 中任意元素具有 Z 关系的 W 的所有元素对命题变元的指派一致。如上例所示，与 W^* 中的 $w_1{}^*$ 具有 Z 关系的 W 中的元素有 w_1，w_2，这就要求对所有的命题变元 p，所需要的 $\langle W, R\rangle$ 上的赋值 V' 满足 $w_1 \in V'(p)$ 当且仅当 $w_2 \in V'(p)$。上面的赋值 V 违反了这一规则，所以基于 $\langle W^*, R^*\rangle$ 就构造不出与 $\langle W, R, V\rangle$ 互模拟等价（或模态等价）的模型[②]。

---

① 姚从军．2009．同构、P-态射、互模拟与模态等价性．西南大学学报，36（2）：68.

② 姚从军．2009．同构、P-态射、互模拟与模态等价性．西南大学学报，36（2）：69.

第三章　互模拟与模型构造

本章研究互模拟在模型构造中的作用：探讨如何从一个模型构造出与之具有互模拟关系的新模型，并检验这些新模型在证明模态系统某些性质中的作用；研究如何构造模互模拟和模语言等价的商模型，并讨论这两种商模型之间的关系。本章分三节。第一节给出三种经典的模型构造方式：不相交的并、生成子模型和有界态射；第二节研究了两种非经典的模型构造方法：凸起（把任一模型变成禁自返性模型的一种方法）和压延（bulldoze）[把原模型中对称性（含自返性）的点变成许多点，进一步通过适当的关系定义就得到与原模型模态等价的禁对称或反对称的模型]，并基于新模型证明了某些模态系统的一些语义性质；第三节介绍 Σ-过滤的定义，构造模语言等价和模互模拟的商模型，并证明它们都是 Σ-过滤的特例以及它们之间的关系。

本章的研究工作主要体现在四个方面：一是与参考书中使用公式归纳法证明新旧模型相对应的状态具有模态等价关系不同，本书笔者先证明新旧模型相对应的状态之间具有互模拟关系，再根据模态逻辑的互模拟不变性定理得出它们是模态等价的；二是与休斯和克雷斯韦尔使用压延技术从一个自返、传递和全连接的模型构造它的自返、传递、全连接和反对称的模型不同，本书笔者对他们的压延技术进行两种改造，从而可以从一个传递的模型分别构造出它的禁对称的传递模型和反对称的传递模型；三是应用构造的新模型得出两个结论：K4 被禁对称的传递模型类所刻画，S5 被自返的、反对称的传递模型类所刻画；四是构造模语言等价与模互模拟的商模型，证明了它们都是Σ-过滤的特例——$\mathrm{Form}(\Diamond, \Phi)$-过滤、$\mathrm{Form}_\infty(\Diamond, \Phi)$-过滤、$\mathrm{Form}(\tau, \Phi)$-过滤、$\mathrm{Form}_\infty(\tau, \Phi)$-过滤，并比较了这两种商模型之间的关系。

本章的主要参考文献是白磊本等著的《模态逻辑》第 2 章[①]、休斯和克雷斯韦尔著《模态逻辑的伙伴》第 3 章与第 5 章[②]和波普克（Sally Popkorn）《模态逻辑初步》第 12 章[③]。

① Blackburn P, de Rijke M, de Venema Y. 2001. Modal Logic. Cambridge: Cambridge University Press: 50-123.

② Hughs G, Creswell M. 1984. A Companion to Modal Logic. New York: Methuen Press: 25-38, 61-76.

③ Popkorn S. 1994. First steps in Modal Logic. Cambridge: Cambridge University Press:157-168.

第一节　经典的模态逻辑模型构造方法

一、不相交的并

假定我们有下面的两个模型[1]（图 3.1）。

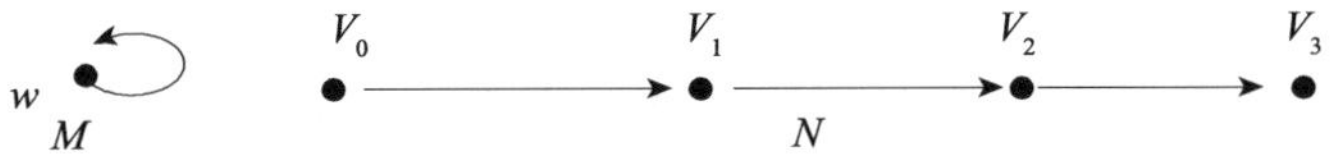

图 3.1 不相交的模型

这里的赋值是无关紧要的，只需要 M 和 N 的状态集不相交（如果两个模型的状态集不包含相同的元素，我们就说它们是不相交的），因为我们将要把它们拼在一起从而形成模型 $M\uplus N$（图 3.2）。

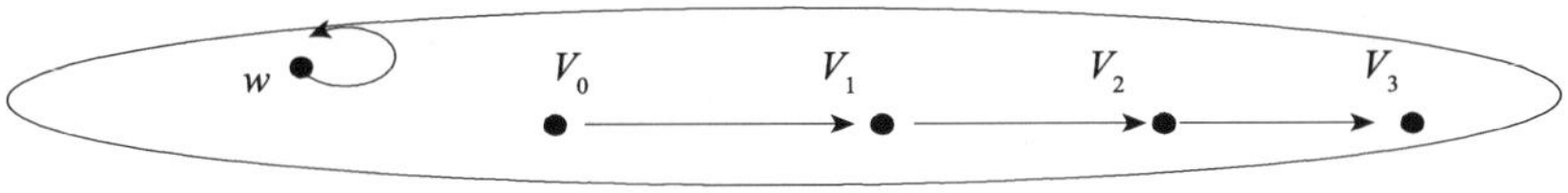

$M\uplus N$

图 3.2　不相交的并

模型 $M\uplus N$ 被称为 M 和 N 不相交的并。它把两个小模型的信息原封不动地合在一起：我们不改变点之间的相互关联方式，也不改变原子信息的分布情况，模态满足关系在不相交的并运算下具有不变性。首先我们在基本模态语言里定义模型不相交的并，然后扩展到一般模态语言的情况下。

定义 3.1.1　对于不相交的模型 $M_i=\langle W_i, R_i, V_i\rangle_{i\in I}$，它们的不相交的并是结构 $\biguplus_{i\in I}M_i=\langle W, R, V\rangle$，这里 W 是集合 W_i 的并，R 是关系 R_i 的并，并且对于每一个命题字母 p，$V(p)=\bigcup_{i\in I}V_i(p)$[2]。

对于具有相同的模态相似型 τ 的不相交的 τ-结构 $M_i=\langle W_i, \{R_{\Delta i}\}_{\Delta\in\tau}, V_i\rangle_{i\in I}$，它们的不相交的并是结构 $\biguplus_{i\in I}M_i=\langle W, \{R_\Delta\}_{\Delta\in\tau}, V\rangle$，这里 W 是集合 W_i 的并；对每个 $\Delta\in\tau$，R_Δ 是并集 $\bigcup_{i\in I}R_{\Delta i}$；$V$ 的定义和在基本模态语言中相同。

如果想把相交的模型拼在一起，首先必须使它们不相交（比如说给这些模型的状态集加标），取我们想合并的那些模型的互不相交的同构拷贝，然后把这些拷贝拼在一起。

① Blackburn P, de Rijke M, de Venema Y. 2001. Modal Logic. Cambridge: Cambridge University Press: 52.

② Blackburn P, de Rijke M, de Venema Y. 2001. Modal Logic. Cambridge: Cambridge University Press: 53.

定理 3.1.1　令τ是一个模态相似型，对所有 $i \in I$，令 M_i 是一个τ-模型。那么对每一个模态公式ϕ，每个 $i \in I$，M_i 中的每个状态 w，我们有：$M_i, w \vDash \phi$ 当且仅当$\biguplus_{i \in I} M_i, w \vDash \phi$。简言之，模态满足关系在不相交的并下具有不变性①。

证明　我们可以看到每个模型 M_i 到这些模型的不相交的并$\biguplus_{i \in I} M_i$ 之间存在一个互模拟关系——恒等关系 I，使得 M_i 中的任意状态 w 与$\biguplus_{i \in I} M_i$ 中的状态 w 有 I 关系。根据定理 2.4.1 得：$M_i, w \approx \biguplus_{i \in I} M_i, w$。所以，对任意的模态公式$\phi$，$M_i, w \vDash \phi$ 当且仅当$\biguplus_{i \in I} M_i, w \vDash \phi$。

现在，我们使用不相交的并证明全局模态词在基本模态语言中不可定义。考虑全局模态词。全局菱形 E 把在任一模型中都隐含存在的关系 $W \times W$ 作为它的可及关系。也就是说：

$M, w \vDash \mathrm{E}\phi$当且仅当对 M 中的某个状态 v，有 $M, v \vDash \phi$。

它的对偶、全局方框 A，具有下面的解释：

$M, w \vDash \mathrm{A}\phi$当且仅当对 M 中的所有状态 v，有 $M, v \vDash \phi$。

定理 3.1.2　全局模态词在基本模态语言中是不可定义的。

假设我们能够定义 E。那么我们可以写下一个仅仅包含基本模态语言符号的表达式$\alpha(p)$，并且满足对每个模型 M，$M, w \vDash \alpha(p)$ 当且仅当在 M 中存在一个状态 w'使得 $M, w' \vDash p$。现在我们从这个假设中推出一个矛盾。考虑一个模型 M_1，p 在它的某个状态 w'上为真；同时考虑一个模型 M_2，p 在它的每个状态上都为假。根据 E 的定义和假设可知，对于 M_1 的任意状态 w，我们有 $M_1, w \vDash \alpha(p)$。根据假定，$\alpha(p)$ 仅仅包含基本语言的符号，因此由定理 3.1.1 我们可得 $M_1 \uplus M_2, w \vDash \alpha(p)$。但是这蕴涵了对 M_2 中的每个状态 v，$M_1 \uplus M_2, v \vDash \alpha(p)$。再一次根据定理 3.1.1，这就蕴涵了 $M_2, v \vDash \alpha(p)$。根据 E 的定义，则在 M_2 中存在一个状态 v'使得 p 在 v'上为真，矛盾！我们得出结论全局菱形 E 在基本模态语言中是不可定义的。同理可证全局框 A 在基本模态语言中也不可定义。

二、生成子模型

生成子模型是一种从大模型生成小模型的方式。假如我们使用基本模态语言谈论基于框架$\langle Z, < \rangle$的一个模型 M，其结构如图 3.3 所示②。

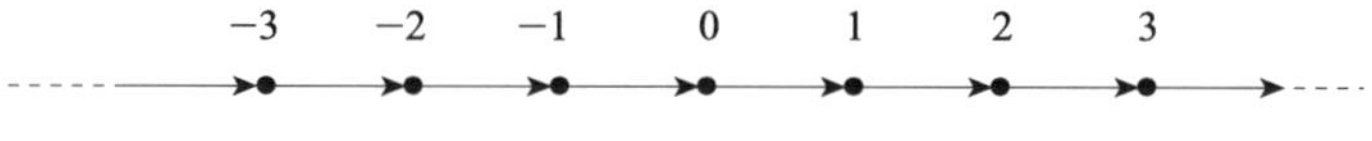

图 3.3　框架$\langle Z, < \rangle$上的模型 M

首先假定我们扔掉所有的正数，形成 M 的一个子模型 M^-，并且把原始的赋

① Blackburn P, de Rijke M, de Venema Y. 2001. Modal Logic. Cambridge: Cambridge University Press: 53.

② Blackburn P, de Rijke M, de Venema Y. 2001. Modal Logic. Cambridge: Cambridge University Press: 55.

值（不管怎样的原始赋值）限制在剩下的数上。因此，M^-看起来类似于下面的结构①（图 3.4）。

图 3.4 M 的子模型 M^-

基本模态语言当然可以察觉到 M 和 M^-的不同。例如，它看到 0 在 M 中有后继（注意 $M, 0 \models \Diamond T$），但是在 M^-中，0 是一个死点（注意 $M^-, 0 \not\models \Diamond T$）。因此，对于一般的子模型来说不存在不变性结论。现在略去负数，并且把原始的赋值限制在剩下的数上，我们就得到 M 的子模型 M^+ ②（图 3.5）。

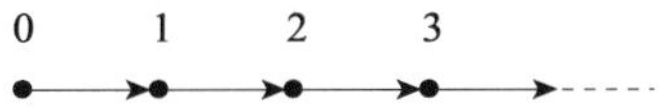

图 3.5 M 的子模型 M^+

如果一个基本模态语言的公式 ϕ 在 M 的某个点 n 是可满足的，那么 ϕ 在 M^+ 的同一个点 n 也是可满足的。因为与 M 的可满足性有关的点仅仅是大于 n 的点，而所有这样的点也在 M^+中。反之，如果一个基本的模态公式 ϕ 在 M^+的点 m 上为真，那么 ϕ 在 M 的点 m 上也为真。

简言之，对于在原始模型的可及关系下封闭的子模型而言模态不变性成立。这样的模型被称作生成子模型，并且它们产生了我们正在寻找的不变性结果。下面先在基本模态语言的模型上定义生成子模型，然后扩展到一般情况。

定义 3.1.2 令 $M = \langle W, R, V\rangle$和 $M' = \langle W', R', V'\rangle$是基本模态语言的两个模型。如果 $W' \subseteq W$，R'是 R 到 W'的限制($R' = R \cap (W' \times W')$)，$V'$是 V 到 M'的限制(也就是对每个 p，$V'(p) = V(p) \cap W'$)，那么我们称 M'是 M 的一个子模型。如果 M'是 M 的一个子模型，并且对所有的点 w，下面的封闭包条件成立：

那么我们称 M'是 M 的一个生成子模型，记作 $M' \rightarrowtail M$。

如果 w 是 M'的状态，并且 Rwv，那么 v 也是 M'的状态。

对于一般的情况而言，令 $M = \langle W, \{R_\Delta\}_{\Delta \in \tau}, V\rangle$和 $M' = \langle W', \{R_\Delta'\}_{\Delta \in \tau}, V'\rangle$是两个 τ-模型。如果对于所有的$\Delta \in \tau$，相对于 R_Δ而言 M'是 M 的一个子模型，并且对所有的$\Delta \in \tau$，下面的封闭包条件成立：

如果 $u \in W'$，并且 $R_\Delta u u_1 \cdots u_n$，那么 $u_1, \cdots, u_n \in W'$。

我们称 M'是 M 的一个生成子模型，记作 $M' \rightarrowtail M$③。

令 M 是一个模型，X 是 M 的状态集的一个子集。由 X 生成的子模型是状态

①② Blackburn P, de Rijke M, de Venema Y. 2001. Modal Logic. Cambridge: Cambridge University Press: 55.

③ Blackburn P, de Rijke M, de Venema Y. 2001. Modal Logic. Cambridge: Cambridge University Press: 56.

集包含 X 的 M 的最小生成子模型。最后，一个根或点生成模型是由一个单元素集生成的子模型，该单元素集的元素被称为此模型的根。

定理 3.1.3 令 τ 是一个模态相似型，令 M' 和 M 是 τ-模型，并且 M' 是 M 的一个生成子模型。那么对每个模态公式 ϕ 和 M' 的每个状态 w，我们有 $M, w \vDash \phi$ 当且仅当 $M', w \vDash \phi$。换句话说，模态可满足性在生成子模型下具有不变性。

证明 我们可以看到模型 M 到它的生成子模型 M' 之间存在一个互模拟关系——恒等关系 I，使得 M' 中的任意状态 w 与 M 中的状态 w 具有 I 关系。根据定理 2.4.1，有 $\langle M, w\rangle \approx \langle M', w\rangle$。所以，对任意的模态公式 ϕ，$M, w \vDash \phi$ 当且仅当 $M', w \vDash \phi$。

三、有界态射

定义 3.1.3 令 τ 是一个模态相似型，$M = \langle W, \{R_\Delta\}_{\Delta\in\tau}, V\rangle$ 和 $M' = \langle W', \{R_\Delta'\}_{\Delta\in\tau}, V'\rangle$ 是两个 τ-模型。从 M 到 M' 的同态 f(记作 f: $M \to M'$) 指的是从 W 到 W' 的一个函数 f，并且具有下面的性质[①]：

（i）对每个命题字母 p 和 M 的每个状态 w，如果 $w \in V(p)$，那么 $f(w) \in V'(p)$，

（ii）对每个 $n > 0$，每个 n 元 $\Delta \in \tau$，以及 M 中的状态 $w_0, \cdots, w_n$，如果 $R_\Delta w_0 \cdots w_n$，那么 $R_\Delta' f(w_0) \cdots f(w_n)$。（同态条件）

我们称 M 是同态的源，M' 是同态的目标。注意对于基本的模态语言来说，第二条为：

如果 Rwu，那么 $R'f(w)f(u)$。

模态公式在同态下不具有不变性。尽管同态使源结构在目标结构中表现出来，但是它并没有使目标结构在源结构中表现出来。我们尝试着强化这个定义。存在一个显而易见的方式：把蕴涵变成等价性。这导致了许多重要的概念。

定义 3.1.4 令 τ 是一个模态相似型，令 M 和 M' 是 τ-模型，从 M 到 M' 的强同态是一个满足下面条件的同态 f: $M \to M'$：

（i）对每个命题字母 p 和 M 的每个状态 w，$w \in (p)$ 当且仅当 $f(w) \in V'(p)$，

（ii）对每个 $n > 0$，每个 n 元 $\Delta \in \tau$，以及 M 中的状态 $w_0, \cdots, w_n$，$R_\Delta w_0 \cdots w_n$，当且仅当 $R_\Delta' f(w_0) \cdots f(w_n)$。（强同态条件）

对基本的模态语言，第二条就是：Rwu 当且仅当 $R'f(w)f(u)$。

从 M 到 M' 的一个嵌入是一个强同态 f: $M \to M'$，并且 f 是一个单射。一个同构是一个双射的强同态。如果存在一个从 M 到 M' 的同构，我们称 M 同构于 M'，记作 $M \cong M'$[②]。

定理 3.1.4 令 τ 是一个模态相似型，并且 $M = \langle W, \{R_\Delta\}_{\Delta\in\tau}, V\rangle$ 和 $M' = \langle W', \{R_\Delta'\}_{\Delta\in\tau}, V'\rangle$ 是两个 τ-模型，那么对 M 的任意状态 w 和 M' 的任意状态 w'，如果存

---

① Blackburn P, de Rijke M, de Venema Y. 2001. Modal Logic. Cambridge: Cambridge University Press: 57-58.

② Blackburn P, de Rijke M, de Venema Y. 2001. Modal Logic. Cambridge: Cambridge University Press: 58.

在一个满射的强同态 $f: M \to M'$，并且满足 $f(w) = w'$，那么 w 和 w' 是模态等价的，并且 $M \approx M'$。

证明　可通过互模拟不变性定理进行证明。定义一个从 M 到 M' 的关系 $Z = \{\langle w, f(w)\rangle \mid w \in W\}$，因为 f 是一个满射的强同态，很容易检验 Z 满足互模拟定义 2.4.5 的所有条件，所以 Z 是一个互模拟。又 $f(w) = w'$，所以 wZw'，根据定理 2.4.1 可得它们是模态等价的。又因为从 M 到 M' 的强同态 f 就是 W 到 W' 之间的一个满射，所以 Z 是一个全互模拟关系，即 M 和 M' 是互模拟等价的，根据定理 2.4.3 可知它们是模态等价的，即 $M \approx M'$。

上面的结论没有一个是专门针对模态的。因为许多态射产生不变性结论，但它们并不是强同态。下面定义一个更加精细的概念——有界态射，它是针对模态的。先在基本模态语言的模型之间定义这一概念，然后扩展到一般情况。

定义 3.1.5（有界态射——基本的情况）　令 M 和 M' 是基本模态语言的模型。如果一个映射 $f: M = \langle W, R, V\rangle \to M' = \langle W', R', V'\rangle$ 满足下面的条件，那么它就是一个有界态射[①]：

（i）w 和 $f(w)$ 满足相同的命题字母；

（ii）f 是一个关于关系 R 的同态（也就是说，如果 Rwv，那么 $R'f(w)f(v)$）；

（iii）如果 $R'f(w)v'$，那么存在 v 满足 Rwv，并且 $f(v) = v'$。（向后的条件）。

对于一般模态语言而言，后两条就变成：

（ii）′对于所有的 $\Delta \in \tau$，$R_\Delta wv_1 \cdots v_n$ 蕴涵 $R_\Delta' f(w)f(v_1)\cdots f(v_n)$；

（iii）′对于所有的 $\Delta \in \tau$，如果 $R_\Delta f'(w)v_1' \cdots v_n'$，那么存在 $v_1, \cdots, v_n$，且满足 $R_\Delta wv_1 \cdots v_n$，并且 $f(v_i) = v_i'\ (1 \leqslant i \leqslant n)$。

如果从 M 到 M' 的有界态射 f 是一个满射，那么我们称 M' 是 M 的一个有界态射的像，并记作 $M \twoheadrightarrow M'$。

例 3.1.1　考虑模型 $M = \langle W, R, V\rangle$ 和 $M' = \langle W', R', V'\rangle$，这里：

（1）$W = \mathbf{N}$（自然数），Rmn 当且仅当 $n = m + 1$，$V(p) = \{n \in \mathbf{N} \mid n \text{ 是偶数}\}$；

（2）$W' = \{e, o\}$，$R' = \{\langle e, o\rangle, \langle o, e\rangle\}$，$V'(p) = \{e\}$。

现在令 f：$W \to W'$ 是下面的映射：

$$f(n) = \begin{cases} e, & n \text{ 是偶数}, \\ o, & n \text{ 是奇数}。\end{cases}$$

用一个简单的图把所有这些信息合在一起，如图 3.6 所示[②]。

① Blackburn P, de Rijke M, de Venema Y. 2001. Modal Logic. Cambridge: Cambridge University Press: 59.

② 姚从军. 2010. 走进模态逻辑的互模拟. 科学技术哲学研究，27（3）：36.

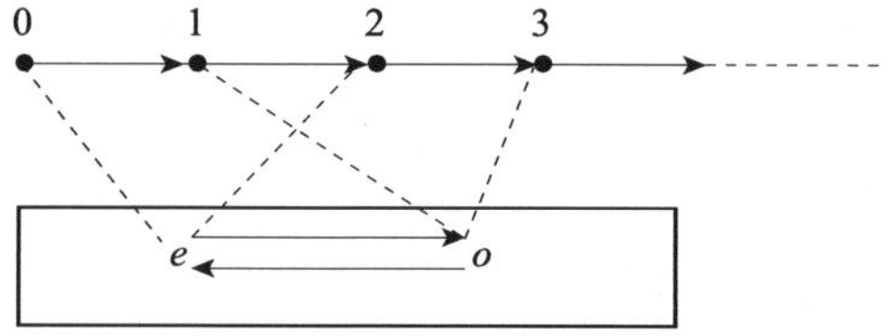

图 3.6　有界态射

可以看到 f 不是一个强同态，例如 $R'f(3)f(2)$ 成立，但是 $R32$ 不成立，这就不满足强同态条件。但是 f 是从 M 到 M' 一个满有界态射。不足道的，f 满足定义 3.1.5 的条件（i）。至于同态条件，我们考虑 R 中的一个任意有序对 $\langle n, n+1\rangle$，存在两种可能性：n 或者是奇数或者是偶数。假设 n 是偶数，那么 $n+1$ 是奇数，因此 $f(n)=e$ 和 $f(n+1)=o$，这样我们有 $R'f(n)f(n+1)$ 即为所求。n 为奇数的情况与此类似。

对于向后的条件，取 W 中的任一对元素 n，并且假定 $R'f(n)w'$。我们必须找到一个 m 满足 Rnm，并且 $f(m)=w'$。我们假定 n 为奇数（n 为偶数的情况是类似的）。因为 n 为奇数，所以 $f(n)=o$，根据 R' 定义，我们有 $w'=e$。因为 $n+1$ 是偶数，所以我们取 $f(n+1)=w'$。因为 $n+1$ 是 n 的一个后继，再根据 R 的定义可知 $Rn(n+1)$，因此 $n+1$ 就是我们正在寻找的 m。

定理 3.1.5　令 τ 是一个模态相似型，$M=\langle W, \{R_\Delta\}_{\Delta\in\tau}, V\rangle$ 和 $M'=\langle W', \{R_\Delta'\}_{\Delta\in\tau}, V'\rangle$ 是两个 τ-模型，且存在一个有界态射 $f: M\to M'$。那么，对每个模态公式 ϕ 和 M 的每个元素 w，我们有 $M, w\vDash\phi$ 当且仅当 $M', f(w)\vDash\phi$。换句话说：模态可满足关系在有界态射下具有不变性。

证明　定义一个从 M 到 M' 的关系 $Z=\{\langle w, f(w)\rangle \mid w\in W\}$，根据 f 的定义，易证 Z 是一个互模拟，根据互模拟不变性定理直接可得出结论。

定理 3.1.6　令 τ 是一个模态相似型，$M=\langle W, \{R_\Delta\}_{\Delta\in\tau}, V\rangle$ 和 $M'=\langle W', \{R_\Delta'\}_{\Delta\in\tau}, V'\rangle$ 是两个 τ-模型，且存在一个满的有界态射 $f: M\to M'$，那么这两个模型是模态等价的。

证明　定义一个从 M 到 M' 的关系 $Z=\{\langle w, f(w)\rangle \mid w\in W\}$，根据 f 的定义易检验 Z 满足互模拟定义 2.4.5 的所有条件，所以 Z 是一个互模拟。因为 f 是满射，所以对每个 $w\in W$，存在一个 $w'\in W'$，使得 wZw'；因为可以取 $w'=f(w)$；并且对每个 $w'\in W'$，存在一个 $w\in W$，满足 $w'=f(w)$，此时同样有 wZw'，根据定义 2.4.7，Z 就是一个全互模拟关系，因此 M 和 M' 是互模拟等价的。进而根据定理 2.4.3 互模拟等价的模型蕴涵模态等价性，所以 M 和 M' 是模态等价的。

第二节　两种非经典的模态模型构造方法：凸起和压延

凸起是从一个模型构造出与之模态等价的禁自返性模型所采用的方式；压延是笔者从一个传递模型构造出它的禁对称传递模型或反对称传递模型所采用的方式。笔者从互模拟角度证明了新旧模型之间模态等价关系，借此证明了一些定理。下面基于基本模态语言的模型谈论新模型的构造，不给出形式化的定义，仅仅描述其构造过程。

一、凸起

已知任一模型 $M=\langle W, R, V\rangle$，构造它的禁自返性模型 $M^*=\langle W^*, R^*, V^*\rangle$。$W^*$ 是用 w^+和 w^-取代 W 中的每个 w 而形成的集合，R^*要分情况进行定义：如果 Rww，那么 $R^*w^+w^-$和 $R^*w^-w^+$，此时 $R^*w^+w^+$和 $R^*w^-w^-$不成立；如果$\neg Rww$，那么$\neg R^*w^+w^-$和$\neg R^*w^-w^+$，此时 $R^*w^+w^+$和 $R^*w^-w^-$也不成立；如果 $w_i \neq w_j$，并且 Rw_iw_j，那么 $R^*w_i^+w_j^+$，$R^*w_i^-w_j^-$，$R^*w_i^+w_j^-$，$R^*w_i^-w_j^+$。对任意一个 $w \in W$，任意一个变元 p，使 V^*在 w^+和 w^-上对 p 的赋值与 V 在 w 上对 p 的赋值一致。形式化如下①：

（1）$W^*=\{u \mid u=w^+$或 $u=w^-$，对每个 $w \in W\}$。

（2）对每个 $u, v \in W^*$，R^*uv 当且仅当

（i）$u=w^+$，$v=w^-$，并且 Rww；

（ii）$v=w^+$，$u=w^-$，并且 Rww；

（iii）$u=w_i^+$或 $u=w_i^-$，$v=w_j^+$或 $v=w_j^-$，并且 $w_i \neq w_j$ 和 Rw_iw_j。

（3）对任意变元 p 和任一 $u \in W^*$，如果 $u=w^+$或 $u=w^-$，那么 $u \in V^*(p)$ 当且仅当 $w \in V(p)$。

这样定义的模型就是一个禁自返性模型，笔者称这种从已知模型构造它的禁自返性模型的方法为凸起。

定理 3.2.1　每个模型与它的禁自返性模型是模态等价的。②

证明　令 $M=\langle W, R, V\rangle$为任一模型，$M^*=\langle W^*, R^*, V^*\rangle$是按照凸起法构造的它的禁自返性模型。定义从 M 到 M^*的一个关系 $Z=\{\langle w, u\rangle \mid w \in W, u=w^+$或 $u=w^-\}$，现在我们检验 Z 是从 M 到 M^*的一个全互模拟关系。

首先我们证明 Z 是从 M 到 M^*的一个互模拟关系。

(i)根据 V^*定义，对于每个变元 p 和每个 $w \in W$，我们有 $w \in V(p) \Leftrightarrow u \in V^*(p)$。这里 $u=w^+$或 $u=w^-$，因此 Z 满足互模拟定义 2.4.5 的条件（i）。

---

①②姚从军．2009．同构、P-态射、互模拟与模态等价性．西南大学学报，36（2）：67.

（ii）对于任意的 $w, v \in W$，wZu（$u=w^+$或 $u=w^-$）并且 Rwv，如果 $w=v$，实际上是 Rww，根据 R^*的定义有 $R^*w^+w^-$，$R^*w^-w^+$。如果 $u = w^+$，我们取 $R^*w^+w^-$，并且 wZw^-成立；如果 $u=w^-$，取 $R^*w^-w^+$，并且 wZw^+成立。如果 $w \neq v$，并且 $u=w^+$，因为 Rwv，那么根据 R^*定义，我们知道存在 v^+（v^-）并且 $R^*w^+v^+$（$R^*w^+v^-$），由 Z 的定义可知 vZv^+（vZv^-）；如果 $w \neq v$，并且 $u=w^-$，因为 Rwv，那么根据 R^*定义我们知道存在 v^+（v^-）并且 $R^*w^-v^+$（$R^*w^-v^-$），由 Z 的定义可知 vZv^+（vZv^-）。因此 Z 满足互模拟定义 2.4.5 的条件（ii）。

（iii）对于任意的 $w, v \in W$，wZu（$u=w^+$或 $u=w^-$）并且 R^*ut（$t=v^+$或 $t=v^-$），如果 $w = v$，那么 R^*ut 只有两种情况：$R^*w^+w^-$或 $R^*w^-w^+$。根据 R^*定义可知在这两种情况下都有 Rww，由 Z 的定义可知 wZv^+, wZv^-, 即 wZt。如果 $w \neq v$，那么 R^*ut 有四种情况：$R^*w^+v^+, R^*w^-v^-, R^*w^+v^-, R^*w^-v^+$。由 R^*定义可知在每一种情况下都有 Rwv，并且 vZv^+和 vZv^- 都成立，也就是 vZt 成立，因此 Z 满足互模拟定义 2.4.5 的条件（iii）。

综上所述，Z 是从 M 到 M^*的一个互模拟关系。现在我们来说明它还是一个全互模拟关系。由 W^*的定义可知，对于每个 $w \in W$，都存在 $u \in W^*$（$u=w^+$或 $u=w^-$），并且 wZu；同样，对于每个 $u \in W^*$（$u=w^+$或 $u=w^-$），都存在 $w \in W$，并且 wZu。根据定义 2.4.7，Z 就是一个全互模拟关系，并因此 M 和 M^*是互模拟等价的。进而根据定理 2.4.3，所以 M 和 M^*是模态等价的。

接下来我们简单地讨论构造一个模型的禁自返性模型的作用，为此先介绍几个概念。

定义 3.2.1 令 S 是一个标准模态系统，C 是一个模型类，如果 S 的每个定理都在 C 上有效，我们称 S 相对于 C 是可靠的；如果在 C 上有效的每个公式（也称 C-有效的）都是 S 的定理，我们称 S 相对于 C 是完全的；如果 S 相对于 C 既是可靠的又是完全的，我们称 C 刻画 S。

定义 3.2.2 令 S 是一个标准模态系统，一个模态公式α是 S-一致的当且仅当$\neg\alpha$不是 S 的定理；令Γ是一个有穷的模态公式集$\{\alpha_1, \cdots, \alpha_n\}$，$\Gamma$是 S-一致的当且仅当$\neg(\alpha_1 \wedge \cdots \wedge \alpha_n)$不是 S 的定理。

定义 3.2.3 一个公式集Γ是极大的当且仅当对每个模态公式α，或者$\alpha\in\Gamma$或者$\neg\alpha \in \Gamma$；Γ相对于一个标准系统 S 是极大一致的当且仅当Γ既是极大的又是 S-一致的。

定义 3.2.4 令 S 是一个标准模态命题系统，它的典范模型 $M=\langle W, R, V\rangle$被定义如下：

（1）$W=\{w|w$ 是相对于 S 的极大一致公式集$\}$；

（2）对任意的 $w, w'\in W$，Rww'当且仅当 $L^-(w)\subseteq w'$（或者 Rww'当且仅当 $M^+(w')\subseteq w$）(这里 $L^-(w)=\{\alpha|\Box\alpha \in w\}$，$M^+(w')=\{\Diamond\alpha|\alpha \in w'\}$)；

（3）对所有的命题变元 p 和任意的 $w \in W$，$w \in V(p)$ 当且仅当 $p \in w$。

下面我们不加证明直接引用休斯和克雷斯韦尔合著的《模态逻辑伙伴》第 25

页的推论 2.5 如下。

定理 3.2.2 令 S 是一个标准模态系统，M 是 S 的典范模型，α是任意模态公式，那么α在 M 上有效的当且仅当α是 S 的定理①。

现在我们运用凸起法构造 M 的禁自返模型 M^*，根据前面的定理，M 和 M^*是模态等价的，所以可得α在 M^*上有效的当且仅当α是 S 的定理。M^*是 M 的禁自返模型，令 C^*是 S 的所有禁自返模型类，那么 $M^* \in C^*$。不足道的，S 相对于 C^*是可靠的。另外，显然可得在 C^*上有效的公式一定在 M^*上有效，而已知在 M^*上有效的公式都是 S 的定理，所以在 C^*上有效的公式一定都是 S 的定理，根据完全性定义可知 S 相对于 C^*是完全的。所以 S 被 C^*刻画。于是得出下面的定理。

定理 3.2.3 任意标准模态系统 S 都被 S 的禁自返性模型类所刻画。

由定理 3.2.3 可得出如下推论。

推论 3.2.1 K 系统被禁自返模型类所刻画。

二、压延

压延技术也是一种旧模型构造新模型的方法，在讲这个方法之前，介绍关于模型的一些概念。我们也在基本模态语言及模型中进行阐述。

定义 3.2.5 令 $M = \langle W, R, V\rangle$是一个基本模态语言的模型，如果对于任意的 $w, v \in W$，并且 Rwv 蕴涵了$\neg Rvw$，那么 M 被称为禁对称模型；如果 Rwv，并且 Rvw 蕴涵了 $w = v$，那么 M 被称为反对称模型；如果对于任意的 $w \in W$，都有$\neg Rww$，那么 M 被称为禁自返模型。禁对称模型一定是禁自返模型，但反之不然。

压延就是从一个传递模型构造与之模态等价的禁对称传递模型或反对称传递模型所采用的方法。

定义 3.2.6 令 $M = \langle W, R, V\rangle$是一个基本模态语言的模型，如果对于任意的 $w_1, w_2, w_3 \in W$，Rw_1w_2 并且 Rw_1w_3 蕴涵了 Rw_2w_3 或 Rw_3w_2，则称 M 是一个连接性（connected）模型，也有人称之为象树模型；如果对任意 $w, v \in W$，都有 Rwv 或 Rvw，则称 M 是全（total）连接性模型；一个自返、传递且全连接性的模型被称为弱线性模型；一个自返、传递、全连接性和反对称性的模型被称为线性模型；一个传递、全连接性和禁对称性的模型被称为严格线性模型；如果对任意的 $w, v \in W$，都有 wRv 并且 vRw，则称 M 是全通（universal）模型，R 被称为全通关系②。

弱线性模型与线性模型的区别在于前者不排除不同状态之间的对称性，后者不存在不同状态的对称情况；严格线序模型与线序模型的区别在于严格线序模型排斥状态的自返性，而后者允许状态的自返性。

定义 3.2.7 令 $M = \langle W, R, V\rangle$是一个基本模态语言的模型，那么 W 的一个子集 A 是一个聚点（cluster）当且仅当：

---

① Hughs G, Creswell M. 1984. A Companion to Modal Logic. New York: Methuen Press: 25.
② Hughs G, Creswell M. 1984. A Companion to Modal Logic. New York: Methuen Press: 82-83.

（i）R 是 A 上的一个全通关系；

（ii）对每个 $w \in W$，如果 $w \notin A$，那么 R 就不是 $A \cup \{w\}$上的一个全通关系。换句话说，如果 A 中的任意状态与 A 中的所有状态具有 R 关系，并且在 A 之外不存在状态与 A 中的任一状态有 R-对称关系，则 A 就是该模型中的一个聚点。包含两个或两个以上状态的聚点被称为真聚点（proper cluster），否则被称为非真聚点。显然聚点中的每个状态是自返的①。

如果我们使用圆圈表示聚点，那么弱线性模型的框架可表示如图 3.7 所示②。

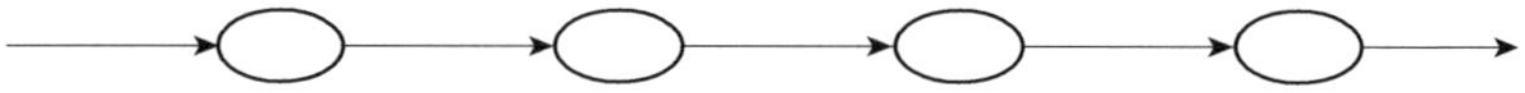

图 3.7　弱线序关系

箭头表示任意聚点中的每个世界及所有后面聚点中的所有世界，每个聚点可能有任意多个元素；可能有，也可能没有起始聚点和终结聚点；任意两个聚点之间可能有，也可能没有无穷多个聚点。线性模型的框架与弱线性模型的框架之间的区别在于前者只包含非真聚点，那么如何由弱线性模型构造与之互模拟等价的线性模型呢？可利用压延技术达到这一目的。首先我们通过把一个传递模型变成与之互模拟等价的禁对称性的传递模型来阐述这一方法。

已知一个传递模型 $M = \langle W, R, V\rangle$，令与之对应的禁对称的传递模型为 $M' = \langle W', R', V'\rangle$。

（i）W'的元素是从 W 中产生的。对于任意 $w \in W$，如果$\neg Rww$，那么 $w \in W'$；如果 Rww，我们就构造 w 的可数无穷个拷贝 $w^1, \cdots, w^i, \cdots$，使得每个 $w^i \in W'$。

（ii）关系 R'是通过 R 而产生的。对于任意 $w \in W$，如果 Rww，那么对于 w 的可数无穷个拷贝 $w^1, \cdots, w^i, \cdots$来说，$R'w^iw^j$ 当且仅当 $i<j$。对于不同的 $w, v \in W$，如果 Rwv 并且$\neg Rww \wedge \neg Rvv$（w,v 都不处于任何聚点中），那么 $R'wv$；如果 Rwv 并且$\neg Rww \wedge Rvv$（w 不处于任何聚点中，v 处于某一聚点中），那么对于 v 的任一拷贝 v^i，$R'wv^i$；如果 Rwv 并且 $Rww \wedge \neg Rvv$（w 处于某一聚点中，v 不处于任一聚点中），那么对于 w 的任一拷贝 w^i 来说，$R'w^iv$；如果 $Rwv \wedge \neg Rvw$ 并且 $Rww \wedge Rvv$（w 和 v 处于不同的聚点中），那么 w 的任一拷贝 w^i 与 v 的任一拷贝 v^k 都具有 R'关系，即 $R'w^iv^k$；如果 $Rwv \wedge Rvw$ 并且 $Rww \wedge Rvv$（w 和 v 处于同一聚点中），不妨设该聚点为 A，A 的元素为 $w, u, v, \cdots$，如图 3.8③所示，在 M'中使它们的拷贝用 R'（箭头表示）关联起来。

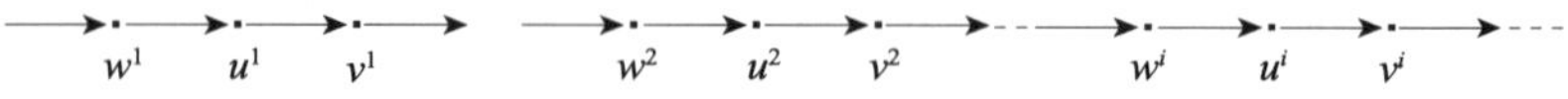

图 3.8　严格线序关系

① Hughs G, Creswell M. 1984. A Companion to Modal Logic. New York: Methuen Press: 82.
②③ Hughs G, Creswell M. 1984. A Companion to Modal Logic. New York: Methuen Press: 83.

每个在前的状态与后面的每个状态具有 R'关系，但是与自己不具有 R'关系。简单地说，令 A 是上述传递模型的一个真聚点，把它的元素用某种线序方式排列起来，对 A 的每个元素 w，我们复制它的可数无穷多个拷贝 $w^1, w^2, w^3, \cdots$。然后，我们在这些拷贝上定义一个严格线序：如果 $i<j$，那么使 w^i 在 v^j 之前，即 $R'w^iv^j$；如果在 A 的序中，w 在 v 的前面，那么在新序中 w^i 在 v^i 之前，即 $R'w^iv^i$。

（iii）对于任意 $w \in W$，如果$\neg Rww$，则对于任意的命题变元 p，$w \in V'(p)$ 当且仅当 $w \in V(p)$；如果 Rww，则对于任意的命题变元 p，w 的任意拷贝 w^i，$w^i \in V'(p)$ 当且仅当 $w \in V(p)$。

如此构造的模型显然是一个禁对称的传递模型，当然是禁自返的模型。把这种方法称为压延方法一，它把一个聚点变成了一条禁对称的线序。我们有如下定理。

定理 3.2.4　每个传递模型与它的禁对称的传递模型是模态等价的。

证明　我们在传递模型 $M=\langle W, R, V\rangle$和它的禁对称传递模型 $M'=\langle W', R', V'\rangle$之间定义一个关系 $Z=\{\langle w, w'\rangle \mid w \in W$；如果 Rww，那么 w'就是 w 的某个拷贝 w^i；如果$\neg Rww$，那么 w'就是 w，这时 $w \in W'\}$。现在证明 Z 满足互模拟定义 2.4.5 的三个条件：对于任意的 $w \in W$，$w' \in W'$，并且 wZw'，

（1）由 V'的构造可知，$w \in V(p)$ 当且仅当 $w' \in V'(p)$；

（2）如果 $Rwv \wedge w=v$，此时 w'就是 w 的某个拷贝 w^i，那么 w 有一个拷贝 $w^j(j>i)$，$R'w^iw^j$ 且 wZw^j；如果 $Rwv \wedge w \neq v$，此时又要分五种情况：① w 和 v 都不是自返的点，此时它们都属于 W'元素，由 R'的定义有 $R'wv$，此时 vZv 也成立；② w 不是自返的点，v 是自返的点，由 R'的定义，这时对于 v 的任意拷贝 v^i 有 $R'wv^i$，并且由 Z 的定义可得 vZv^i；③ w 是自返的点，v 不是自返的，由 R'的定义，这时对于 w 的任意拷贝 $w^i(w')$ 有 $R'w^iv$，并且由 Z 的定义可得 vZv；④ w 和 v 都是自返的点，但处于不同的聚点中，那么对于 w 的拷贝 w^i(即 w')和 v 的任意拷贝 v^j，由 R'的定义可得 $R'w^iv^j$，并且由 Z 的定义可得 vZv^j；⑤ w 和 v 都是自返的点，但处于相同的聚点中，那么对于 w 的拷贝 w^i(即 w')，存在 v 的拷贝 $v^j(i<j)$，使得 $R'w^iv^j$，并且据 Z 的定义 vZv^j。所以 Z 满足互模拟定义 2.4.5 的条件（ii）。同理可证 Z 满足定义 2.4.5 的条件（iii）。所以 Z 是 $M=\langle W, R, V\rangle$到 $M'=\langle W', R', V'\rangle$的一个互模拟关系。

另外，W 的每一个元素和 W'的某一个元素具有 Z 关系，反之亦然，所以 Z 是它们之间的一个全互模拟关系。进一步，全互模拟蕴涵模态等价性，所以 $M'=\langle W', R', V'\rangle$就是与 $M=\langle W, R, V\rangle$模态等价的禁对称传递模型。

定理 3.2.5　K4 被禁对称的传递模型类所刻画。

证明　令 L 为所有禁对称的传递模型形成的类，因为 L 的模型都是传递的，所以 K4 相对于 L 是可靠的。由于 K4 被所有传递模型形成的类 C 所刻画，所以每个非 K4 的定理都会在某个传递的模型上非有效，根据定理 3.2.4，每个非 K4

的定理就会在某个禁对称的传递模型上非有效，从而在类 L 上非有效。反过来说，就是在 L 上有效的公式都是 K4 的定理，因此 K4 相对于 L 是完全的。K4 相对于 L 既是可靠的又是完全的，所以 K4 被 L 刻画。

我们还可以对上面的构造稍作改变，从而建立反对称的传递模型。

已知一个传递模型 $M=\langle W, R, V\rangle$，A 表示模型 M 上的聚点，令与之对应的反对称的传递模型为 $M''=\langle W'', R'', V''\rangle$。

（1）对任意的 $w\in W$，如果$\neg Rww$，那么 $w\in W''$；如果 w 是一个非真聚点的元素，那么 $w\in W''$；对于 M 的某个真聚点 A，如果 $w\in A$，那么生成 w 的可数无穷多个拷贝 $w^1, \cdots, w^i,\cdots$，使每个 $w^i\in W''$。W''与 W'不同在于，非真聚点中的单元素不生成拷贝，直接成为 W''的元素。

（2）对任意的 $w, v\in W$，$w\neq v$ 并且 Rwv，这要分多种情况：① 如果 w 是一个非真聚点的元素或者 w 不是任意聚点的元素（即$\neg Rww$），那么当 v 是一个非真聚点的元素或者 v 不是任意聚点的元素（即$\neg Rvv$）时，使 $R''wv$ 成立；当 v 是某个真聚点的元素时，那么对于 v 的每个拷贝 v^j，使 $R''wv^j$ 成立。② 如果 w 是某个真聚点的元素时，令其拷贝为 $w^1, \cdots, w^i, \cdots$，那么当 v 是一个非真聚点的元素或者 v 不是任意聚点的元素（即$\neg Rvv$）时，则对 w 的任意拷贝 w^i，使 $R''w^iv$ 成立；当 v 是某个真聚点的元素、并且与 w 处于不同的真聚点时，那么对于 w 的任意拷贝 w^i 和 v 的任意拷贝 v^j，使 $R''w^iv^j$ 成立；当 v 是某个真聚点的元素、并且与 w 处于同一个真聚点时，类似于图 3.8 上的关系，用传递关系 R''将它们的拷贝连接起来：对于所有的 i，使 $R''w^iv^i$；对于所有的 $j>i$，使 $R''w^iv^j$ 和 $R''v^iw^j$ 都成立；对于 w 的任意拷贝 w^i 和 w^j，$R''w^iw^j$ 当且仅当 $j\geqslant i$。对于 $w=v$，Rww，要分两种情况定义 R''：① 如果 w 是一个非真聚点的元素，那么使 $R''ww$ 成立；② 如果 w 是某个真聚点的元素，则对于 w 的任意拷贝 w^i 和 w^j，$R''w^iw^j$ 当且仅当 $j\geqslant i$。R''与 R'的主要区别在于，对于聚点中的任意元素 $w\in W$，在新模型中，w(当 w 是一个非真聚点元素时）或者 w 的拷贝（当 w 是某个真聚点的元素时）都具有 R''-自返性。

（3）对任意的 $w\in W$，任意的原子命题 p，如果 w 不是聚点的元素或者是一个非真聚点的元素，那么 $w\in V(p)$ 当且仅当 $w\in V''(p)$；如果 w 是一个真聚点的元素，令 w 的可数无穷多个拷贝 $w^1,\cdots$，$w^i,\cdots$，那么对每个 $w^i\in W''$，$w\in V(p)$ 当且仅当 $w^i\in V''(p)$。

如此构造的传递模型显然是反对称的，把这种构造方式称为压延方法二。

同样，我们可以在这两个模型间定义一个全互模拟关系 $Z=\{\langle w, w''\rangle|$如果 w 不是聚点的元素或者是一个非真聚点的元素，那么 $w''=w\in W''$；如果 w 是一个真聚点的元素，那么 $w''=w^i$(w 的任一拷贝)$\}$，所以有如下定理。

定理 3.2.6 每个传递模型与它的反对称的传递模型是模态等价的。

证明 类似于定理 3.2.4 的证明，这里略。

运用这个定理可以得到如下定理。

定理 3.2.7　S5 被某个自返的、反对称的传递模型类所刻画。

证明　我们知道 S5 被自返的、对称的且传递的模型类(用 C 表示)所刻画，也就是 S5 的所有定理在 C 上有效，也就是在 C 的每个模型上有效；我们用上面的压延方法二为 C 的每个模型构造与之模态等价的自返的、反对称的传递模型，从而形成一个自返的、反对称的传递模型类 C'，根据定理 3.2.6，S5 的所有定理在 C' 上也有效，所以 S5 相对于 C' 是可靠的；另外由于每个非 S5 的定理在 C 上非有效，也就是在 C 的某个模型上非有效，那么它也会在与这个模型对应的自返的、反对称的传递模型上无效，因此它在 C' 上也就非有效，即每个非 S5 定理在 C' 上非有效。因此在 C' 上有效的公式都是 S5 的定理，所以 S5 相对于 C' 是完全的。S5 相对于 C' 是完全的和可靠的，所以 S5 被一个自返的、反对称的传递模型类 C' 所刻画。

第三节　模语言等价与模互模拟的商模型

一、Σ-过滤商模型

过滤的方法是通过取一个大的、可能是无穷的模型，并且把尽可能多的状态看作同一的来生成有穷模型。首先我们给出子公式封闭集的定义。

定义 3.3.1　如果下面的条件成立，我们说一个公式集 Σ 是子公式下封闭的①：对所有的公式 ϕ 和 ϕ'，如果 $\phi\vee\phi'\in\Sigma$，那么 $\phi\in\Sigma$ 并且 $\phi'\in\Sigma$；如果 $\neg\phi\in\Sigma$，那么 $\phi\in\Sigma$；并且如果 $\Delta(\phi_1,\cdots,\phi_n)\in\Sigma$，那么 $\phi_1,\cdots,\phi_n\in\Sigma$(对基本模态语言来说，则是：如果 $\Diamond\phi\in\Sigma$，那么 $\phi\in\Sigma$)；如果 $\bigvee\Gamma\in\Sigma$，那么 $\bigvee\Gamma$ 的每个析取支 $\varphi_{\mathrm{I}}\in\Sigma$。

我们只在基本模态语言 BML 和无穷模态语言 ML_∞ 的模型上描述过滤的方法。一般模态语言 $\mathrm{ML}(\tau,\Phi)$ 和无穷模态语言 $\mathrm{ML}_\infty(\tau,\Phi)$ 的模型上的过滤是一个自然的扩展。

定义 3.3.2　令 $M=\langle W,R,V\rangle$ 和 $M'=\langle W',R',V'\rangle$ 是两个基本模态模型，Σ 是一个子公式下封闭的公式集。从 M 到 M' 的一个 Σ-过滤是从 W 到 W' 的一个满射 f: $W\to W'$，且满足下面的条件②：

(i) 对每个命题变元 $p\in\Sigma$，每个 $w\in W$，$w\in V(p)$ 当且仅当 $f(w)\in V'(p)$；

(ii) 如果 Rwv，那么 $R'f(w)f(v)$；

(iii) 如果 $R'f(w)f(v)$，那么对于所有的 $\Diamond\phi\in\Sigma$，有 $M,v\vDash\phi$，那么 $M,w\vDash\Diamond\phi$。

我们也称模型 M' 是模型 M 的一个 Σ-过滤。注意对于任意的变元 $q\notin\Sigma$ 来说，Σ-过滤 f 对它没有限制。

---

① Blackburn P, de Rijke M, de Venema Y. 2001. Modal Logic. Cambridge: Cambridge University Press: 77.

② Popken S. 1994. First Steps in Modal Logic. Cambridge: Cambridge University Press: 57-58.

对于任意的模态相似型τ而言，从τ-模型$M=\langle W, \{R_\Delta\}_{\Delta\in\tau}, V\rangle$到$\tau$-模型$M'=\langle W', \{R_\Delta'\}_{\Delta\in\tau}, V'\rangle$的$\Sigma$-过滤是从 W 到 W'的一个满射f：$W\to W'$，且对任意的$\Delta\in\tau$，满足下面的条件：

（i）对每个命题变元$p\in\Sigma$，每个$w\in W$，$w\in V(p)$当且仅当$f(w)\in V'(p)$；

（ii）如果$Rwv_1\cdots v_n$，那么$R_\Delta'f(w)f(v_1)\cdots f(v_n)$；

（iii）如果$R_\Delta'f(w)f(v_1)\cdots f(v_n)$，那么对于任意的$\Delta(\phi_1,\cdots,\phi_n)\in\Sigma$，$M, v_1\vDash\phi_1,\cdots, M, v_n\vDash\phi_n$蕴涵$M, w\vDash\Delta(\phi_1,\cdots,\phi_n)$。

定理 3.3.1　令f为一个Σ-过滤（如上），那么对于每个公式$\phi\in\Sigma$，模型M中的所有状态w，等价式

$$M, w\vDash\phi\Leftrightarrow M', f(w)\vDash\phi$$

成立。

证明　通过对ϕ进行归纳证明。我们只考虑基本模态语言的情况，一般模态语言和无穷模态语言下的证明是一个自然扩展。

对于$\phi=p\in\Phi$的情况，要么$p\in\Sigma$，通过定义 3.3.2 的条件（i）给出等价式；要么$p\notin\Sigma$，此情况不需证明。由于Σ在子公式中封闭，所以对于布尔情况是一个常规的证明，只需证明菱形公式。

考虑任意的公式$\phi=\Diamond\varphi\in\Sigma$。由于$\Sigma$是子公式封闭的，所以有$\varphi\in\Sigma$，对于所有的$w\in W$，首先假定$M, w\vDash\Diamond\varphi$，则存在$v\in W$，$Rwv$并且$M, v\vDash\varphi$，根据归纳假设可得$M', f(v)\vDash\varphi$。根据过滤的定义 3.3.2（ii），由$Rwv$可得$R'f(w)f(v)$，所以$M', f(w)\vDash\Diamond\varphi$。假定$M', f(w)\vDash\Diamond\varphi$，那么存在$y\in W'$，$R'f(w)y$，并且$M', y\vDash\varphi$，由于$f$是满射，则存在某个$x\in W$有$f(x)=y$，根据归纳假设有$M, x\vDash\varphi$。根据过滤的定义 3.3.2（iii），由$R'f(w)f(x)$和$M, x\vDash\varphi$可得$M, w\vDash\Diamond\varphi$。

已知模型M和子公式封闭集Σ，我们可以构造很多大小不同的M的Σ-过滤。先描述几个概念。令$\approx^\Sigma$是如下定义的M的状态上的关系：

$w\approx^\Sigma v$当且仅当对所有的$\phi\in\Sigma$：$M, w\vDash\phi$当且仅当$M, v\vDash\phi$。

注意$\approx^\Sigma$是一个等价关系。我们用$w\approx^\Sigma$表示M的一个状态w相对于$\approx^\Sigma$的等价类。把一个状态映射到它的等价类的映射f：$w\to w\approx^\Sigma$称为自然映射。令

$$W'=W/\approx^\Sigma,$$

即：W'是W模$\approx^\Sigma$的等价类的集合。对于每个$w\in W$，令$w\approx^\Sigma$为w所属的等价类，即：$w\approx^\Sigma=\{x\in W\mid w\approx^\Sigma x\}$。

令

$$W\xrightarrow{\ f\ }W',$$
$$w\mapsto w\approx^\Sigma$$

为典范满射。我们使用W'作为状态集构造一个模型，使得f变成一个Σ-过滤。想了解详细内容可参看波普克《模态逻辑初步》第 12 章①。现在我们来看看这样构

① Popken S. 1994. First Steps in Modal Logic. Cambridge: Cambridge University Press: 157-168.

造的商模型的大小。

定理 3.3.2　令Σ是基本模态公式的一个有穷的子公式封闭集。对任意的模型M，如果M'是M的一个经过子公式封闭集Σ的过滤，那么M'至多包含$2^{card(\Sigma)}$个结点（这里 card(Σ)表示Σ的基数）。①

证明　W'的状态是W的状态的$\approx_\Sigma$等价类。令g是定义域为W'，值域为$P(\Sigma)$的函数，且满足$g(w^{\approx_\Sigma})=\{\phi\in\Sigma \mid M,w\vDash\phi\}$。从$\approx^\Sigma$的定义可得$g$是良定义的并且是单射，所以$card(W')\leqslant card(P(\Sigma))=2^{card(\Sigma)}$。

二、模语言等价的商模型

如果取Σ是所有模态公式组成的集合，这时从一个已知模型M构造它的Σ-过滤模型就是它的模语言等价的商模型。我们只在基本模态语言的背景下构造一个模型的模语言等价的商模型，在一般模态语言和无穷模态语言下构造这样的商模型是一个自然扩展。

令 Form($\Diamond$, Φ)是基本模态语言的所有公式集，显然它是子公式封闭的。已知一个基本模态语言模型$M=\langle W,R,V\rangle$，现在令 $\approx$ 是通过如下定义的M的状态上的关系：

$w\approx v$ 当且仅当对所有的$\phi\in$ Form($\Diamond$, Φ)，$M,w\vDash\phi\Leftrightarrow M,v\vDash\phi$。

$\approx$是一个等价关系。用$w^{\approx}$表示M的一个状态w相对于$\approx$的等价类。把一个状态映射到它的等价类的映射f：$w\to w^{\approx}$称为自然映射。令

$$W''=W/\approx,$$

即：让W''是W模$\approx$的等价类的集合。对于每个$w\in W$，令$w^{\approx}$为w所属的等价类，即：$w^{\approx}=\{x\in W\mid w\approx x\}$。

令

$$W\xrightarrow{f}W'',$$
$$w\longmapsto w^{\approx}$$

为典范满射，即$f(w)=w^{\approx}$。已知这些概念，在此基础上我们来构造一个模型的模$\approx$的商模型。

定义 3.3.3　令$M=\langle W,R,V\rangle$是基本模态语言的一个模型，定义M的模语言等价的商模型$M''=\langle W'',R'',V''\rangle$如下：

（1）$W''=\{w^{\approx}\mid w\in W\}$；

（2）$R''w^{\approx}v^{\approx}$当且仅当对任意的公式$\varphi\in$ Form($\Diamond$, Φ)，对每一个$x\in w^{\approx}$和$y\in v^{\approx}$，如果$M,y\vDash\varphi$，那么$M,x\vDash\Diamond\varphi$；

（3）对任意的$p\in\Phi, w\in W, w^{\approx}=f(w)\in V''(p)$当且仅当对所有的$x\in w^{\approx}=f(w)$都有$x\in V(p)$。

① Blackburn P, de Rijke M, de Venema Y. 2001. Modal Logic. Cambridge: Cambridge University Press: 79.

首先我们来证明两个定理，以检验这个模型的恰当性。

定理 3.3.3 从 $M=\langle W, R, V\rangle$ 到 $M''=\langle W'', R'', V''\rangle$ 的函数 f 是一个 Form(◇, Φ)-过滤。这里对任意的 $w\in W$，$f(w)=w^{\approx}$。

证明 根据 $W''=W/\approx$，W'' 的每个元素在 W 中都有原像，故 f 是满射。

考虑任意的 $p\in\Phi$ 和 $w\in V(p)$。对每一个 $x\in f(w)$，有 $x\approx w$，因此有 $x\in V(p)$，根据定义 3.3.3（3）可得 $f(w)\in V''(p)$。反之，如果 $f(w)\in V''(p)$，由于 $w\in f(w)$，根据定义 3.3.3（3）可得 $w\in V(p)$。这就满足定义 3.3.2（i）。

对于任意的 $w, v\in W$，如果 Rwv，那么 $w\in f(w)$，$v\in f(v)$。对任意的 $\varphi\in$ Form(◇, Φ)，$y\in f(v)$，如果 $M, y\vDash\varphi$，由 $y\approx v$ 可得 $M, v\vDash\varphi$；因为 Rwv，所以 $M, w\vDash\Diamond\varphi$；对任意的 $x\in f(w)$，$x\approx w$，所以 $M, x\vDash\Diamond\varphi$。再根据定义 3.3.3（2）可得 $R''f(w)f(v)$。这就满足了定义 3.3.2（ii）。

对任意的 $w, v\in W$，$R''f(w)f(v)$，任意的公式 $\varphi\in$ Form(◇, Φ)，任意的 $x\in f(w)$，$y\in f(v)$，如果 $M, y\vDash\varphi$，那么根据定义 3.3.3（2），$M, x\vDash\Diamond\varphi\in$ Form(◇, Φ)。既然 $x\approx w$，$y\approx v$，故 $M, v\vDash\varphi$ 蕴涵 $M, w\vDash\Diamond\varphi$。这就满足了定义 3.3.2（iii）。

因为这样定义的模≈的商模型是原模型的一个过滤，所以我们可以证明一个定理，该定理说明了商模型与原模型具有不变性关系。

定理 3.3.4 令 f 是如上定义的从 $M=\langle W, R, V\rangle$ 到 $M''=\langle W'', R'', V''\rangle$ 的商函数，那么对于每个公式 $\phi\in$ Form(◇, Φ)，模型 M 中的所有状态 w，等价式

$$M, w\vDash\phi\Leftrightarrow M'', f(w)\vDash\phi$$

成立。

此定理的证明同于定理 3.3.1 的证明，这里略。

三、模互模拟的商模型

同样，我们只在基本模态语言 ML(◇, Φ)（也用 BML 表示）的背景下构造一个模互模拟的商模型，在一般模态语言和无穷模态语言下构造这样的商模型是一个自然扩展。

已知一个基本模态语言模型 $M=\langle W, R, V\rangle$，现在令~是如下定义的 M 的状态上的关系：

$w\sim v$ 当且仅当在 M 上存在一个互模拟关系 Z，使得 wZv。

~ 是一个等价关系，用 $w^{\sim}$ 表示 M 的一个状态 w 相对于~ 的等价类。把一个状态映射到它的等价类的映射 f：$w\rightarrow w^{\sim}$ 同样称为自然映射。令

$$W^{*}=W/\sim,$$

即：让 W^{*} 是 W 模~的等价类的集合。对于每个 $w\in W$，令 $w^{\sim}$ 为 w 所属的等价类，即

$$w^{\sim}=\{x\in W\mid w\sim x\}。$$

令

$$W \xrightarrow{f} W^*,$$
$$w \mapsto w^{\sim}$$

为典范满射，即 $f(w)=w^{\sim}$。已知这些概念，在此基础上我们来构造一个模型模~的商模型。

定义 3.3.4　令 $M=\langle W, R, V\rangle$是基本模态语言的一个模型，定义 M 的模互模拟的商模型 $M^*=\langle W^*, R^*, V^*\rangle$如下：

（1）$W^*=\{w^{\sim}|w\in W\}$；

（2）$R^*f(w)f(v)$当且仅当存在 $x\in f(w)$和 $y\in f(v)$，并且 Rwv（这里 $f(w)=w^{\sim}$，$f(v)=v^{\sim}$）；

（3）对任意的 $p\in\Phi$，$w\in W$，$f(w)\in V^*(p)$当且仅当存在 $x\in f(w)$，$x\in V(p)$。

同样，我们来证明一个定理，以检验这个模型的恰当性。

定理 3.3.5　从 $M=\langle W, R, V\rangle$到 $M^*=\langle W^*, R^*, V^*\rangle$的函数 f 是一个 Form（$\Diamond,\Phi$）-过滤。这里 $f(w)=w^{\sim}$。

证明　根据 $W^*=W/{\sim}$，W^*的每个元素在 W 中都有原像，故 f 是满射。

对任意的 $w\in W$和 $p\in\Phi$，如果 $w\in V(p)$，那么存在 $w\in f(w)$，并且 $w\in V(p)$，根据定义 3.3.4（3）可得 $f(w)\in V''(p)$。相反，如果 $f(w)\in V''(p)$，根据定义 3.3.4（3）得：存在 $x\in f(w)$和 $x\in V(p)$，因为 $x\sim w$，根据互模拟定义得 $w\in V(p)$。这就满足了定义 3.3.2（i）。

对于任意的 $w, v\in W$，如果 Rwv，那么存在 $w\in f(w)$，$v\in f(v)$并且 Rwv，根据定义 3.3.4（2）可知 $R^*f(w)f(v)$，这就满足了定义 3.3.2（ii）。

对于任意的 $w, v\in W$，且 $R^*f(w)f(v)$，根据定义 3.3.4（2），存在 $x, y\in W$，使得 $x\sim w$，$y\sim v$，并且 Rxy。对任意的公式$\varphi\in$ Form（$\Diamond,\Phi$），如果 $M, v\vDash\varphi$，因为 $y\sim v$，而互模拟蕴涵模态等价性，则 $M, y\vDash\varphi$。由 Rxy 可得 $M, x\vDash\Diamond\varphi$，再由 $x\sim w$ 可得 $M, w\vDash\Diamond\varphi$。这就满足了定义 3.3.2（iii）。

因为这样定义的模~的商模型是原模型的一个过滤，所以我们可以证明一个定理，该定理说明了商模型与原模型具有不变性关系。

定理 3.3.6　令 f 是如定理 3.3.5 定义的从 $M=\langle W, R, V\rangle$到 $M^*=\langle W^*, R^*, V^*\rangle$的商函数，那么对于每个公式$\phi\in$ Form（$\Diamond,\Phi$），模型 M 中的所有状态 w，等价式

$$M, w\vDash\phi\Leftrightarrow M^*, f(w)\vDash\phi$$

成立。

此定理的证明同于定理 3.3.1 的证明，这里略。

四、模语言等价的商模型与模互模拟的商模型之间的关系

前两节定义了两种商模型：$M''=\langle W'', R'', V''\rangle$和 $M^*=\langle W^*, R^*, V^*\rangle$，其实也是定义了两个商模型，因为当由原模型的状态集 W 生成它的两个商集 W''和

W^*后，可以定义不同于R''和R^*的关系或者不同于V''和V^*的赋值，从而构造出不同于M''和M^*的商模型。这里只讨论M''与M^*之间的关系。

我们知道在很多情况下由于互模拟与模态等价不一致，这导致按照关系≈和～形成的W的商集W''和W^*是不一致的，在这样的情况下无法讨论它们之间的关系。但是存在两种情况使得这两种等价关系一致：一是从语言的角度看在无穷模态逻辑$\mathrm{ML}_\infty(\Diamond, \Phi)$和$\mathrm{ML}_\infty(\tau, \Phi)$中，这两个等价关系一致；二是从模型的角度看，在亨尼西-米尔纳模型类（见下面的定义）中这两种等价关系一致。笔者只在这两种情况下比较这两种商模型之间的关系。

定义 3.3.5 令τ是一个模态相似型，K 是某类τ-模型。如果对 K 中的任意两个模型M和M'，M中的任意状态w和M'中的任意状态w'，$w \approx w'$蕴涵$w \leftrightarrows w'$，那么称 K 是一个亨尼西-米尔纳类，或说 K 具有亨尼西-米尔纳性质。[①]

我们首先在第一种情况下证明两类模型之间的关系。令无穷模态语言只含一个菱形◇，也就是我们只在基本的无穷模态逻辑ML_∞（也用$\mathrm{ML}_\infty(\Diamond, \Phi)$表示）中证明它们之间的关系，对于$\mathrm{ML}_\infty(\tau, \Phi)$来说，这个证明是一个自然的拓展。令$M = \langle W, R, V\rangle$是无穷模态逻辑$\mathrm{ML}_\infty$的一个模型，$M'' = \langle W'', R'', V''\rangle$和$M^* = \langle W^*, R^*, V^*\rangle$分别是按照上述定义构造的$M$的模语言等价的商模型和模互模拟的商模型，很显然$W''$和$W^*$是一致的。那么我们有如下定理。

定理 3.3.7 恒等映射$I: W^* \to W''$是从$\langle W^*, R^*, V^*\rangle$到$\langle W'', R'', V''\rangle$的一个同态。

证明 考虑任意的等价类$a, b \in W^*(W'')$，且R^*ab，由R^*的定义可得存在$w, v \in W$，使得$w \in a$，$v \in b$，并且Rwv。由此还可知对所有的$x \in a$，有$x \approx w$；同样对所有的$y \in b$，有$y \approx v$。现在假定ϕ是任意的无穷模态公式，如果$M, y \models \phi$，那么$M, v \models \phi$，又由于Rwv，所以$M, w \models \Diamond\phi$，进而由$x \approx w$得$M, x \models \Diamond\phi$。这样对任意的$x \in a$，$y \in b$和任意的无穷模态公式$\phi$，$M, y \models \phi$蕴涵$M, x \models \Diamond\phi$，根据$R''$定义可得$R''ab$。这就满足了定义 3.1.3 的同态条件。由于$a$，$b$是$W^*(W'')$中满足$R^*ab$的任意元素，这实际上蕴涵了$R^*$和$R''$之间的关系：$R^* \subseteq R''$。

考虑任意的变元$p \in \Phi$和元素$a \in W^*(W'')$，如果$a \in V^*(p)$，根据V^*定义，存在一个$w \in a$，且$w \in V(p)$，根据W''的定义可知，对于所有的$x \in a$，有$x \approx w$，所以对于所有的$x \in a$，$x \in V(p)$。根据V''定义可知$a \in V''(p)$。这就满足了同态定义的变元条件。实际上，这也蕴涵了两个模型中赋值之间的关系，对任意的$p \in \Phi$，$V^*(p) \subseteq V''(p)$。

综上所述，从$\langle W^*, R^*, V^*\rangle$到$\langle W'', R'', V''\rangle$存在一个同态关系，这个同态是一个满射，但是可能存在$a, b \in W^*(W'')$，$R''ab$成立，但R^*ab不成立，所以这个同态不一定是强同态，也不一定是有界态射关系。对于亨尼西-米尔纳类来说，我们有如下定理。

① Blackburn P, de Rijke M, de Venema Y. 2001. Modal Logic. Cambridge: Cambridge University Press: 92.

定理 3.3.8　令 $M = \langle W, R, V\rangle$是任意的亨尼西-米尔纳模型，令 $M'' = \langle W'', R'', V''\rangle$和 $M^* = \langle W^*, R^*, V^*\rangle$分别是 M 的模语言等价和模互模拟的商模型，那么恒等映射 I：$W^* \to W''$是从$\langle W^*, R^*, V^*\rangle$到$\langle W'', R'', V''\rangle$的一个同态。

此定理的证明类似于定理 3.3.7 的证明，这里略。

第四章　双　模　拟

对于模型或框架来说，具有互模拟关系的两个状态一定互相模拟对方，但是互相模拟的两个状态不一定具有互模拟关系，本章尝试着研究两个状态（或结构）之间的互相模拟关系，并把这种关系称之为双模拟（two-way simulation）。

本章的主要研究工作是：第一，在模拟的基础上，定义“双模拟”的概念，并证明它的一些逻辑性质；第二，讨论模拟、互模拟和双模拟之间的关系；第三，给出双模拟模态不变性和模态等价性的定义，在此基础上，说明[①]：①模态逻辑不具有“双模拟不变性”；②双模拟不具有模态等价性；③在 $ML(\tau, \Phi)$ 中，模态等价性不具有双模拟性；④在 $ML_{\infty}(\tau, \Phi)$ 中，模态等价性蕴涵双模拟。

本章主要参考桑吉罗吉的专著《互模拟和共归纳卷一：行为，固定点》第1章[②]、白磊本等著《模态逻辑》第2章[③]和米尔纳的专著《通讯和转换系统：π-演算》第3章[④]。

第一节　双模拟的定义和性质

一、双模拟的定义

定义 4.1.1　令 $LTS = \langle W, \{R_a\}_{a\in A}\rangle$ 和 $LTS' = \langle W', \{R_a'\}_{a\in A}\rangle$ 是两个有相同标号集的加标转换系统，令 $Z \subseteq W \times W'$ 是一个二元关系，定义 $Z^{\pm} \subseteq W \times W'$ 满足下面的条件：

如果 $wZ^{\pm}w'$ 并且对所有的 $v \in W, R_awv$，那么存在 $v' \in W'$ 使得 $R_a'w'v'$ 并且 vZv'。

如果 $Z \subseteq Z^{\pm}$，则称 Z 是 LTS 到 LTS′的一个模拟。

如果从 LTS 到 LTS′存在一个模拟关系 Z，使得 wZw'，那么我们说 w' 模拟 w，记作 $w \xrightarrow{\quad} w'$。如果 LTS = LTS′，我们称 Z 为 LTS 上的一个模拟。

注　在定义 4.1.1 中，如果取 $Z = Z^{\pm}$，得到计算机科学中加标转换系统 LTS 到 LTS′的模拟的定义[⑤]。特别地，当 $A = \{a\}$，$\langle W, \{R_a\}_{a\in A}\rangle$ 记作 $\langle W, R\rangle$（框架），并且取 $Z = Z^{\pm}$，则得到框架 $\langle W, R\rangle$ 到框架 $\langle W', R'\rangle$ 上的模拟；如果 Z 是框架 $\langle W, R\rangle$ 到框架

---

① 姚从军．2011．双模拟与模态逻辑．重庆理工大学学报，25（8）：77-82.

② Sangiorgi D. 2009. Bisimulation and coinduction, part 1: Behavious, fixed-points. Unpublished manuscript: 8-24.

③ Blackburn P, de Rijke M, de Venema Y. 2001. Modal Logic. Cambridge: Cambridge University Press: 50-123.

④ Milner R. 1999. Commuciation and Mobile Systems: The π-Calculus. Cambridge: Cambridge University Press: 16-25.

⑤ Milner R. 1999. Commuciation and Mobile Systems: The π-Calculus. Cambridge: Cambridge University Press: 17.

$\langle W', R'\rangle$上的模拟，并且在$\langle W, R\rangle$和$\langle W', R'\rangle$中分别增加赋值 V 和 V'及对原子命题的赋值应满足的条件，就可得到模态逻辑模型$\langle W, R, V\rangle$到模型$\langle W', R', V'\rangle$上的模拟定义。①

定义 4.1.2 令 LTS = $\langle W, \{R_a\}_{a\in A}\rangle$ 和 LTS′ = $\langle W', \{R_a'\}_{a\in A}\rangle$ 是两个有相同标号集的加标转换系统，$Z \subseteq W \times W'$是一个二元关系，定义 $Z^{\#} \subseteq W \times W'$满足下面的条件：对于任意的 $w \in W$，$w' \in W'$，$a \in A$，如果 $wZ^{\#}w'$，那么

（i）存在从 LTS 到 LTS′的一个模拟关系为 Z_1，使得对于所有的 $v \in W$，如果 R_awv，那么在 W'中存在一个 v'使得 $R_a'w'v'$，并且 vZ_1v'；

（ii）存在从 LTS 到 LTS′的关系 Z_2，且满足 Z_2^{-1} 是从 LTS′到 LTS 的模拟关系，使得对于所有的 v\` $\in W'$，如果 $R_a'w'v'$，那么在 W 中存在一个 v 使得 R_awv，并且 vZ_2v'。

如果 $Z \subseteq Z^{\#}$，则一个二元关系 $Z \subseteq W \times W'$被称为从 LTS 到 LTS′的一个双模拟。

如果 LTS 的状态 w 和 LTS′的状态 w'是双模拟的，那么我们记作 Z：$\langle$LTS, $w\rangle$ $\leftrightarrow$ $\langle$LTS′, $w'\rangle$，或者简写为$\langle$LTS, $w\rangle$ $\leftrightarrow$ $\langle$LTS′, $w'\rangle$，并且说 w'和 w 互相模拟对方，也可以简写为 $w \leftrightarrow w'$。如果 LTS = LTS′，那么 Z 就是 LTS 上的一个双模拟。

注 在定义 4.1.2 中，如果取 $Z = Z^{\#}$，得到计算机科学中加标转换系统 LTS 到 LTS′的双模拟定义。特别地，当 $A = \{a\}$，$\langle W, \{R_a\}_{a\in A}\rangle$记作$\langle W, R\rangle$（框架），并且取 $Z = Z^{\#}$，则得到框架$\langle W, R\rangle$到框架$\langle W', R'\rangle$上的双模拟；如果 Z 是框架$\langle W, R\rangle$到框架$\langle W', R'\rangle$上的双模拟，并且在$\langle W, R\rangle$和$\langle W', R'\rangle$中分别增加赋值 V 和 V'及对原子命题的赋值应满足的条件，就可得到模态逻辑模型$\langle W, R, V\rangle$到模型$\langle W', R', V'\rangle$上的双模拟定义。

下面我们举一个双模拟的例子，如图 4.1 所示②。可以证明：$Z = \{\langle s_0, t_0\rangle, \langle s_2, t_1\rangle, \langle s_4, t_2\rangle, \langle s_5, t_3\rangle\}$是图 4.1 中加标转换系统$\langle W, \{R_a\}_{a\in A}\rangle$到加标转换系统$\langle W', \{R_a'\}_{a\in A}\rangle$上的一个双模拟。其中：$A = \{a, b, c\}$，$W = \{s_0, s_1, s_2, s_3, s_4, s_5\}$，$R_a = \{\langle s_0, s_1\rangle, \langle s_0, s_2\rangle, \langle s_0, s_3\rangle\}$，$R_b = \{\langle s_1, s_4\rangle, \langle s_2, s_4\rangle\}$，$R_c = \{\langle s_2, s_5\rangle, \langle s_3, s_5\rangle\}$，$W' = \{t_0, t_1, t_2, t_3\}$，$R_a' = \{\langle t_0, t_1\rangle\}$，$R_b' = \{\langle t_1, t_2\rangle\}$，$R_c' = \{\langle t_1, t_3\rangle\}$。

很明显，Z 不是一个互模拟关系，因为 s_0 和 t_0 不具有互模拟关系。但是存在从$\langle W, \{R_a\}_{a\in A}\rangle$到$\langle W', \{R_a'\}_{a\in A}\rangle$的模拟关系 $Z_1 = \{\langle s_0, t_0\rangle, \langle s_2, t_1\rangle, \langle s_4, t_2\rangle, \langle s_5, t_3\rangle, \langle s_1, t_1\rangle, \langle s_3, t_1\rangle\}$，所以 t_0 模拟 s_0；又存在从$\langle W', \{R_a'\}_{a\in A}\rangle$到$\langle W, \{R_a\}_{a\in A}\rangle$的模拟关系 $Z_1' = \{\langle t_0, s_0\rangle, \langle t_1, s_2\rangle, \langle t_2, s_4\rangle, \langle t_3, s_5\rangle\}$，所以 s_0 模拟 t_0。并且从 Z_1 和 Z_1'可以看出，Z 中的其他每对元素也是相互模拟对方的，因此 Z 是一个双模拟。从双模拟的定义也可以得出这一结论：令定义 4.1.2 中的 Z_1 同于本处的 Z_1，令定义 4.1.2 中的 $Z_2 = Z_1'^{-1}$，显然 Z 的每个有序对元素是 $Z_1 \cap Z_2$ 的元素；根据定义 4.1.2，它们都是

① Blackburn P, de Rijke M, de Venema Y. 2001. Modal Logic. Cambridge: Cambridge University Press: 110.

② Panangaden P. 2009. Notes on Labelled Transition Systems and Bisimulation. http://www. cs. mcgill. ca/~prakash/Courses/comp330/Notes/lts09.pdf [2009-12-12].

$Z^{\#}$的元素，因此 $Z \subseteq Z^{\#}$；再由定义 4.1.2，Z 就是一个双模拟。注意：Z 不是加标转换系统$\langle W, \{R_a\}_{a\in A}\rangle$到加标转换系统$\langle W', \{R_a'\}_{a\in A}\rangle$上的一个模拟，但是 Z 是从$\langle W, \{R_a\}_{a\in A}\rangle$到$\langle W', \{R_a'\}_{a\in A}\rangle$的某个模拟关系（比如 Z_1）的一个子集，并且 Z^{-1} 是从$\langle W', \{R_a'\}_{a\in A}\rangle$到$\langle W, \{R_a\}_{a\in A}\rangle$的某个模拟关系（比如 Z_1'）的一个子集（注意：一个模拟关系的子集不一定是模拟关系，然而一个模拟关系具有的性质，它的子集一定具有，但反之不然）。

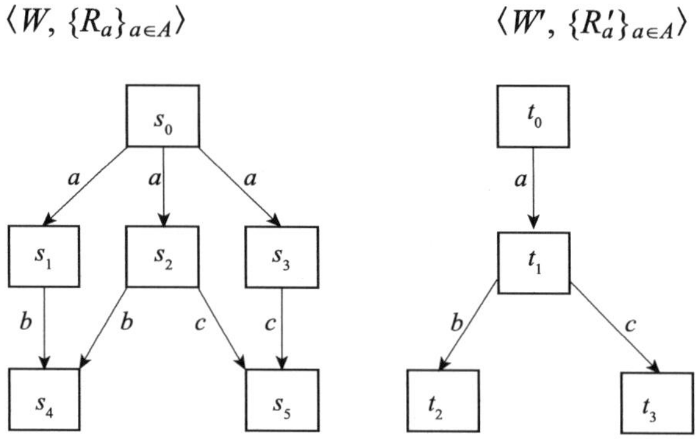

图 4.1　加标转换系统上的双模拟

在定义 4.1.2 中，如果 $Z_1 = Z_2 = Z$，那么 Z 就是 LTS 到 LTS′的一种特殊双模拟——互模拟。

二、模拟和双模拟的一些基本性质

性质 4.1.1　令∅是具有相同标号集的加标转换系统 LTS = $\langle W, \{R_a\}_{a\in A}\rangle$和 LTS′ = $\langle W', \{R_a'\}_{a\in A}\rangle$之间的一个空关系，则∅是 LTS 到 LTS′的一个模拟。

证明　因为∅是任意集合的子集，所以，$\varnothing \subseteq \varnothing^{\pm}$。

性质 4.1.2　令 LTS = $\langle W,\{R_a\}_{a\in A}\rangle$ 和 LTS′ = $\langle W', \{R_a'\}_{a\in A}\rangle$是任意的两个加标转换系统，并且 Z_1，Z_2 是 $W \times W'$ 上的任意两个二元关系，即：$Z_1, Z_2 \subseteq W \times W'$。如果 $Z_1 \subseteq Z_2$，则 $Z_1^{\pm} \subseteq Z_2^{\pm}$。即：( )$^{\pm}$是单调的。

证明　如果 $wZ_1^{\pm}w'$，则对任意的 $v \in W$，当 R_awv 时，存在 $v' \in W'$使得 $R_a'w'v'$ 并且 vZ_1v'成立。因为 $Z_1 \subseteq Z_2$，所以，对任意的 $v \in W$，当 R_awv 时，存在 $v' \in W'$ 使得 $R_a'w'v' \wedge vZ_2v'$。由此可得：$wZ_2^{\pm}w'$。即：$Z_1^{\pm} \subseteq Z_2^{\pm}$。

性质 4.1.3　如果 Z 是 LTS 到 LTS′上的一个模拟，那么 $Z^{\pm}$也是 LTS 到 LTS′上的一个模拟。

证明　设 Z 是 LTS 到 LTS′上的一个模拟，由定义 4.1.1 可得：$Z \subseteq Z^{\pm}$；由性质 4.1.2 可得：$Z^{\pm} \subseteq (Z^{\pm})^{\pm}$。再由定义 4.1.1 得：$Z^{\pm}$是 LTS 到 LTS′上的一个模拟。

性质 4.1.4　恒等关系 I 是任意加标转换系统 LTS 上的模拟关系。

证明　设 I 是 W 上的恒等关系，如果 wIw 并且 R_awv，取 $v' = v$，可得 vIv 并且 R_awv，所以 $wI^{\pm}w$，因此 $I \subseteq I^{\pm}$，根据定义 4.1.1，I 就是 LTS 上的模拟关系。

性质 4.1.5 令 $\mathrm{LTS}=\langle W,\{R_a\}_{a\in A}\rangle$，$\mathrm{LTS}'=\langle W',\{R_a'\}_{a\in A}\rangle$和 $\mathrm{LTS}''=\langle W'',\{R_a''\}_{a\in A}\rangle$，并且 Z_1 是从 LTS 到 LTS′的一个模拟，Z_2 是从 LTS′到 LTS″的一个模拟，则 Z_1 和 Z_2 的合成 $Z_1\circ Z_2$ 是从 LTS 到 LTS″的一个模拟，并且$(Z_1^{\pm}\circ Z_2^{\pm})\subseteq(Z_1\circ Z_2)^{\pm}$。

证明 因为 Z_1 是从 LTS 到 LTS′的一个模拟并且 Z_2 是从 LTS′到 LTS″的一个模拟，由定义 4.1.1 可得：$Z_1\subseteq Z_1^{\pm}$并且 $Z_2\subseteq Z_2^{\pm}$，所以，$(Z_1\circ Z_2)\subseteq(Z_1^{\pm}\circ Z_2^{\pm})$。

假设 $w(Z_1^{\pm}\circ Z_2^{\pm})w''$，于是存在 $w'\in W'$使得 $wZ_1^{\pm}w'$并且 $w'Z_2^{\pm}w''$，由定义 4.1.1 得

$$wZ_1^{\pm}w'\leftrightarrow\forall v\in W(R_awv\rightarrow\exists v'\in W'(R_a'w'v'\wedge vZ_1v')),$$
$$w'Z_2^{\pm}w''\leftrightarrow\forall v'\in W'(R_a'w'v'\rightarrow\exists v''\in W''(R_a''w''v''\wedge v'Z_2v'')),$$

于是，

$$\begin{aligned}&\forall v\in W(R_awv\rightarrow\exists v'\in W'(R_a'w'v'\wedge vZ_1v'))\wedge\forall v'\in W'(R_a'w'v'\rightarrow\exists v''\in W''(R_a''w''v''\\&\qquad\wedge v'Z_2v''))\\&\qquad\rightarrow\forall v\in W(R_awv\rightarrow\exists v'\in W'\exists v''\in W''(R_a''w''v''\wedge vZ_1v'\wedge v'Z_2v''))\\&\qquad\rightarrow\forall v\in W(R_awv\rightarrow\exists v''\in W''(R_a''w''v''\wedge v(Z_1\circ Z_2)v''))。\end{aligned}\qquad(*)$$

由（*）可得

$$\forall v\in W(R_awv\rightarrow\exists v''\in W''(R_a''w''v''\wedge v(Z_1\circ Z_2)v''))\leftrightarrow w(Z_1\circ Z_2)^{\pm}w'',$$

于是，$(Z_1^{\pm}\circ Z_2^{\pm})\subseteq(Z_1\circ Z_2)^{\pm}$。再由定义 4.1.1 得：$Z_1\circ Z_2$ 是一个模拟。

性质 4.1.6 假设$\{Z_i\mid i\in I\}$是 LTS 到 LTS′之间的一个模拟簇，则$\cup\{Z_i\mid i\in I\}$也是 LTS 到 LTS′的一个模拟。

证明 如果$\{Z_i\mid i\in I\}=\varnothing$，则$\cup\{Z_i\mid i\in I\}=\varnothing$。由性质 4.1.1 可得$\cup\{Z_i\mid i\in I\}$是一个模拟。现在假设$\{Z_i\mid i\in I\}\neq\varnothing$，任取$\{Z_i\mid i\in I\}$中的一个元素，记作 Z_i 并且 $Z_i\subseteq\cup\{Z_i\mid i\in I\}$。因为 Z_i 是一个模拟并且$(\ )^{\pm}$是单调的，于是，$Z_i\subseteq Z_i^{\pm}\subseteq(\cup\{Z_i\mid i\in I\})^{\pm}$。由此得：$\cup\{Z_i\mid i\in I\}\subseteq(\cup\{Z_i\mid i\in I\})^{\pm}$。由定义 4.1.1 可得：$\cup\{Z_i\mid i\in I\}$是 LTS 到 LTS′的一个模拟。

性质 4.1.7 如果加标转换系统 LTS 和 LTS′都是确定性的，并且 Z_1 和 Z_2 是从 LTS 到 LTS′的两个模拟，则 $Z_1\cap Z_2$ 也是从 LTS 到 LTS′的一个模拟。即：模拟的交也是模拟。

证明 因为 Z_1 和 Z_2 是 LTS 到 LTS′的一个模拟，所以，$Z_1\subseteq Z_1^{\pm}$并且 $Z_2\subseteq Z_2^{\pm}$。于是，$(Z_1\cap Z_2)\subseteq(Z_1^{\pm}\cap Z_2^{\pm})$。即：如果 $w(Z_1\cap Z_2)w'$，则 $wZ_1^{\pm}w'$并且 $wZ_2^{\pm}w'$。由此得：对于任意的 $v\in W$，如果 R_awv，则存在 $v'\in W'$，使得 $R_a'w'v'$并且 vZ_1v'；对于任意的 $v\in W$，如果 R_awv，则存在 $v''\in W'$，使得 $R_a'w'v''$并且 vZ_2v''。由 LTS 和 LTS′的确定性得：$v'=v''$。于是，vZ_1v'并且 vZ_2v'。因此，$R_a'w'v'$并且 $v(Z_1\cap Z_2)v'$。于是，对于任意的 $v\in W$，如果 R_awv，则存在 $v'\in W'$，使得 $R_a'w'v'$并且 $v(Z_1\cap Z_2)v'$。于是，$w(Z_1\cap Z_2)^{\pm}w'$。因此，$(Z_1\cap Z_2)\subseteq(Z_1\cap Z_2)^{\pm}$。由定义 4.1.1 得，$Z_1\cap Z_2$ 也是从 LTS 到 LTS′的一个模拟。

定理 4.1.1 如果 $\mathrm{LTS}=\langle W,\{R_a\}_{a\in A}\rangle$和 $\mathrm{LTS}'=\langle W',\{R_a'\}_{a\in A}\rangle$是任意的两个加标

转换系统，那么存在唯一一个从 LTS 到 LTS′的最大模拟。

证明 令$\leqslant = \cup\{Z \subseteq W \times W' \mid Z$ 是 LTS 到 LTS′上的一个模拟$\}$。由性质 4.1.6 可得：$\leqslant$是 LTS 到 LTS′上的一个模拟。设 Z'是 LTS 到 LTS′上的任意一个模拟，即：$Z' \in \{Z \subseteq W \times W' \mid Z$ 是 LTS 到 LTS′上的一个模拟$\}$，则 $Z' \subseteq \cup\{Z \subseteq W \times W' \mid Z$ 是 LTS 到 LTS′上的一个模拟$\}$。故$\leqslant$是 LTS 到 LTS′上的最大模拟。唯一性显然。

如果 $w \leqslant w'$，并且 $w' \leqslant w$，记作 $w \leqslant\geqslant w'$，那么 w 和 w'被称作是模拟等价的①。要证明 $w \leqslant\geqslant w'$，我们只要找到一个模拟 Z_1 使得 wZ_1w'，和一个模拟关系 Z_2 使得 $w'Z_2w$ 就行了。

性质 4.1.8 LTS 上的最大模拟$\leqslant$是自返的和传递的。

证明 根据 $\leqslant$ 的定义可得 $I \subseteq \leqslant$，并且对任意 $w \in W$，wIw，所以对任意的 $w \in W$，$w \leqslant w$。所以 $\leqslant$ 在 LTS 上是自返的。

对任意的 $w, u, v \in W$，如果 $w \leqslant u$ 和 $u \leqslant v$，那么由 $\leqslant$ 定义可知在 LTS 上存在一个模拟关系 Z_1 使得 wZ_1u，并且还存在一个模拟关系 Z_2 使得 uZ_2v，由关系的合成定义可得 $w(Z_1 \circ Z_2)v$，根据性质 4.1.5 可知 $Z_1 \circ Z_2$ 是一个模拟，再根据$\leqslant$的定义可得$(Z_1 \circ Z_2) \subseteq \leqslant$，所以 $w \leqslant v$。因此$\leqslant$在 LTS 上具有传递性。

性质 4.1.9 如果进程 P 是一个死点，那么对所有的进程 Q，$P \leqslant Q$。

证明 根据模拟和最大模拟定义进行证明，这样的模拟是不足道的。

性质 4.1.10 令$\varnothing$是两个有相同标号集的加标转换系统 $LTS = \langle W, \{R_a\}_{a \in A}\rangle$和 $LTS' = \langle W', \{R_a'\}_{a \in A}\rangle$之间的一个空关系，则$\varnothing$是 LTS 到 LTS′上的一个双模拟。

证明 因为$\varnothing$是任意关系的子集，所以$\varnothing \subseteq \varnothing^{\#}$。

性质 4.1.11 恒等关系 I 是任意的加标转换系统 LTS 上的一个双模拟。

证明 设 I 是 W 上的恒等关系，如果 wIw 并且 R_awv，取 $v' = v$ 和 $I = I_1 = I_2$ 可得 vI_1v 和 vI_2v，并且 R_awv，所以 $wI^{\#}w$，并因此 $I \subseteq I^{\#}$，所以 I 就是 LTS 上的双模拟关系。

性质 4.1.12 令 $LTS = \langle W, \{R_a\}_{a \in A}\rangle$ 和 $LTS' = \langle W', \{R_a'\}_{a \in A}\rangle$是任意两个加标转换系统，如果 Z 是 LTS 到 LTS′的一个双模拟，那么 Z^{-1} 是 LTS′到 LTS 的一个双模拟。并且$(Z^{-1})^{\#} = (Z^{\#})^{-1}$。

证明 设任意的 $w' \in W'$，$w \in W$，如果 $w'Z^{-1}w$，那么 wZw'，因为 Z 是双模拟，所以 $wZ^{\#}w'$，由定义 4.1.2 可知，存在 LTS 到 LTS′的模拟关系 Z_1 和一个关系 Z_2，且满足 Z_2^{-1} 是 LTS′到 LTS 的模拟关系，使得

$\forall v \in W(R_awv \to \exists v' \in W'(R_a'w'v' \wedge vZ_1v')) \wedge \forall v' \in W'(R_a'w'v' \to \exists v \in W(R_awv \wedge vZ_2v'))$。

于是存在 LTS′到 LTS 的模拟关系 Z_2^{-1}和关系 Z_1^{-1}，且满足$(Z_1^{-1})^{-1} = Z_1$是 LTS 到 LTS′的模拟关系，使得

$\forall v' \in W'(R_a'w'v' \to \exists v \in W(R_awv \wedge v'Z_2^{-1}v)) \wedge \forall v \in W(R_awv \to \exists v' \in W'(R_a'w'v' \wedge$

① Sangiorgi D. 2009. Bisimulation and Coinduction, part 1: Behavious, Fixed-points. Unpublished manuscript: 23.

$v' Z_1^{-1}v)$)。

再由定义 4.1.2 可得 $w'(Z^{-1})^{\#}w$。

于是，$Z^{-1}\subseteq(Z^{-1})^{\#}$并且 Z^{-1}是一个双模拟。又因 Z^{-1}是可逆的并且 $Z^{\#}=((Z^{-1})^{\#})^{-1}$，即：$(Z^{-1})^{\#}=(Z^{\#})^{-1}$。

性质 4.1.13 如果进程（模型中的状态）P 和 Q 都是死点，那么 $P \leftrightarrows Q$；如果 P 是死点，那么对于任意的非死点 Q，$P \not\leftrightarrows Q$。

证明 直接根据双模拟定义可以得证。

第二节 双模拟与模拟、互模拟之间的关系

关系 4.2.1 Z 是从 $LTS=\langle W, \{R_a\}_{a\in A}\rangle$ 到 $LTS'=\langle W', \{R'_a\}_{a\in A}\rangle$的一个互模拟当且仅当 Z 就是 LTS 到 LTS′的一个模拟关系且 Z^{-1}是 LTS′到 LTS 的一个模拟关系。

证明 假设 Z 是 LTS 到 LTS′一个互模拟，则对于任意的 $w\in W$，$w'\in W'$，$a\in A$，如果 wZw'，那么根据互模拟定义 2.1.4 可知 $wZ^{+}w'$；并且对于所有的 $v\in W$，如果 R_awv，那么存在一个 $v'\in W'$使得 $R_a'w'v'$并且 vZv'，所以 $wZ^{\pm}w'$，再根据定义 4.1.1，Z 是 LTS 到 LTS′的一个模拟关系。根据互模拟性质 2.2.5，Z^{-1}是从 LTS′到 LTS 的一个互模拟，同理可得 Z^{-1}是 LTS′到 LTS 的一个模拟关系。

反之，Z 是 LTS 到 LTS′的一个模拟关系，由模拟定义可知，对于任意的 $w\in W$，$w'\in W'$，如果 wZw'，那么 $wZ^{\pm}w'$，且对所有的 $v\in W$，R_awv 蕴涵存在一个 $v'\in W'$使得 $R_a'w'v'$并且 vZv'；Z^{-1}是 LTS′到 LTS 的一个模拟关系，由模拟定义可知，对于任意的 $w\in W$，$w'\in W'$，如果 $w'Z^{-1}w$，那么 $w'(Z^{-1})^{\pm}w$，且对于任意的 $v'\in W'$，$R_aw'v'$蕴涵存在 $v\in W$，满足 Rwv 且 $v'Z^{-1}v$，所以对于任意的 $w\in W$，$w'\in W'$，如果 wZw'，并且对于任意的 $v'\in W'$，$R_aw'v'$蕴涵存在 $v\in W$，满足 Rwv 且 vZv'。根据定义 2.1.4 得 $wZ^{+}w'$，并且 $Z\subseteq Z^{+}$，故 Z 是互模拟。

关系 4.2.2 $LTS=\langle W, \{R_a\}_{a\in A}\rangle$ 到 $LTS'=\langle W', \{R'_a\}_{a\in A}\rangle$的任意双模拟 Z 不蕴涵 Z 是从 LTS 到 LTS′的一个模拟关系，也不蕴涵 Z^{-1}是从 LTS′到 LTS 的一个模拟关系。

证明 只需找到一个反例就行。很明显，$Z=\{\langle s_0, t_0\rangle\}$是图 4.1 中从加标转换系统 $\langle W, \{R_a\}_{a\in A}\rangle$到加标转换系统$\langle W', \{R_a'\}_{a\in A}\rangle$上的一个双模拟，但 Z 不是从前者到后者的一个模拟关系，Z^{-1}也不是从后者到前者的一个模拟关系。

关系 4.2.3 令 $LTS=\langle W, \{R_a\}_{a\in A}\rangle$和 $LTS'=\langle W', \{R_a'\}_{a\in A}\rangle$是两个有相同标号集的加标转换系统，$Z$ 是 LTS 到 LTS′的最大双模拟，那么对于任意的 $w\in W$，$w'\in W'$，$wZw' \Leftrightarrow w \Longrightarrow w' \wedge w' \Longrightarrow w$。

证明 先证明从左到右的方向。因为 Z 是双模拟，即 $Z\subseteq Z^{\#}$，且 wZw'，故 $wZ^{\#}w'$。由定义 4.1.2(i)，存在从 LTS 到 LTS′一个模拟关系 Z_1，使得对于所有的 $v\in W$，如果 R_awv，那么在 W'中存在一个 v'使得 $R_a'w'v'$，并且 vZ_1v'。现在取 $Z_1'=Z_1\cup\{w,$

$w'\}$，那么 $wZ_1'w'$，并且使得对于所有的 $v \in W$，如果 R_awv，那么在 W'中存在一个 v'使得 $R_a'w'v'$，并且 $vZ_1'v'$；因为 Z_1 是从 LTS 到 LTS′的一个模拟关系，即 $Z_1 \subseteq Z_1^{\pm}$，所以对于任意的 $s \in W$，$s' \in W'$，如果 sZ_1s'（则 $sZ_1's'$），那么 $sZ_1^{\pm}s'$。由定义 4.1.1，对于所有的 $t \in W$，如果 R_ast，那么在 W'中存在一个 t'使得 $R_a's't'$，并且 tZ_1t'，所以 $tZ_1't'$。概括之，对于任意的 $w, v \in W$，$w' \in W$，$a \in A$，且 $wZ_1'w'$，如果 R_awv，那么在 W'中存在一个 v'使得 $R_a'w'v'$，并且 $vZ_1'v'$，即 $wZ_1'^{\pm}w'$，所以 $Z_1' \subseteq Z_1'^{\pm}$。故 Z_1'是从 LTS 到 LTS′一个模拟关系，由 $wZ_1'w'$，即 $w \Longrightarrow w'$。同理，设 $Z_2' = Z_2 \cup \{w, w'\}$，根据定义 4.1.2（ii）和定义 4.1.1 可证：Z_2'是从 LTS 到 LTS′一个关系，且满足 $Z_2'^{-1}$ 是从 LTS′到 LTS 一个模拟关系，由 $w'Z_2'^{-1}w$，即 $w' \Longrightarrow w$。

现在来证从右向左的蕴涵。定义 $Z = \{\langle w, w'\rangle \mid w \in W, w' \in W', w \Longrightarrow w' \wedge w' \Longrightarrow w\}$，我们来证明 Z 是 LTS 到 LTS′的最大双模拟。先证 Z 是一个双模拟。对于任意的$\langle w, w'\rangle \in Z$，由 Z 的定义 $w \Longrightarrow w'$和 $w' \Longrightarrow w$，那么存在 LTS 到 LTS′的模拟关系 Z_1，wZ_1w'，即 $wZ_1^{\pm}w'$；并且存在 LTS 到 LTS′的关系 Z_2，且满足 Z_2^{-1} 是 LTS′到 LTS 一个模拟关系和 $w'Z_2^{-1}w$，即 wZ_2w'，并因此 $w'(Z_2^{-1})^{\pm}w$。根据定义 4.1.1，对于所有的 $v \in W$，如果 R_awv，那么在 W'中存在一个 v'使得 $R_a'w'v'$，并且 vZ_1v'；并且对于所有的 $v' \in W'$，如果 $R_a'w'v'$，那么在 W 中存在一个 v 使得 R_awv，并且 $v'Z_2^{-1}v$，即 vZ_2v'。概言之，如果 wZw'，那么存在 LTS 到 LTS′的模拟关系 Z_1，使得对于所有的 $v \in W$，如果 R_awv，那么在 W'中存在一个 v'使得 $R_a'w'v'$，并且 vZ_1v'；并且存在 LTS 到 LTS′的关系 Z_2，且满足 Z_2^{-1} 是 LTS′到 LTS 的一个模拟关系，使得对于所有的 $v' \in W'$，如果 $R_a'w'v'$，那么在 W 中存在一个 v 使得 R_awv，并且 vZ_2v'，即 $wZ^{\#}w'$，故 Z 是双模拟。现在来证明 Z 是最大双模拟。令 S 是 LTS 到 LTS′的任意双模拟，那么对任意的$\langle w, w'\rangle \in S$，根据从左向右的蕴涵方向证明可知 $w \Longrightarrow w' \wedge w' \Longrightarrow w$，再根据 Z 的定义，$\langle w, w'\rangle \in Z$，所以 $S \subseteq Z$，由 S 的任意性可知，Z 是最大双模拟。

关系 4.2.4 令 LTS = $\langle W, \{R_a\}_{a\in A}\rangle$和 LTS′ = $\langle W', \{R_a'\}_{a\in A}\rangle$是两个具有相同标号集的加标转换系统，如果 Z 是 LTS 到 LTS′的互模拟，那么 Z 是 LTS 到 LTS′的双模拟。反之不成立。进而最大互模拟~真包含于最大双模拟$\leqslant\geqslant$之内。

证明 令 Z 是 LTS 到 LTS′的任意互模拟，据互模拟定义 2.1.4，对于任意的 $w \in W$，$w' \in W'$，$a \in A$，如果 wZw'，那么 $wZ^{+}w'$，并且

（i）对于所有的 $v \in W$，如果 R_awv，那么存在一个 $v' \in W'$，使得 $R_a'w'v'$并且 vZv'；

（ii）对于所有的 $v' \in W'$，如果 $R_a'w'v'$，那么存在一个 $v \in W$，使得 R_awv 并且 vZv'。所以，

（i）′存在从 LTS 到 LTS′一个模拟关系为 Z_1（$Z_1 = Z$，且满足 wZ_1w'），使得对于所有的 $v \in W$，如果 R_awv，那么在 W'中存在一个 v'使得 $R_a'w'v'$，并且 vZ_1v'；

（ii）′存在从 LTS 到 LTS′一个关系为 Z_2（$Z_2 = Z$，且满足 wZ_2w'），且满足 Z_2^{-1}（$Z_2^{-1}=$

Z^{-1})是 LTS′到 LTS 的一个模拟关系，使得对于所有的 $v'\in W'$，如果 $R_a'w'v'$，那么在 W 中存在一个 v 使得 R_awv，并且 vZ_2v'。

故 $wZ^{\#}w'$，并且 $Z\subseteq Z^{\#}$，据定义 4.1.2 可知 Z 是 LTS 到 LTS′的一个双模拟。

LTS 到 LTS′的一个双模拟 Z 不一定是 LTS 到 LTS′的一个互模拟，如图 4.2 所示：存在一个从 LTS 到 LTS′满足定义 4.1.2（i）的关系 $Z_1=\{\langle P_1, Q_1\rangle, \langle P_2, Q_2\rangle, \langle P_3, Q_2\rangle, \langle P_4, Q_3\rangle\}$；也存在一个从 LTS 到 LTS′满足定义 4.1.2（ii）的关系 $Z_2=\{\langle P_1, Q_1\rangle, \langle P_3, Q_2\rangle, \langle P_4, Q_3\rangle\}$，所以存在一个从 LTS 到 LTS′上的双模拟关系 Z 满足 P_1ZQ_1。但是 P_1 和 Q_1 不是互模拟的，因为在 LTS 中 P_1 有一个到 P_2 的转换，而 Q_1 在 LTS′中只有一个到 Q_2 的转换，明显 P_2 和 Q_2 之间没有互模拟关系。

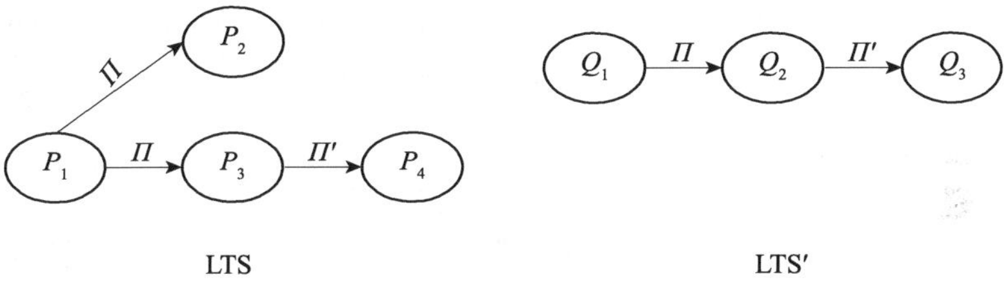

图 4.2 进程间的双模拟关系

LTS 到 LTS′上的最大互模拟~也是 LTS 到 LTS′上的互模拟，所以根据刚才的证明可知~是 LTS 到 LTS′上的一个双模拟。令≤≥是 LTS 到 LTS′上的最大双模拟，则$\sim\subseteq\leqslant\geqslant$。显然$\langle P_1, Q_1\rangle\in\leqslant\geqslant$，但是$\langle P_1, Q_1\rangle\notin\sim$，所以$\sim\subset\leqslant\geqslant$。

关系 4.2.5 令 LTS = $\langle W, \{R_a\}_{a\in A}\rangle$和 LTS′ = $\langle W', \{R_a'\}_{a\in A}\rangle$是两个有相同标号集的加标转换系统，≤≥是 LTS 到 LTS′上的最大双模拟，对于 LTS 的任意状态 P 和 LTS′的任意状态 Q，如果 P≤≥Q，则 P 和 Q 是路径等价性的，但反之不成立。

证明 两个状态具有某个双模拟关系，那么它们一定是路径等价的，这是不足道的。我们只证明不成立部分。只需找到存在路径等价的状态，但是它们之间没有任何双模拟关系就足够了，如图 4.3 所示①。

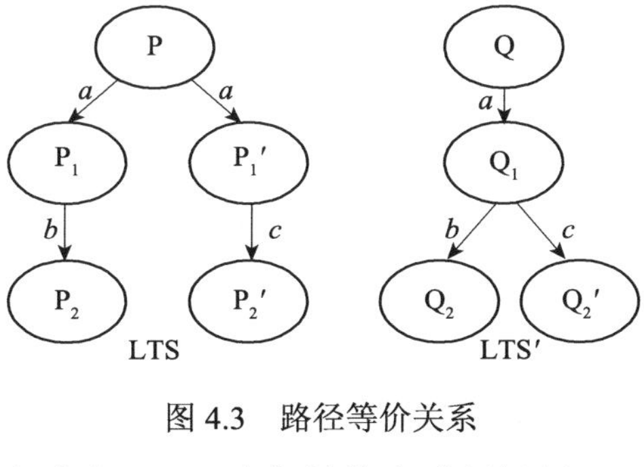

图 4.3 路径等价关系

如果两个自动机分别以 P，Q 为起始状态进行运行，可看到它们接受同样的

① Hennessy M. 2002. An Introduction to Bisimulation Theory（lecture notes）. University of Sussex: 4.

语言 ab+ac（即或者 ab 或者 ac），也就是说它们是路径等价的。但不难看出 P 到 Q 没有双模拟关系，因为只存在一个满足定义 4.1.2（i）的关系 $Z_1 = \{\langle P, Q\rangle, \langle P_1, Q_1\rangle, \langle P_1', Q_1\rangle, \langle P_2, Q_2\rangle, \langle P_2', Q_2'\rangle\}$；很明显，不存在一个满足定义 4.1.2（ii）的关系 Z_2。不足道的，P 和 Q 也不是互模拟的。

第三节　双模拟与模态逻辑

一、模型上的双模拟定义

现在我们在模型上定义模拟和双模拟。

定义 4.3.1　令τ是一个模态相似型，$M = \langle W, \{R_\Delta\}_{\Delta\in\tau}, V\rangle$和 $M' = \langle W', \{R_\Delta'\}_{\Delta\in\tau}, V'\rangle$是两个$\tau$-模型，$Z \subseteq W \times W'$是满足下面条件的一个二元关系：对于任意的 $w \in W$，$w' \in W'$，$\Delta \in \tau$，wZw'当且仅当

（i）对所有命题字母 p，如果 $w\in V(p)$，那么 $w'\in V'(p)$；

（ii）对于所有的 $v_1, \cdots, v_n$，如果 $R_\Delta wv_1 \cdots v_n$，那么存在 $v_1', \cdots, v_n' \in W'$使得 $R_\Delta' w' v_1' \cdots v_n'$且对所有的 $i(1 \leqslant i \leqslant n)$，$v_iZv_i'$。

则 Z 被称为从 M 到 M'的一个模拟。

对于基本的模态语言而言，即τ是一个基本模态相似型，第二条就变为：

（ii）′对于所有的 $v \in W$，如果 Rwv，那么存在 $v' \in W'$，使得 $R'w'v'$，并且 vZv'。

定义 4.3.2　令τ是一个模态相似型，$M = \langle W, \{R_\Delta\}_{\Delta\in\tau}, V\rangle$ 和 $M' = \langle W', \{R_\Delta'\}_{\Delta\in\tau}, V'\rangle$是两个$\tau$-模型。$Z \subseteq W \times W'$是满足下面条件的一个二元关系：对于任意的 $w \in W$，$w' \in W'$，$\Delta \in \tau$，wZw'当且仅当

（i）对所有命题字母 p，$w\in V(p)$当且仅当 $w'\in V'(p)$；

（ii）存在 M 到 M'一个模拟关系为 Z_1，使得对于所有的 $v_1, \cdots, v_n \in W$，如果 $R_\Delta wv_1 \cdots v_n$，那么存在 $v_1', \cdots, v_n' \in W'$，使得 $R_\Delta' w' v_1' \cdots v_n'$，并且对所有的 $i(1 \leqslant i \leqslant n)$，$v_iZ_1v_i'$；

（iii）存在 M 到 M'一个关系为 Z_2，且满足 Z_2^{-1}是从 M'到 M 的一个模拟关系，使得对于所有的 $v_1', \cdots, v_n' \in W'$，如果 $R_\Delta' w' v_1' \cdots v_n'$，那么存在 $v_1, \cdots, v_n \in W$ 使得 $R_\Delta wv_1 \cdots v_n$，并且对所有的 $i(1 \leqslant i \leqslant n)$，$v_iZ_2v_i'$。

则一个二元关系 $Z \subseteq W \times W'$被称为从 M 到 M'的一个双模拟。

如果 M 的状态 w 和 M'的状态 w'是双模拟的，记作 Z: $\langle M, w\rangle \leftrightarrow \langle M', w'\rangle$，简写为$\langle M, w\rangle \leftrightarrow \langle M', w'\rangle$，我们称 w'和 w 是双模拟等价的。

对于基本模态语言，后两条变为：

（ii）′存在 M 到 M'一个模拟关系为 Z_1，使得对于所有的 $v \in W$，如果 Rwv，那么在 W'中存在一个 v'使得 $R'w'v'$，并且 vZ_1v'；

（iii）′存在 M 到 M'一个关系为 Z_2，且满足 Z_2^{-1}是从 M'到 M 的一个模拟关系，使得对于所有的 $v' \in W'$，如果 $R'w'v'$，那么在 W 中存在一个 v 使得 Rwv，并且 vZ_2v'。

如果 $Z_1 = Z_2 = Z$，那么 Z 就是从 M 到 M' 的一种特殊的双模拟——互模拟。

由定义可知，双模拟是模拟的子集，双模拟基于两个模拟而形成；互模拟是双模拟的子集，形成互模拟的两个模拟是互逆的。

二、有关双模拟的一些事实

定义 4.3.3 M 和 M' 是上述的两个 τ-模型，Z 是从 M 到 M' 的一个双模拟，如果下面的两个条件成立，称 M 和 M' 是双模拟等价的，记作 $M \Xi M'$：

（1）对于每个 $w \in W$，存在 $w' \in W'$，并且 wZw'；

（2）对于每个 $w' \in W'$，存在 $w \in W$，并且 wZw'。

定义 4.3.4 M 和 M' 是任意两个 τ-模型，如果下面的条件成立，我们称 τ-模型的一个性质 φ 是双模拟不变的：

$$\text{如果} \langle M, w\rangle \leftrightarrows \langle M', w'\rangle \text{，那么} M, w \models \varphi \text{当且仅当} M', w' \models \varphi \text{。}$$

事实 4.3.1 模态逻辑不具有双模拟不变性。

也就是说对于非互模拟的双模拟状态来说，我们只要找到模态公式把它们区分开来就足够了。如图 4.2 所示的 P_1 和 Q_1 是双模拟的，很显然 P_1 满足 $\Diamond\Box(p \wedge \neg p)$，而 Q_1 不满足 $\Diamond\Box(p \wedge \neg p)$，所以这个模态公式不具有双模拟不变性，并因此模态逻辑不具有双模拟不变性。

事实 4.3.2 双模拟不蕴涵模态等价性。

也就是说，我们可以找到两个状态是双模拟的，但是它们不具有相同的模态理论。这与事实 4.3.1 是同一的，其论证也是相同的。

事实 4.3.3 在 $ML(\tau, \Phi)$ 中，模态等价性不蕴涵双模拟。

对于模态语言 $ML(\tau, \Phi)$ 来说，如果对模型不加限制，就有可能出现非双模拟的模态等价模型，如图 4.4 所示①。

图 4.4 非双模拟的模态等价模型

在上面的两个模型中，对每个 $n \in \mathbf{N}$，v 有一个长度为 n 的分支，v' 除了具有 v 的所有分支外，还有一个无穷分支。很容易证明这两个模型不是“根双模拟”的：虽然 v' 可模拟 v，但 v 不可模拟 v'，因为 v' 有一个无穷分支，v 没有这样的分支。但是在模态逻辑 $ML(\tau, \Phi)$ 里，如果假定每个状态满足相同的原子命题，也不难证明它们是模态等价的，即具有相同的模态理论。

定理 4.3.1 在 $ML_\infty(\tau, \Phi)$ 中，模态等价性蕴涵双模拟。

① Blackburn P, de Rijke M, de Venema Y. 2001. Modal Logic. Cambridge: Cambridge University Press: 68.

证明　这个论证是不足道的。由定理 2.4.4 可知，在 $\mathrm{ML}_{\infty}(\tau, \Phi)$ 中，两个状态（模型）是模态等价的，它们一定是互模拟的，而互模拟蕴涵双模拟，所以在 $\mathrm{ML}_{\infty}(\tau, \Phi)$ 中模态等价蕴涵双模拟。

第五章 互模拟和有界互模拟

为了探索克里普克模型、非良基集合和知识结构之间的联系，引入了有界互模拟的概念。本章的主要工作在于梳理和介绍：首先，介绍了克里普克模型上的互模拟、有界互模拟，并进一步介绍了模态逻辑的非良基集合模型定义和知识结构模型定义，在梳理、介绍和少数补充证明后明确阐述两类模型分别表达了克里普克模型的互模拟类和有界互模拟类；其次，介绍了有界互模拟怎样被无穷模态逻辑的特定部分所刻画和通过艾伦芬赫特游戏来刻画；最后，引入了一些学者在不同的情景下证明的一些结果，阐述了这些结果之间的关系。

本章主要参照了各布冉迪的著作《克里普克星球上的互模拟》[①]。

第一节 基 本 概 念

定义 5.1.1 已知一个命题变元集 P。无穷模态逻辑的语言 ML_∞ 是满足后面条件的最小类：$P \subseteq ML_\infty$；如果 ϕ 是 ML_∞ 的一个公式，那么 $\neg\phi$ 也是 ML_∞ 的一个公式，并且 $\Diamond\phi$ 也是 ML_∞ 的一个公式；如果 $\Phi \subseteq ML_\infty$，那么 $\bigwedge\Phi$ 也是 ML_∞ 的一个公式。

定义 5. 1.2 一个克里普克模型 K 是一个三元组 $\langle W, R, V\rangle$，这里 W 是一个可能世界集，$R \subseteq W \times W$ 是一个可及关系，V：$P \to \mathrm{Pow}(W)$ 是给 P 中的每个原子语句指派 W 的一个子集的赋值函数。一个点克里普克模型是一个有序对 $\langle K, w\rangle$，这里 K 是一个克里普克模型 $\langle W, R, V\rangle$，$w \in W$。

从现在开始，K 和 K' 分别被默认为是模型 $\langle W, R, V\rangle$ 和 $\langle W', R', V'\rangle$。

一个模型的可满足定义是标准的：

（1）$\langle K, w\rangle \vDash p$ iff $w \in V(p)$；

（2）$\langle K, w\rangle \vDash \neg\varphi$ iff $\langle K, w\rangle \nvDash \varphi$;

（3）$\langle K, w\rangle \vDash \bigwedge\Phi$ iff $\forall\varphi \in \Phi$，$\langle K, w\rangle \vDash \varphi$;

（4）$\langle K, w\rangle \vDash \Diamond\varphi$ iff $\exists v \in W$，$wRv \wedge \langle K, w\rangle \vDash \varphi$ 成立。

定义 5. 1.3 一个关系 $B \subseteq W \times W'$ 是两个模型 $\langle W, R, V\rangle$ 和 $\langle W', R', V'\rangle$ 之间的一个互模拟当且仅当对所有的 $w \in W$ 和 $w' \in W'$，如果 wBw'，那么：

（1）对所有 $p \in P$，$w \in V(p)$ 当且仅当 $w' \in V'(p)$；

（2）对所有满足 wRv 的 v，存在 v' 满足 $w'R'v'$ 和 vBv'；

（3）对所有 v' 满足 $w'R'v'$，存在 v 且满足 wRv 且 vBv'。

两个点克里普克模型 $\langle K, w\rangle$ 和 $\langle K', w'\rangle$ 是最大互模拟的，$\langle K, w\rangle \rightleftarrows \langle K', w'\rangle$，

① Gerbrandy J. 1999. Bisimulations on Planet Kripke. Technical Report DS-1999-01, Institute for Logic, Language and Computation, University of Amsterdam: 1-34.

当且仅当 K 和 K' 之间存在一个互模拟关系把 w 和 w' 关联起来。

定义 5.1.4 令 α 是一个序数，我们通过 α 上的归纳定义 α-互模拟概念：两个点克里普克模型 $\langle K, w\rangle$ 和 $\langle K', w'\rangle$ 是 α-互模拟的，$\langle K, w\rangle \underline{\leftrightarrow}_\alpha \langle K', w'\rangle$，当且仅当下面条件成立:

（1）对所有 $p \in P$，$w \in V(p)$ 当且仅当 $w' \in V'(p)$；

（2）对所有的 $\beta < \alpha$ 和所有满足 wRv 的 v，存在 v' 满足 $w'R'v'$ 和 $\langle K, v\rangle \underline{\leftrightarrow}_\beta \langle K', v'\rangle$；

（3）对所有的 $\beta < \alpha$ 和所有满足 $w'R'v'$ 的 v'，存在 v 满足 wRv 和 $\langle K, v\rangle \underline{\leftrightarrow}_\beta \langle K', v'\rangle$。

在不至于导致混乱的情况下，将用 $w \underline{\leftrightarrow}_\alpha w'$ 代替 $\langle K, w\rangle \underline{\leftrightarrow}_\alpha \langle K', w'\rangle$，甚至用 w 代替 $\langle K, w\rangle$。注意对于每个极限序数 α，下面条件成立：

$$\langle K, w\rangle \underline{\leftrightarrow}_\alpha \langle K', w'\rangle \quad \text{iff} \quad \forall \beta < \alpha，\langle K, w\rangle \underline{\leftrightarrow}_\beta \langle K', w'\rangle。$$

互模拟和有界互模拟紧密相连。下面的命题表明 α-互模拟是互模拟的真近似值。

定理 5.1.1 （1）$w \underline{\leftrightarrow} w'$ 当且仅当对所有的序数 α，$w \underline{\leftrightarrow}_\alpha w'$；

（2）如果 $\alpha \leqslant \beta$，B 是 w 和 w' 之间的 β-互模拟，那么 B 是 w 和 w' 之间的 α-互模拟；

（3）对所有的 α，存在 w 和 w' 使得 $w \underline{\leftrightarrow}_\alpha w'$，但是 $w \underline{\not\leftrightarrow} w'$。

证明 对于（1），很容易明白对每个 α 都是一个 α-互模拟的任意关系都是一个互模拟。对于另一方向，通过对 α 进行归纳证明每个互模拟是一个 α-互模拟。

（2）的证明是显而易见的。我们将和证明定理 5.6.3 一起证明（3）。

第二节 集 合

考虑 $V_{\text{afa}}[P]$，它是埃泽尔的含有一个本原（urelements）集 P 的非良基集合论的论域。我们在这样的集合上解释一个模态语言如下：如果一个原子语句 p 是某个集合的一个元素，那么它在那个集合上为真，否则它在那个集合上为假。模态算子解释为集合之间的属于关系。

定义 5.2.1 令 a 是 $V_{\text{afa}}[P]$ 的一个集合。

（1）$a \vDash p$ iff $p \in a$;

（2）$a \vDash \neg\varphi$ iff $a \nvDash \varphi$;

（3）$a \vDash \bigwedge\Phi$ iff $\forall \varphi \in \Phi$，$a \vDash \varphi$;

（4）$a \vDash \Diamond\varphi$ iff 对每个集合 $b \in a$，$b \vDash \varphi$。

下面的定义规定了集合和克里普克模型之间的一个关系。

定义 5.2.2 令 $\langle K, w\rangle$ 是一个克里普克模型。K 的一个标号 l 是一个函数 l，它对 K 的每个可能世界 w 指定一个集合 $\{p \mid w \in V(p)\} \cup \{\, \mathrm{l}(v) \mid wRv\}$。如果 l 是 K

的标号，w 是 K 的一个可能世界，那么 $1(w)$ 就是$\langle K, w\rangle$的一个解，$\langle K, w\rangle$是 $1(w)$ 的一个图。

现在假设埃泽尔的非良基公理①成立，我们得到下面的结论。

定理 5.2.1　（1）每个点克里普克模型恰有一个集合作为它的解；

（2）每个集合有一个模型作为它的图；

（3）两个模型是最大互模拟的当且仅当它们是同一个集合的图；

（4）如果$\langle K, w\rangle$是集合 a 的一个图，那么对于 ML_∞的每个公式ϕ：$\langle K, w\rangle\vDash\phi$ iff $a\vDash\phi$。

因此，非良基模型表达了互模拟等价的克里普克模型类。

第三节　知识结构

定义 5.3.1　对每个序数$\alpha \geqslant 0$，一个α只是结构 $P\cup\alpha$上的一个函数f，它满足：对每个 $p\in P$，$f(p)\in\{0, 1\}$（当f被限制到 P 上，即$f[P]$时，f是一个经典的可能世界）；对每一个$\beta<\alpha(\beta\in\alpha)$，$f(\beta)$是一个$\beta$-知识结构集。加之，每个$\alpha$-知识结构必须满足外延性，其条件如下：

对所有满足$\beta<\gamma<\alpha$的β和γ，如下成立：

$g\in f(\beta)$ iff　$\exists h\in f(\gamma)$满足 $g=h<\beta(h<\beta=h[P\cup\beta])$。

实际上，费金（Fagin）等 1991 年使用了一个稍微复杂的知识结构概念，他们在这样的结构上为一个具有公共知识算子的多模态语言定义了一个满足关系，②这个满足关系暗示了知识结构和克里普克模型之间具有下面定义给出的对应关系。

定义 5.3.2　令$\langle K, w\rangle$是一个模型。使用归纳法，对每个序数$\alpha>0$，规定与$\langle K, w\rangle$对应的α-知识结构f：

（1）与$\langle K, w\rangle$相对应的 0-知识结构使 P 上的函数f满足：

$$f(p)=1 \text{ iff } w\in V(p)\text{，否则} f(p)=0\text{。}$$

（2）令 g 是与$\langle K, w\rangle$相对应的α-知识结构，那么与$\langle K, w\rangle$相对应的$\alpha+1$-知识结构f满足：$f<\alpha=g$；并且对于每个满足 wRv 的 v，$f(\alpha)$是与$\langle K, v\rangle$相对应的α-知识结构。

（3）如果λ是极限序数，那么与$\langle K, w\rangle$相对应的λ-知识结构f满足：λ对每个$\beta>\lambda$，$f<\beta$是与$\langle K, w\rangle$相对应的β-知识结构。

不难证实所有这些定义都是有意义的，并且在需要的地方外延性得到满足。

现在可以得出知识结构和克里普克模型之间的关系如下。

定理 5.3.1　对每个序数α：

（1）每个克里普克模型对应一个唯一的α-知识结构；

① Aczel P. 1988. Non-Well-Founded Sets. Stanford: CSLI Publications: 6-33.

② Fagin R, Halpern J Y, Vardi M Y. 1991. A model-theoretic analysis of knowledge. Journal of the Association for Computing Machinery, 38(2): 382-428.

（2）对每一个α-知识结构，存在一个相对应的克里普克模型；

（3）$\langle K, w\rangle \underline{\leftrightarrow}_{\alpha} \langle K', w'\rangle$当且仅当它们对应于相同的$\alpha$-知识结构；

（4）对于每个α和$\phi \in \mathrm{L}_{\alpha}$，$\langle K, w\rangle \vDash \phi$ iff ϕ在对应的α-知识结构上也是可满足的。

证明　除（3）外，所有的结果在费金（1994）中已被证明。[①]而（3）有一个直截了当的证明。

这就表明，如同非良基模型表达了克里普克模型的互模拟等价类一样，知识结构表达了与有界互模拟等价的克里普克模型类。

第四节　语　　言

自然地，有界互模拟被ML_{∞}的特定部分所刻画：两个克里普克模型是α-最大互模拟的当且仅当它们满足相同的深度$\leqslant\alpha$的ML_{∞}语句。

定义 5.4.1　（1）归纳定义一个ML_{∞}公式的深度如下：

$$\mathrm{depth}(p)=0；\ \mathrm{depth}(\neg\phi)=\mathrm{depth}(\phi)；$$

$$\mathrm{depth}(\Diamond\phi)=\mathrm{depth}(\phi)+1；\ \mathrm{depth}(\wedge\Phi)=\cup\{\mathrm{depth}(\phi)\mid\phi\in\Phi\}。$$

（2）对于每个序数α，语言L_{α}是所有深度$\leqslant\alpha$的ML_{∞}语句类。

定理 5. 4.1　令$\langle K, w\rangle \equiv_{\alpha} \langle K', w'\rangle$当且仅当，对每个$\mathrm{L}_{\alpha}$语句$\phi$，$\langle K, w\rangle \vDash \phi$ iff $\langle K', w'\rangle \vDash \phi$。那么$\langle K, w\rangle \underline{\leftrightarrow}_{\alpha} \langle K', w'\rangle$当且仅当$\langle K, w\rangle \equiv_{\alpha} \langle K', w'\rangle$。

证明　$\Rightarrow$ 通过对ML_{∞}的语句ϕ的结构进行归纳。如果ϕ的深度为α，$w\vDash\phi$，并且$\langle K, w\rangle \underline{\leftrightarrow}_{\alpha} \langle K', w'\rangle$，那么$w'\vDash \phi$。

唯一的非不足道的情况是$\Diamond\phi$。令$\mathrm{depth}(\phi)=\alpha$。那么$\mathrm{depth}(\Diamond\phi)=\alpha+1$。假设$\langle K, w\rangle \underline{\leftrightarrow}_{\alpha+1} \langle K', w'\rangle$。如果$w\vDash\Diamond\phi$，那么存在一个$v$满足$wRv$，并且$v\vDash\phi$。既然$\langle K, w\rangle \underline{\leftrightarrow}_{\alpha+1} \langle K', w'\rangle$，那么存在一个$v'$满足$w'R'v'$，并且$v'\vDash \phi$。因此，$w'\vDash \Diamond\phi$。

$\Leftarrow$通过对α进行归纳得出$\equiv_{\alpha}$是一个α-互模拟：

$\alpha=0$：直接的。

$\alpha+1$：假设$\langle K, w\rangle \equiv_{\alpha+1} \langle K', w'\rangle$。取任意$v$使得$wRv$，假设不存在满足$w'R'v'$的$v'$使得$\langle K, v\rangle \underline{\leftrightarrow}_{\alpha} \langle K', v'\rangle$成立。那么通过归纳假设，对每个满足$w'R'v'$的$v'$存在一个公式$\phi_{v'}\in\mathrm{L}_{\alpha}$使得$v\vDash\phi_{v'}$，且$v'\nvDash\phi_{v'}$。那么$w\vDash\Diamond\wedge\{\phi_{v'}\mid w'R'v'\}$，它是一个$\mathrm{L}_{\alpha+1}$语句。但是$w\nvDash\Diamond\wedge\{\phi_{v'}\mid w'R'v'\}$。与假设矛盾。

假设对某个极限序数λ有$\langle K, w\rangle \equiv_{\lambda} \langle K', w'\rangle$。那么，由定义对所有的$\beta<\lambda$有$\langle K, w\rangle \equiv_{\beta} \langle K', w'\rangle$。因此，根据归纳假设对所有的$\beta<\lambda$有$\langle K, w\rangle \underline{\leftrightarrow}_{\beta} \langle K', w'\rangle$，再根据$\lambda$互模拟定义可得$\langle K, w\rangle \underline{\leftrightarrow}_{\lambda} \langle K', w'\rangle$。

当然，语言L_{ω}是语言ML_{∞}的经典部分。众所周知，经典模态语言L_{ω}能够把任意两个非ω-互模拟模型区分开来，模态语言ML_{∞}能够把任意两个非互模拟模型

① Fagin R. 1994. A quantitative analysis of modal logic. The Journal of Symbolic Logic, 59 (1) :209-252.

区分开来。作为上面的推论，我们有下面的定理。

定理 5.4.2 [①]　（1）$\langle K, w\rangle \underline{\leftrightarrow}_{\omega} \langle K', w'\rangle$ iff $\forall\phi\in L_{\omega}$：$\langle K, w\rangle\vDash\phi$ iff $\langle K', w'\rangle\vDash\phi$；

（2）$\langle K, w\rangle \underline{\leftrightarrow} \langle K', w'\rangle$ iff $\forall\phi\in ML_{\infty}$：$\langle K, w\rangle\vDash\phi$ iff $\langle K', w'\rangle\vDash\phi$。

第五节　艾伦芬赫特游戏

有界互模拟也可以用艾伦芬赫特游戏刻画。

对于序数α，可以施归纳于α的结构来定义艾伦芬赫特α-游戏。一个α-游戏由两个玩家（损坏者，复制者）在两个点模型$\langle K, w\rangle$和$\langle K', w'\rangle$上玩游戏。

一个 0-游戏简单地由损坏者选择 w，而复制者选择一个 w'。复制者赢当且仅当 $V(w)=V'(w')$。

$\alpha+1$-游戏如下：损坏者必须从两个模型之一选择一个 u 满足 wRu 或者 $w'R'u$，复制者必须从另一模型中选择一个 u'进行回答。玩家继续在$\langle K, w\rangle$或$\langle K', u'\rangle$（或$\langle K, u'\rangle$或$\langle K', u\rangle$上，取决于损坏者的选择）上玩α-游戏。复制者赢当且仅当 $V(w)=V'(w')$，并且他选择了 u'使得 $w'R'u'$且他们在$\langle K, u\rangle$或$\langle K', u'\rangle$上玩游戏，复制者赢了α-游戏。

对于极限序数λ，损坏者开始选择任意的序数$\beta<\lambda$，双方玩β-游戏。如果复制者赢了β-游戏，那么复制者赢了。

有意思的是，每个有界互模拟游戏在有穷步就结束。下面的命题表明α-游戏可用来刻画α-互模拟。

定理 5. 5.1　对每个序数α：在$\langle K, w\rangle$和$\langle K', w'\rangle$上玩α-游戏，复制者有一个赢的战略当且仅当$\langle K, w\rangle \underline{\leftrightarrow}_{\alpha} \langle K', w'\rangle$。

证明　（$\Rightarrow$）通过对α进行归纳来证明。

如果$\alpha=0$，复制者有一个赢的战略当且仅当 $V(w)=V'(w')$，由 $\underline{\leftrightarrow}_0$ 定义可得$\langle K, w\rangle \underline{\leftrightarrow}_0 \langle K', w'\rangle$。

假设复制者对α+1-游戏有一个赢的战略。那么对每个 w 的后继 v，存在 w'的一个后继 v'满足复制者对于$\langle K, v\rangle$和$\langle K', v'\rangle$上的α-游戏有一个赢的战略。反之亦然。根据归纳假设，$\langle K, v\rangle \underline{\leftrightarrow}_{\alpha} \langle K', v'\rangle$。再根据$\alpha+1$-互模拟定义，$\langle K, w\rangle \underline{\leftrightarrow}_{\alpha+1} \langle K', w'\rangle$。

如果α是一个极限序数，那么复制者对于α-游戏有一个赢的战略当且仅当对每一个$\beta<\alpha$，他对β-游戏有一个赢的战略。这样的话，通过归纳假设对每一个$\beta<\alpha$，$\langle K, w\rangle \underline{\leftrightarrow}_{\beta} \langle K', w'\rangle$，再根据极限互模拟定义，可得$\langle K, w\rangle \underline{\leftrightarrow}_{\alpha} \langle K', w'\rangle$。

（$\Leftarrow$）通过对α 进行归纳证明：如果$\langle K, w\rangle \underline{\leftrightarrow}_{\alpha} \langle K', w'\rangle$，那么在$\langle K, w\rangle$和$\langle K', w'\rangle$上玩$\alpha$-游戏，复制者有一个赢的战略。

① Gerbrandy J. 1999. Bisimulations on Planet Kripke. Technical Report DS-1999-01, Institute for Logic, Language and Computation, University of Amsterdam: 13.

如果$\alpha = 0$，由$\underline{\leftrightarrow}_0$定义可知$V(w) = V'(w')$，再由0-游戏定义可知复制者有一个赢的战略。

对于$\alpha + 1$-游戏来说，假设$\langle K, w\rangle \underline{\leftrightarrow}_{\alpha+1} \langle K', w'\rangle$，并且损坏者在第二步从$K$中选择选择$v$。那么根据游戏规则$wRv$，并且因为$\langle K, w\rangle \underline{\leftrightarrow}_{\alpha+1} \langle K', w'\rangle$，所以复制者可以选择一个$v'$满足$w'R'v'$，并且$\langle K, v\rangle \underline{\leftrightarrow}_{\alpha} \langle K', v'\rangle$。根据归纳假设，在$\langle K, v\rangle$和$\langle K', v'\rangle$上玩$\alpha$-游戏，复制者有一个赢的战略，因此在$\langle K, w\rangle$和$\langle K', w'\rangle$上玩$\alpha$+1-游戏，复制者有一个赢的战略。

如果α是一个极限序数，并且$\langle K, w\rangle \underline{\leftrightarrow}_{\alpha} \langle K', w'\rangle$，那么根据极限序数互模拟定义，对所有的$\beta < \alpha$，$\langle K, w\rangle \underline{\leftrightarrow}_{\beta} \langle K', w'\rangle$。根据归纳假设，对于所有的$\beta < \alpha$，复制者有一个赢$\beta$-游戏的战略。根据极限序数游戏定义，不管损坏者选哪个$\beta < \alpha$，复制者都会赢β-游戏，所以复制者都会赢α-游戏。

定理 5.5.2 复制者在$\langle K, w\rangle$和$\langle K', w'\rangle$上玩无界游戏有一个赢的战略当且仅当$\langle K, w\rangle \underline{\leftrightarrow} \langle K', w'\rangle$。

证明 从定理5.1.1和定理5.5.1可直接得到。

第六节 一 些 结 论

定义 5.6.1 一个模型$\langle K, w\rangle$的阶rank$\langle K, w\rangle$是最小的序数α，使得对所有的$\langle K', w'\rangle$：$\langle K, w\rangle \underline{\leftrightarrow}_{\alpha} \langle K', w'\rangle$ iff $\langle K, w\rangle \underline{\leftrightarrow} \langle K', w'\rangle$。

定理 5.6.1 每个模型有一个阶。

证明 任取一模型$\langle K, w\rangle$。既然K是一个集合，我们可以使用定理5.1.1得出一定有某个序数γ满足：对K中的每个w，v：$w \underline{\leftrightarrow}_{\gamma} v$ iff $w \underline{\leftrightarrow} v$。令$\alpha$是大于$\gamma$最小的极限序数。对每个$\langle K', w'\rangle$，我们证明$\langle K, w\rangle \underline{\leftrightarrow}_{\alpha} \langle K', w'\rangle$ iff $\langle K, w\rangle \underline{\leftrightarrow} \langle K', w'\rangle$成立。

假定$\langle K, w\rangle \underline{\leftrightarrow}_{\alpha} \langle K', w'\rangle$。证明$\underline{\leftrightarrow}_{\alpha}$是$\langle K, w\rangle$和$\langle K', w'\rangle$之间的一个互模拟。

任取一个v满足wRv。既然$\langle K, w\rangle \underline{\leftrightarrow}_{\alpha} \langle K', w'\rangle$，一定存在一个$v'$满足$w'R'v'$和$v \underline{\leftrightarrow}_{\gamma} v'$。我们证明$v \underline{\leftrightarrow}_{\alpha} v'$。既然$\alpha$是极限序数，只需证明对于所有的$\beta < \alpha$，$v \underline{\leftrightarrow}_{\beta} v'$成立就行了。

显然，对于所有的$\beta \leqslant \gamma$，$v \underline{\leftrightarrow}_{\beta} v'$。因此取$\gamma < \beta < \alpha$。既然$w \underline{\leftrightarrow}_{\alpha} w'$，那么存在一个$u$满足$u \underline{\leftrightarrow}_{\beta} v'$。但是这样就有$u \underline{\leftrightarrow}_{\gamma} v$（因为$\gamma < \beta$），因此$u \underline{\leftrightarrow} v$，因此$v \underline{\leftrightarrow}_{\beta} v'$。

对于另一个互模拟条件，任取一个v'满足$w'R'v'$。那么既然$\gamma < \alpha$，存在一个v满足wRv和$v \underline{\leftrightarrow}_{\gamma} v'$。我们证明$v \underline{\leftrightarrow}_{\alpha} v'$。取任意$\beta$满足$\gamma < \beta < \alpha$。那么存在一个$u$满足$u \underline{\leftrightarrow}_{\beta} v'$且$wRu$。但是这样就有$u \underline{\leftrightarrow}_{\gamma} v$（因为$\gamma < \beta$），因此$u \underline{\leftrightarrow} v$，因此$v \underline{\leftrightarrow}_{\beta} v'$。

定理 5.6.2 每个$\langle K, w\rangle$在互模拟的意义上可被一个单一的ML_{∞}语句所刻画；

每个集合在唯一性的意义上可被一个单一的句子所刻画；每个克里普克模型可被一个单一的知识结构完全刻画。

证明　因为所有α-互模拟类的收集是一个集合，能够使用定理 5.4.1 并且得出结论：就语义等价性而言 L_α是一个集合。令 rank$\langle K, w\rangle = \alpha$。那么使用定理 5.4.1 可知，就互模拟而言$\langle K, w\rangle$被它的 L_α-理论$\{\phi \in L_\alpha | \langle K, w\rangle \vDash \phi\}$所刻画。就等价性而言，既然 L_α是一个集合，那么就互模拟而言，$\bigwedge\{\phi \in L_\alpha | \langle K, w\rangle \vDash \phi\}$就是刻画$\langle K, w\rangle$的一个语句。

定理 5.6.3　对每个后继序数α，存在一个阶为α的模型。

证明　我们将同时证明这个命题和定理 5.1.1。对每个极限序数α，是否存在一个阶为α 的模型还是一个未确定的问题。

我们使用集合模型来证明该命题：实际上，可证明每个序数α的度是α+1；根据定理 5.2.1，能够找到一个与α相对应的克里普克模型；再使用定理 5.2.1，可知这个克里普克模型的度也是$\alpha + 1$。

我们将证明：（1）如果$\alpha \leqslant \beta$，那么$\alpha \underline{\leftrightarrow}_\alpha \beta$;

（2）如果$\alpha > \beta$，那么$\alpha \underline{\not\leftrightarrow}_\alpha \beta$（这就证明了定理 5.1.1（3））；

（3）rank$(\alpha) = \alpha + 1$。

（1）如果$\alpha \leqslant \beta$，那么$\alpha \underline{\leftrightarrow}_\alpha \beta$。

任取α 和β 满足$\alpha \leqslant \beta$。那么$\alpha \subseteq \beta$，因此互模拟条件的一个方向是直接的。对于另外一个方向，我们需要证明对每个$\gamma < \alpha$和β的每个元素 b，我们能找到α的一个元素 a 满足 $a \underline{\leftrightarrow}_\gamma b$。因此取任意的$\gamma < \alpha$和任意的 $b \in \beta$。那么对某个$\delta < \beta$，有 $b = \delta$。区别两种情况：①$\delta < \gamma$，这样的话$\delta \in \alpha$；② $\delta \geqslant \gamma$，如果这样，我们能够简单地取γ 作为证据（witness），它是α的一个元素，并且通过归纳假设它与δ是γ-互模拟的。

（2）如果$\alpha > \beta$，那么$\alpha \underline{\not\leftrightarrow}_\alpha \beta$。

取任意的α，β 满足$\beta < \alpha$，并且假设情况相反，即$\alpha \underline{\not\leftrightarrow}_\alpha \beta$。因为$\beta < \alpha$并且$\beta \in \alpha$，所以一定存在一个$\gamma \in \beta$满足$\gamma \underline{\leftrightarrow}_\beta \beta$。但是$\gamma \in \beta$ 蕴涵了$\gamma < \beta$，而根据归纳假设$\gamma \underline{\leftrightarrow}_\beta \beta$蕴涵了$\beta \leqslant \gamma$。

（3）rank$(\alpha) = \alpha + 1$。

令α是任意的序数，取任意的集合 a 并且假定 $a \underline{\leftrightarrow}_{\alpha+1} \alpha$。那么对 a 的每个元素，在α中存在一个α-互模拟元素，反之亦然。但是通过归纳假设，每个$\beta \leqslant \alpha$的阶是小于等于α的。因此可以得出 a 的每个元素一定是与α的某个后继是互模拟的，反之亦然。因此 a 与α是互模拟的。因此，rank$(\alpha) \leqslant \alpha + 1$。

从（1）可得 rank$(\alpha) > \alpha$，因此 rank$(\alpha) = \alpha + 1$。

从定理 5.1.1 得到否定结果：没有 L_α语言刻画互模拟。

定理 5.6.4　对每个序数α，存在$\langle K, w\rangle$和$\langle K', w'\rangle$ 满足：$\langle K, w\rangle \equiv_\alpha \langle K', w'\rangle$，但是$\langle K, w\rangle \underline{\not\leftrightarrow}_\alpha \langle K', w'\rangle$。

此结论与集合类似，我们现在看另一个结果。

定理 5.6.5 rank⟨K, w⟩≤ω iff ⟨K, w⟩与一有穷分支模型具有最大互模拟关系。

首先给出定理 5.6.5 的一个直接证明，然后提一下这个定理的不同表达形式，并且解释怎样使用本书所定义的技术使这些不同表达形式与当下的表现形式联系起来。

证明 (⇒)假定 rank⟨K, w⟩≤ω，并且 rank⟨K, w⟩≤ω 不与任意有穷分支模型具有互模拟关系，并且不失一般性我们假定 w 有无穷多个后继。令 f 是与⟨K, w⟩对应的$\omega+1$-知识结构。既然 w 有无穷多个非互模拟后继，并且⟨K, w⟩≤ω，那么ω有无穷多个非ω-互模拟后继。因此，$f(\omega)$包含无穷多个ω-知识结构 g（定理 5.3.1）。考虑如此定义的ω上的函数 h: $h(n)=\{g<n \mid$ 存在无穷多个 $g'\in f(\omega)$ 满足 $g'<n=g\}$。因为对每个 $n<\omega$ 仅存在有穷多个不同的 n-知识结构，并且 $f(\omega)$ 是无穷的，h 满足外延性，并且因此它是一个ω-知识结构。

现在考虑通过如此给出的ω+1-知识结构 f^1，f^2：$f^1{}_{<\omega}=f^2{}_{<\omega}=f_{<\omega}$，并且 $f^1{}_{\omega}=f_{\omega}\cup\{h\}$，$f^2{}_{\omega}=f_{\omega}/\{h\}$。那么或者 f^1 或者 f^2 是我们最初的 f，因此其中之一是与⟨K, w⟩相对应的$\omega+1$-知识结构，譬如说它是 f^1。根据定理 5.3.1，f^2 对应于模型，⟨K', w'⟩，既然 $f^1{}_{<\omega}=f^2{}_{<\omega}$，⟨$K$, w⟩和⟨K', w'⟩对应于相同的ω-知识结构，因此它们是ω-互模拟的。但是它们不是$\omega+1$-互模拟的，这与我们的假设⟨K, w⟩≤ω相矛盾。

(⇐)假设⟨K, w⟩与一有穷分支模型互模拟。取这个有穷分支模型，并且如同定理 5.6.1 一样进行证明。

巴威斯和莫斯描述了下面的结果，他们将之称为巴塔格（Baltag）第二定理：

（1）一个集合 a 被一个 L_ω 理论唯一地刻画当且仅当 $a\in HF^1[P]$。①

类 $HF^1[P]$是以 P 作为本元的最大的遗传有穷集合类，也就是它是由 P 构造的最大的非良基集合类，且满足：$a\in HF^1[P]$当且仅当 a 是有穷的，并且对所有的 $b\in a$，$b\in HF^1[P]$。

这个结果与定理 5.6.5 有何关系呢？根据定理 5.4.2，一个模型在互模拟的意义上被一个 L_ω理论所刻画当且仅当它的阶小于等于ω。根据定理 5.2.1 可推出：一个模型的解被一个 L_ω理论唯一地刻画当且仅当那个模型的阶小于等于ω。既然类 $HF^1[P]$恰好是与一个有穷分支模型互模拟的模型的解集，就得出了上面的结果。

一个亨尼西-米尔纳类是任意的模型类 C，满足对 C 中所有的⟨K, w⟩和⟨K', w'⟩，⟨K, w⟩ $\longleftrightarrow$ ⟨K', w'⟩ iff ⟨K, w⟩ $\equiv_\omega$ ⟨K', w'⟩。一个模型类 C 是一个极大的亨尼西-米尔纳类当且仅当对于不属于 C 的任意模型⟨K, w⟩，$C\cup\{\langle K, w\rangle\}$不是一个亨尼西-米尔纳类。

① Barwise J, Moss L. 1996. Vicious Circles: On the Mathematics of Non-Well- Founded Phenomena. Stanford: CSLI Publications: 142-143.

霍伦勃（1995）的一个结果如下：

（2）所有极大的亨尼西-米尔纳类的交恰好是与像有穷的模型互模拟的模型类。

此命题用以下方式与我们的命题相关联。首先注意像有穷是有穷分支的另一个说法。我们证明阶小于等于ω的模型类是所有极大的亨尼西-米尔纳类的交。[①]

假设 $\mathrm{rank}\langle K, w\rangle \leqslant \omega$。令 C 是任意极大的亨尼西-米尔纳类。既然 $\mathrm{rank}\langle K, w\rangle \leqslant \omega$，那么对每个$\langle K', w'\rangle \in C$，$\langle K, w\rangle \leftrightarrows \langle K', w'\rangle$ iff $\langle K, w\rangle \equiv_{\omega} \langle K', w'\rangle$成立。因此$C \cup \{\langle K, w\rangle\}$是一个亨尼西-米尔纳类，根据极大性，$\langle K, w\rangle \in C$。

假设 $\mathrm{rank}\langle K, w\rangle > \omega$，那么存在一个模型$\langle K', w'\rangle$使得$\langle K, w\rangle \equiv_{\omega} \langle K', w'\rangle$，但是$\langle K, w\rangle \not\leftrightarrows \langle K', w'\rangle$。令 C 是一个包含$\langle K', w'\rangle$的亨尼西-米尔纳类。那么显然，$\langle K, w\rangle \notin C$，并因此$\langle K, w\rangle$不属于所有极大的亨尼西-米尔纳类的交。

费金（1995）描述和证明了下面的结果：

（3）一个有至多展开（fanout）的克里普克模型的唯一序数至多为ω。相反，如果 K 是一个有至多ω唯一序数的非软弱（nonflabby）克里普克模型，那么 K 具有有穷展开。[②]

唯一序数对应于阶的概念。费金的命题可从我们给出的命题得出，证明如下：

对于从左向右的证明，即每个模型与一个非软弱模型互模拟，简单地运用$\leftrightarrows$进行划分，根据定理 5.4.2 形成了一个非软弱模型。

对于另一方向，注意到如果两个克里普克模型是互模拟的，那么它们有相同的唯一序数。

① Hollenberg M. 1995. Hennessy-Milner Classes and Process Algebra// Ponse A, de Rijke M, de Venema Y, ed. Modal logic and Process Algebra: a Bisimulation Perspective. Vol. 53. Stanford: CSLI publication: 187-216.

② Fagin R, Halpern J Y, Moses Y，et al. 1995. Reasoning about Knowledge. Cambridge: MIT Press: 232.

第二部分　互模拟与非良基集合

第六章　互模拟与非良基公理

外延性保证了相等的对象在给定的模型中是不可区分的。当对象的结构以及对象被规定的使用方式并非不足道时，什么样的相等概念才是正确的，这一问题也就不是简单地可以回答的。对于非良基集合来说，情况尤为如此，因为非良基集合是一些具有无穷层次的对象。实际上，在集合论中向互模拟方向发展取得的大多数成果都是在非良基集合的研究中产生的。为了更好地研究集合，人们建立了集合的图理论，并且把图扩展到系统。本章首先引入了系统上的互模拟、最大互模拟、强外延性和完全性等概念，证明了系统上的模拟和最大互模拟的一些性质以及这些概念之间的一些关系命题，并得出结论："每个满系统是 ZFC^-模型"；接着，追踪了精确图的探索历程，并给出了与不同的精确图相对应的非良基公理 BA_1（BAFA 的一个弱化版本），YAFA，FAFA，SAFA 和 AFA，以及和这些非良基公理相对应的非良基集合论的域；然后，从一般性的角度研究非良基公理：在可达点图类 V_0 上定义一类特殊的互模拟——正则互模拟~，并给出~-外延性、~-完全性和绝对性等定义，通过定义"$V^{\sim}$-完全性"而生成一簇非良基公理 $AFA^{\sim}$，并给出了 $AFA^{\sim}$的模型；最后，引入了三个具体的正则互模拟，给出与它们对应的非良基公理$AFA^{\cong^*}$，$AFA^{\cong^t}$和 $AFA^{\equiv_{V_0}}$及其模型，并证明了它们分别与非良基公理 FAFA，SAFA 和 AFA 等价。

本章的主要研究工作在于：对埃泽尔提出的有关互模拟的一些性质命题进行补证；在梳理精确图种类及由精确图生成的非良基公理的过程中定义了一种新的精确图（外延的和严格的）及其相对应的非良基公理 YAFA（一个可达点图是精确图当且仅当它是外延的和严格的）；详细地证明了在可达点图类V_0上定义的三种关系$\unlhd^*$，$\unlhd^t$ 和$\equiv_{V_0}$是正则互模拟，给出了由它们所决定的集合的域 $V^{\cong^*}$，$V^{\cong^t}$ 和 $V^{\equiv_{V_0}}$（常写成 V），具体描述了由这三种正则互模拟生成的三种非良基公理$AFA^{\cong^*}$（$V^{\cong^*}$是$\unlhd^*$-完全的），$AFA^{\cong^t}$（$V^{\cong^t}$是$\unlhd^t$-完全的）和$AFA^{\equiv_{V_0}}$（$V^{\equiv_{V_0}}$是$\equiv_{V_0}$-完全的（也称完全的）），证明了它们分别与 FAFA（一个可达点图是精确图当且仅当它是外延的和同构外延的），SAFA（一个可达点图是精确图当且仅当它的展开是非冗余的，或说一棵树同构于一棵典范树图像当且仅当它是无赘树）和 AFA（一个可达点图是精确图当且仅当它是强外延的，或说每个图有一个唯一的装饰）等价。

本章的主要参考文献是埃泽尔《非良基集合》前四章①、史密斯《超集》②、瑞格（Adam Rieger）《关于芬斯勒-埃泽尔集合论的一个争论》③和杜文静的博士

---

① Aczel P. 1988. Non-Well-Founded Sets. Stanford: CSLI Publications: 41-56.
② Smith B S.1996. Hypersets. Ph.D. Dissertation. University of Cambridge.
③ Rieger A. 2000. An Argument for Finsler-Aczel Set Theory. Mind, 109(434): 241-253.

论文《反基础公理的模型研究》①。

第一节 非良基集合的一些基本理论

为了排除罗素悖论等集合论悖论，学者们借助公理方法对康托尔的理论和方法进行了系统整理，建立起了多种集合论体系，最著名的是 ZF 集合论。“ZF 集合论用基础公理 FA 来保证所承诺的集合都是良基的。说一个集合 X 为良基的，是指不能有一个由集合组成的无穷序列 X_1，X_2，…，X_n，…（不一定都不相同）使得 $\cdots \in X_n \in \cdots \in X_2 \in X_1 \in X$ 成立。这样的无穷序列被称为从 X 开始的一条无穷 $\in$ 降链，也可以说成为 X 沿着属于关系无穷倒退；良基集合就是不会无穷倒退的集合。类似于无穷小数有无穷循环小数的情形，这样的无穷倒退也在循环中出现。对于任一自然数 n，n 次循环类的概念可以如下定义：零次循环集合是指具有自属性的集合，如 $X \in X$；对于非零的自然数 n，一个集合 X 是 n 次循环的，当且仅当有 n 个集合 X_1，X_2，…，X_n（不一定都不相同）使得 $X \in X_n \in \cdots \in X_2 \in X_1 \in X$ 成立。如果一个集合 X 对于某个自然数 n 而言为 n 次循环的，则称 X 为循环的。不循环的非良基集合不妨当作循环节无穷的循环类来看。循环性与否定相结合将产生悖论，基础公理 FA 要求所有的集合都是良基的，直接排除循环类，排除所有非良基集合。”②

除了在集合中，“循环在我们周围的物理世界中随时可见，日月星辰的循环运动帮助我们把时间划分成年、季、月、日、时，确定生活的节奏。我们的生理世界和心理世界中循环现象也随时出现，心脏一息三至有规律地跳动、消化系统循环工作、感情生活高低起落也自有其节律。在社会生活中，公共约定的接受是循环的，个人对一种约定的理解是别人理解这种约定的同样的东西。除此之外，循环还在哲学、语言学、计算机科学、经济学以及数学等众多的领域中出现，已经引起了哲学、语言学、人工智能、计算机科学、认知科学及经济学等领域中研究者的广泛注意。例如，对进程和流这两个概念感兴趣的计算机科学家已经开始了为循环做出数学说明的工作，数理语言学家为说明特性结构在努力，哲学家在研究真和指称的理论，而人工智能工作者则在研究术语学中的循环现象。顺应自身理论发展和其他领域对循环现象加深认识的需要，集合论研究从良基集合延伸到非良基集合（也叫超集合），同时也预示了非良基集合论广泛的应用前景。比如，在工程技术的设计和研究中，尤其是在计算机系统的设计中，硬件的设计要用到状态的概念，设计出的系统必须保证能以正规的方式返回到某种给定的状态，此设计就要以非良基集合论为理论基础。”③

① 杜文静．2010．反基础公理的模型研究．南开大学博士学位论文：28-35.
② 张清宇．2005．循环并不可恶-<恶性循环：非良基现象的数学>评介．哲学动态，（4）：59.
③ 张清宇．2005．循环并不可恶-<恶性循环：非良基现象的数学>评介．哲学动态，（4）：59-60.

一、关系、集合与外延性

定义 6.1.1　令 R 是一个集合 A 上的二元关系，令 X 是 A 的任意子集，如果存在一个 $a \in X$ 使得对所有的 $x \in X$ 都有 $\neg xRa$，称 a 是 X 的一个 R-极小元；如果 A 的每个非空子集都有一个 R-极小元，称 R 是 A 上的良基关系，否则 R 就是 A 上的非良基关系。集合 $\{x \in A \mid xRa\}$ 被称为集合 A 中元素 a 的 R-外延集，记作 $\mathrm{ext}_R(a)$。因此 a 是 X 的一个 R-极小元当且仅当 $\mathrm{ext}_R(a) \cap X = \varnothing$。

定义 6.1.2　一个集合 A 是传递的当且仅当它的每个元素是它的子集。一个集合 X 的传递闭包是包含该集合的最小传递集，记作 $\mathrm{TC}(X)$（也就是 $X \subseteq \mathrm{TC}(X)$，并且 $\mathrm{TC}(X)$ 是传递集，对于任意的传递集 B，如果 $X \subseteq B$，那么 $\mathrm{TC}(X) \subseteq B$）。一个传递集 A 是良基集当且仅当 $\in$ 在 A 上是良基的。良基集的任意子集是良基集。如果一个集合的传递闭包是良基集，我们称该集合是良基集，否则称之为非良基集。因此如果一个集合 A 是非良基集，那么它的传递闭包一定包含一个无穷递降序列 $\cdots \in x_{n+1} \in x_n \in \cdots \in x_2 \in x_1 \in x_0 \in A$（各元素不必不同）。

怎样把一个对象类中的不同元素区分开来？这是数学的一个基本问题。在集合论中，它是一个引人注目的现实问题。当然，当域中所有的集合是良基的时候，根据外延公理就可以判断集合之间的相等性。首先，我们来定义外延性。

定义 6.1.3　令 A 是任一集合，R 是 A 上的任一个二元关系。对于所有的 $x, y \in A$，如果 $x \neq y$ 蕴涵 $\mathrm{ext}_R(x) \neq \mathrm{ext}_R(y)$，那么我们称 R 在 A 上是外延的。换句话说，对于所有的 $z \in A$，如果 zRx 当且仅当 zRy，那么就有 $x = y$，我们就称 R 在 A 上是外延的。

下面我们形式化地定义全域 V 上的外延关系。

定义 6.1.4　所有集合的域 V 上的一个二元关系 R 是外延的当且仅当

$$\forall x \forall y (x = y) \Leftrightarrow \forall z (zRx \Leftrightarrow zRy)。$$

在 ZF 集合论中我们把属于关系 $\in$ 看作外延的，因此就得到有意义的集合相等概念（两集合是相同的当且仅当它们有相同的元素）。然而，这类外延性仅仅对良基集起作用。考虑下面的非良基集（称作奎因原子）：

$$a = \{a\}，\ b = \{b\}。$$

它们是相同的集合还是不同的集合呢？定义 6.1.4 在此失灵，因为该定义可得出 $a = b$ 当且仅当 $a = b$。还有一个问题是：有许多奎因原子还是只有一个奎因原子？回答这个问题或者是相关的问题需要定义新的外延公理。

二、可达点图及其装饰

定义 6.1.5　一个图由一个结点集和一个边集组成，每一条边都是一个由结点组成的序对 $\langle n, n' \rangle$。如果 $\langle n, n' \rangle$ 是一条边，那么我们写成 $n \to n'$ 并且说 n' 是 n 的后继。一条路径是一个由边 $\langle n_0, n_1 \rangle, \langle n_1, n_2 \rangle, \cdots$ 连接的，由结点 $n_0, n_1, n_2, \cdots$ 组成的有穷或无穷序列 $n_0 \to n_1 \to n_2 \to \cdots$；一个点图是一个带一可区分结点的图，这一可

区分结点称为该图的始点；一个点图是可达的仅当对于每个结点 n 都有一个从该图的始点 n_0 到结点 n 的路径 $n_0 \to n_1 \to \cdots \to n$。如果这一路径总是唯一的，那么这一点图就是一棵树，而它的始点则称为该树的根。对于图 G 的一个已知结点 n，n 的后继集用 n_G 表示，即如果 $n \to n'$，那么 $n' \in n_G$。对于一个结点 n，如果 $n_G = \phi$，我们称 n 为死结点。如果从结点 n_0 到结点 n_k 之间存在一条路径，我们就称 n_k 是从 n_0 可通达的。$\overline{\mathrm{chn}}$ 表示所有从 n 可达的结点构成的集合。注意我们常用 G 既表示可达点图又表示 G 的结点集①。

定义 6.1.6　如果一个可达点图没有无穷路径或循环路径，那么我们称该可达点图是良基的可达点图。

定义 6.1.7　一个图 G 的装饰是一个图 G 的结点集 G 到集合全域 V 的一个函数 d，使得对于每个结点 $n \in G$，

$$dn = \{dm | m \in n_G\}。$$

简言之，一个图的装饰是一个按照如下方式把该图的每一个结点都与一个集合联系起来的指派：指派给一个结点的集合就是那些指派给该结点的后继的集合的集合。一个集合的图像就是一个带装饰的可达点图，其中该集合被指派给图的始点。

命题 6.1.1　（莫斯托夫斯基坍塌引理）每一个良基图都有唯一的装饰。

证明　这一结论可以如下证明。

简单应用良基关系的递归定义，以得到如下定义的一个唯一的函数 d：对于图中的每一个结点 n，

$$dn = \{dm | m \in n_G\}。$$

装饰 d 把集合 dn 指派给结点 n。

定义 6.1.8　令 x 是一个任意集合，我们构造一个可达点图 G：G 的结点集是 $\mathrm{TC}(\{x\})$（$\{x\}$的传递闭包），G 的边是 $\mathrm{TC}(\{x\})$ 的元素构成的有序对 $\langle u, v\rangle$，且满足 $v \in u$，G 的始点是 $\mathrm{TC}(\{x\})$ 的元素 x。图 G 被称为 x 的典范图。

显然集合 x 就是 G 的始点的唯一装饰，根据定义 6.1.7，G 就是 x 的一个图像。通过如下拆开方式就把 x 的典范图 G 转变成 x 的典范树图 G'：G' 把 G 的（从 G 的始点开始）有穷路径作为结点，它的边是形如 $\langle x \to \cdots \to u, x \to \cdots \to u \to v\rangle$ 的 G 的路径有序对，这里 $u \to v$ 是 G 的边。

从这个构造中明显可见，x 的典范图 G 具有这样的一个性质：G 的任意两个结点的装饰都不同，即装饰函数 d 是单射。x 的典范树图 G' 具有这样的一个性质：G' 的每个结点至多只有一个前驱。

命题 6.1.2　每一个集合都有一个图像。

证明　把每一个集合 a 与其典范图像联系起来。

定义 6.1.9　一个可达点图是精确图像仅当它有一个单射的装饰，即不同的结

① Aczel P. 1988. Non-Well-Founded Sets. Stanford: CSLI Publications: 3-4.

点由装饰指派不同的集合。这一概念的另一种表达是：一个可达点图是精确图像当且仅当它同构于某个集合的典范图像。

现在，我们可得出集合“是”图，图“是”集合的结论。然而，一般说来，对每个集合来说，存在许多与它相对应的图。往后我们将定义可达点图上的等价关系。

三、系统与互模拟

定义6.1.10　令M是一个结点的收集（可能是一个真类），R是M上的一个二元关系（类关系）。如果对每个结点$n \in M$，关系R（被解释为属于关系）使n成为一个可达点图$G \subseteq M$的始点，也就是结点集$\{n\} \cup \{m \in M | m \in \overline{\mathrm{chn}}\}$加上与$R$对应的边是一个可达点图，那么我们就说$M$是一个系统，用$\langle M, R\rangle$表示。如果每个这样的$G \subseteq M$是良基的，那么我们称系统$\langle M, R\rangle$是良基的。一个系统$M$要求满足的条件是：对于每个结点$n \in M$，$n$的后继的类$n_M = \{m \in M \mid n \to m\}$是一个集合。注意$M$既表示系统又表示$M$的结点集。

所有良基集构成的类V_{WF}和V_{WF}上的属于关系$\in$构成一个系统；所有集合构成的类V和V上的属于关系$\in$也构成一个系统。

每个可达点图是一个系统，但是并非每个系统都是一个可达点图。可达点图类构成一个系统V_0，它以可达点图为结点，并且满足对于任意的可达点图G，如果$a \to b$是G的边，那么$\langle G_a, G_b\rangle$就是V_0的边。所有良基可达点图类形成V_0的一个子系统V_{0wf}，它是以良基可达点图为结点以及V_0中这些结点之间的边构成的；所有外延的可达点图类也形成V_0的一个子系统，它是由外延的可达点图作为结点以及V_0中这些结点之间的边构成的。

定义 6.1.11　令 M 和 M'是系统。一个系统映射π：$M \to M'$定义如下：对所有的 $n \in M$，

$$\pi m_{M'} = \{\pi m | \ m \in n_M\}。$$

如果π是双射，那么它是一个系统同构。如果 M 和 M' 之间存在这样的同构，我们就记作 $M \cong M'$。上面定义的图上的装饰就是从图到集合类 $V^{\sim}$的一个系统映射。

定义 6.1.12　R 是 M 上的一个二元关系，定义 R^+如下：对所有的 $n, m \in M$，nR^+m 当且仅当$(\forall x \in n_M)(\exists y \in m_M)(xRy) \wedge (\forall y \in m_M)(\exists x \in n_M)(xRy)$。如果 $R \subseteq R^+$，我们称 R 就是 M 上的一个互模拟关系。

注意 $R_0 \subseteq R \Rightarrow R_0^+ \subseteq R^+$，也就是（　）$^+$是单调的。

定理 6.1.3　令π_1, π_2：$M \to M'$都是系统映射。

（1）如果 R 是 M 上的一个互模拟，那么

$$(\pi_1 \times \pi_2) R = \{\langle \pi_1 a_1, \pi_2 a_2 \rangle \mid a_1 R a_2\}$$

是 M'上的一个互模拟；

（2）如果 S 是 M'上的一个互模拟，那么

$$(\pi_1 \times \pi_2)^{-1}S = \{\langle a_1, a_2 \rangle \mid \pi_1 a_1 S \pi_2 a_2\}$$

是 M 上的一个互模拟。

证明 （1）令 $S = (\pi_1 \times \pi_2)R$，$b_1Sb_2$，$b_1' \in (b_1)_{M'}$。那么存在 a_1，a_2 使得 a_1Ra_2 且 $b_1 = \pi_1 a_1$，$b_2 = \pi_2 a_2$。由于 $b_1' \in (\pi a_1)_{M'}$，那么有一个 $a_1' \in (a_1)_{M'}$ 使得 $b_1' = \pi_1 a_1'$。由于 R 是 M 上的一个互模拟，有一个 $a_2' \in (a_2)_M$ 使得 $a_1'Ra_2'$。现在如果 $b_2' = \pi_2 a_2'$，那么 $b_1'Sb_2'$ 且 $b_2' \in (b_2)_{M'}$。这样，我们就证明了：如果 b_1Sb_2，那么

$$\forall b_1' \in (b_1)_{M'} \quad \exists b_2' \in (b_2)_{M'}\ b_1'Sb_2';$$

类似地有，如果 b_1Sb_2，那么

$$\forall b_2' \in (b_2)_{M'} \quad \exists b_1' \in (b_1)_{M'}\ b_1'Sb_2'。$$

即 $b_1S^+b_2$，所以 $S \subseteq S^+$，因此 S 是 M' 上的一个互模拟。

（2）令 $R = (\pi_1 \times \pi_2)^{-1}S, a_1Ra_2, a_1' \in (a_1)_M$，那么有 $(\pi_1 a_1)S(\pi_2 a_2)$ 且 $\pi_1 a_1' \in (\pi_1 a_1)_{M'}$。由于 S 是 M' 上的一个互模拟，那么有一个 $b_2' \in (\pi_2 a_2)_{M'}$ 使得 $(\pi_1 a_1')Sb_2'$。因此对某一 $a_2' \in (a_2)_M$ 有 $b_2' = \pi_2 a_2'$。因此对某一 $a_2' \in (a_2)_M$ 有 $a_1'Ra_2'$。所以，如果 a_1Ra_2，那么

$$\forall a_1' \in (a_1)_M \quad \exists a_2' \in (a_2)_M\ a_1'Ra_2';$$

类似地，我们得到

$$\forall a_2' \in (a_2)_M \quad \exists a_1' \in (a_1)_M\ a_1'Ra_2'。$$

即 $a_1R^+a_2$，所以 $R \subseteq R^+$，因此 R 是 M 上的一个互模拟。

定理 6.1.4 令≡是 V 上的一个关系，满足对于集合 a 和 b，$a \equiv b$ 当且仅当存在一个既是 a 的图像又是 b 的图像的可达点图，则关系≡是 V 上的一个互模拟。

证明 令 a 和 b 是任意的集合，由 $a \equiv b$ 可知，存在一个既是 a 的图像又是 b 的图像的可达点图 G，其始点为 n，并且存在装饰 d_1 和 d_2 使得 $d_1n = a$，$d_2n = b$。对于任意的集合 $x \in a$，由装饰的定义可知存在一个结点 $m \in n_G$ 使得 $x = d_1m$。现在令 $y = d_2m$，由装饰的定义可得 $y \in d_2n = b$。显然可达点图 G_n 就是集合 x 和 y 的图像，由≡的定义可得 $x \equiv y$；同理可得对于任意的集合 $y \in b$，存在一个集合 $x \in a$ 使得 $x \equiv y$。所以 $a \equiv^+ b$，因此 $\equiv \subseteq \equiv^+$，由互模拟定义，≡是 V 上的一个互模拟。

一般来讲，一个系统 M 上有许多互模拟。我们将看到≡是系统 V 上的极大互模拟。极大互模拟在任何系统上都存在。

定理 6.1.5 令 $\equiv_M$ 是系统 M 上的一个关系，满足对于任意的 $a, b \in M$，$a \equiv_M b \Leftrightarrow$ 对于 M 上某一小的互模拟 R，aRb。那么，每一个系统 M 上都存在唯一的极大互模拟 $\equiv_M$，即

（1）$\equiv_M$ 是 M 上的一个互模拟；

（2）如果 R 是 M 上的一个互模拟，那么对于所有 $a, b \in M$，

$$aRb \Rightarrow a \equiv_M b。$$

实际上，$a \equiv_M b \Leftrightarrow$ 对于 M 上某一小的互模拟 R，aRb。[①]

关系$\equiv_M$有时也称为 M 上最弱的互模拟或者最大的互模拟。

证明　令$\equiv_M$如上定义。对于（1），令 $a \equiv_M b$。那么对于 M 上某一小的互模拟 R，aRb。注意，下列所述不足道地成立，

$$xRy \Rightarrow \text{对于所有的 } x, y \in M,\ x \equiv_M y,$$

由（　）$^+$的单调性得

$$x R^+ y \Rightarrow \text{对于所有的 } x, y \in M,\ x \equiv_M^+ y。$$

由于有 aRb 且 $R \subseteq R^+$，可得 $a \equiv_M^+ b$。

对于（2），令 R 是 M 上的一个互模拟且 aRb。我们知道，对于每一个 $x \in M$，M_x 是一个带点 x 的可达点图，使得对于 $u, v \in M_x$，

$$u \to v \text{ 在 } M_x \text{ 中} \quad \Leftrightarrow \quad u \to v \text{ 在 } M \text{ 中。}$$

很容易验证，如果

$$R_0 = R \cap (M_a \times M_b),$$

那么 R_0 是 M 上的一个互模拟，使得 aR_0b。此外，由于 M_a 和 M_b 都是小的系统，R_0 也是小的互模拟。因此 $a \equiv_M b$。

定理 6.1.6　对于所有的集合 a，b，$a \equiv b \Leftrightarrow a \equiv_V b$。

证明　由定理 6.1.4，$\equiv$是 V 上的一个互模拟；由定理 6.1.5，$\equiv_V$是 V 上的极大互模拟，因此从左到右的蕴涵成立。对于逆蕴涵只需证明：如果 R 是 V 上的一个互模拟那么对于所有的集合 a，b，$aRb \Rightarrow a \equiv b$。因此令 R 是 V 上的一个互模拟。定义一个系统 M_0 如下。M_0 的结点是 R 的元素，即序对$\langle a, b\rangle$使得 aRb。M_0 的边定义为

$$\langle a, b\rangle \to \langle x, y\rangle \text{在 } M_0 \text{ 中} \quad \Leftrightarrow \quad x \in a \wedge y \in b。$$

可看出，d_1 和 d_2 都是 M_0 的装饰，其中对于$\langle a, b\rangle \in M_0$，$d_1\langle a, b\rangle = a$，$d_2\langle a, b\rangle = b$。

因此，如果 aRb，使用 d_1 和 d_2 到可达点图 $M_{0\langle a, b\rangle}$的限制，那么可达点图 $M_{0\langle a, b\rangle}$既是 a 的图像又是 b 的图像，所以 $a \equiv b$。

我们可以把此命题证明中的构造推广到任意的系统 M，从而得到下面的定理。

定理 6.1.7　令 R 是 M 上的一个互模拟，M_0 是这样的一个系统，它的结点是具有关系 R 的序对，并且

$\langle a, b\rangle \to \langle a', b'\rangle$在 M_0 中，当且仅当 $a \to a'$和 $b \to b'$在 M 中。

对于 $a, b \in M$，令π_1, π_2：$M_0 \to M$ 如下给出：

$$\pi_1\langle a, b\rangle = a,\quad \pi_2\langle a, b\rangle = b。$$

那么π_1和π_2都是系统映射。

证明　先证π_1是系统映射。对于 M_0 的任意结点$\langle a, b\rangle$，有 aRb。因为 R 是 M 上的互模拟，所以 aR^+b，由此可得$\forall\, a' \in a_M$，$\exists\, b' \in b_M$，$a'Rb'$。于是

$$\pi_1\langle a, b\rangle_M = a_M = \{ a' \mid a' \in a_M \} = \{ \pi_1\langle a', b'\rangle \mid a' \in a_M \wedge b' \in b_M \wedge a'Rb'\}$$

① Smith B S.1996. Hypersets. Ph.D. Dissertation. University of Cambridge: 45.

$=\{\pi_1\langle a', b'\rangle \mid a \to a'$ 和 $b \to b'$ 在 M 中$\}=\{\pi_1\langle a', b'\rangle \mid \langle a, b\rangle \to \langle a', b'\rangle$ 在 M_0 中$\}$
$=\{\pi_1\langle a', b'\rangle \mid \langle a', b'\rangle \in \langle a, b\rangle_{M_0}\}$，

根据系统映射的定义，所以 π_1 是从 M_0 到 M 的系统映射。

再证 π_2 是系统映射。对于 M_0 的任意结点 $\langle a, b\rangle$，我们有 aRb。因为 R 是 M 上的互模拟，所以 aR^+b，由此可得 $\forall b' \in b_M, \exists a' \in a_M, a'Rb'$。于是

$$\pi_2\langle a, b\rangle_M = b_M = \{b' \mid b' \in b_M\} = \{\pi_2\langle a',b'\rangle \mid b' \in b_M \wedge a' \in a_M \wedge a'Rb'\}$$
$=\{\pi_2\langle a', b'\rangle \mid a \to a'$ 和 $b \to b'$ 在 M 中$\} = \{\pi_2\langle a', b'\rangle \mid \langle a, b\rangle \to \langle a', b'\rangle$ 在 M_0 中$\}$
$=\{\pi_2\langle a', b'\rangle \mid \langle a', b'\rangle \in \langle a, b\rangle_{M_0}\}$，

根据系统映射的定义，所以 π_2 是从 M_0 到 M 的系统映射。

定理 6.1.8　对于每一个系统 M，关系 $\equiv_M$ 是 M 上的一个等价关系，使得对于所有 $a, b \in M$，$a \equiv_M b \Leftrightarrow a \equiv_M^+ b$。

证明　由定理 6.1.5 知，$\equiv_M$ 是 M 上的一个极大互模拟，明显 M 上的恒等关系 I 是 M 上的一个互模拟关系，所以 $I \subseteq \equiv_M$，因此 $\equiv_M$ 具有自返性；对于任意的 $a, b \in M$，如果 $a \equiv_M b$，那么存在一个小互模拟关系 R 使得 aRb，即 $bR^{-1}a$。因为 R 是系统 M 上的互模拟关系，则 $R \subseteq R^+$，所以 aR^+b,而

$$aR^+b \text{ 当且仅当} (\forall x \in a_M)(\exists y \in b_M)(xRy) \wedge (\forall y \in b_M)(\exists x \in a_M)(xRy)。$$

故 $(\forall y \in b_M)(\exists x \in a_M)(yR^{-1}x) \wedge (\forall x \in a_M)(\exists y \in b_M)(yR^{-1}x)$，由此得 $b(R^{-1})^+a$，故 R^{-1} 是 M 上的互模拟，因此 $R^{-1} \subseteq \equiv_M$，所以 $b \equiv_M a$。这就得出 $\equiv_M$ 具有对称性；令 $a, b, c \in M$ 且满足 $a \equiv_M b$ 和 $b \equiv_M c$，那么在 M 上存在小互模拟关系 R_1 和 R_2 使得 aR_1b 和 bR_2c，所以 $a(R_1 \circ R_2)c$，由第二章互模拟的性质可知互模拟的并也是一个互模拟，$(R_1 \circ R_2) \subseteq \equiv_M$，所以 $a \equiv_M c$。这就证明了 $\equiv_M$ 具有传递性。所以 $\equiv_M$ 是一个等价关系。

因为 $\equiv_M$ 是 M 上的互模拟，$\equiv_M \subseteq \equiv_M^+$，所以 $a \equiv_M b \Rightarrow a \equiv_M^+ b$。由运算 $(\ )^+$ 是单调的可知，$\equiv_M^+$ 也是一个互模拟。由于 $\equiv_M$ 是极大互模拟，$\equiv_M^+ \subseteq \equiv_M$，所以 $a \equiv_M^+ b \Rightarrow a \equiv_M b$。

定理 6.1.9　如果 M 是一个系统，证明：对于所有的 $a, b \in M$，

（1）$a_M = b_M \Rightarrow a \equiv_M b$;

（2）$M_a \cong M_b \Rightarrow a \equiv_M b$。

证明　(1)先定义 M 上的一个关系 R 为：对所有的 $a, b \in M$，$aRb \Leftrightarrow a_M = b_M$。我们证明 R 是 M 上的一个互模拟关系。对于任意的 $x \in a_M$，因为 $a_M = b_M$，所以 $x \in b_M$，取 $y = x$，则存在 $y \in b_M$，并且 $x_M = y_M$，由 R 的定义得 xRy；同理可得对于任意的 $y \in b_M$，取 $x = y$，则存在 $x \in a_M$ 并且 xRy。所以 aR^+b，并因此 R 是 M 上的一个互模拟，$R \subseteq \equiv_M$，所以 $a \equiv_M b$。

（2）先定义 M 上的一个关系 R 为：对所有的 $a, b \in M$，$aRb \Leftrightarrow M_a \cong M_b$，我们证明 R 是 M 上的一个互模拟关系。如果 aRb，那么 $M_a \cong M_b$，由同构的定义可知，对于任意的 $x \in a_M$，存在 $y \in b_M$，并且 $M_x \cong M_y$，由 R 的定义得 xRy；同理

可得对于任意的 $y \in b_M$，存在 $x \in a_M$，并且 $M_x \cong M_y$，由 R 的定义得 xRy。所以 aR^+b，并因此 R 是 M 上的一个互模拟，$R \subseteq \equiv_M$，所以 $a \equiv_M b$。

定义 6.1.13 一个系统 M 称为外延的，仅当对于所有的 $a, b \in M$，

$$a_M = b_M \Rightarrow a = b;$$

它是强外延的，仅当对于所有的 $a, b \in M$，

$$a \equiv_M b \Rightarrow a = b。$$

定理 6.1.10 如果 M 是一个系统，那么 $a \equiv_M b$ 当且仅当有一个图 G 和系统映射 d_1, d_2：$G \to M$ 使得 $a = d_1 n$，$b = d_2 n$，其中 $n \in G$。

"**证明** 一方面，令 R 是 M 上的互模拟，设 M_0 是这样的一个系统，它的点是关系 R 中的有序对，并且在 M_0 中 $\langle a, b\rangle \to \langle a', b'\rangle$ 当且仅当在 M 中有 $a \to a'$ 和 $b \to b'$。对于任意的 $a, b \in M$，π_1, π_2：$M_0 \to M$ 由下式

$$\pi_1\langle a, b\rangle = a,$$

$$\pi_2\langle a, b\rangle = b$$

给出，很容易验证 π_1 和 π_2 是系统映射。这里，令 $d_1 = \pi_1$，$d_2 = \pi_2$，$n = \langle a, b\rangle$，则 $d_1 n = d_1\langle a, b\rangle = \pi_1\langle a, b\rangle = a$，$d_2 n = d_2\langle a, b\rangle = \pi_2\langle a, b\rangle = b$。另一方面，定义关系 R，对于任意的 $a, b \in M$，有 $aRb \Leftrightarrow \exists n \in G$，$d_1 n = a$，$d_2 n = b$。下面来证明 R 是 M 上的一个互模拟。对于任意的 $x \in a_M$，因为 d_1 是系统映射，有 $a_M = (d_1 n)_M = \{ d_1 n' \mid n' \in n_G\}$。从而 $\exists n_1 \in n_G$，使得 $x = d_1 n_1$；令 $y = d_2 n_1$，则 $y \in b_M$，且 xRy，于是我们有 $\forall x \in a_M$，$\exists y \in b_M$，使得 xRy。同理可得，$\forall y \in b_M$，$\exists x \in a_M$，使得 xRy。所以 R 是 M 上的一个互模拟。故 $a \equiv_M b$。"[①]

定义 6.1.14 令 π：$M \to M'$ 是一个满射使得对于所有的 $a, b \in M$，

$$aRb \Leftrightarrow \pi a = \pi b。$$

那么称 π 是类 M 关于 M 上的等价关系 R 的商。假定 M 是一个系统，R 是 M 上的一个互模拟，如果 M' 是如下构造的系统：M' 的边是所有的序对 $\langle \pi a, \pi b\rangle$，其中 $\langle a, b\rangle$ 是 M 的边，那么 π 是一个系统映射，我们将称 π：$M \to M'$（或者有时简称为 M'）是系统 M 关于互模拟等价 R 的商。如果 π：$M \to M'$ 是系统 M 关于 $\equiv_M$ 的一个商，那么我们说它是 M 的强外延商。

定理 6.1.11 如果 π：$M \to M'$ 是系统 M 关于互模拟等价 R 的一个商，那么 M' 是强外延的当且仅当 R 是关系 $\equiv_M$。

证明 我们首先证明对于任意的 $a, b \in M$，$a \equiv_M b \Leftrightarrow \pi a \equiv_{M'} \pi b$。如果 $a \equiv_M b$，因为 $\equiv_M$ 是 M 上的互模拟，根据定理 6.1.3（1），$S = (\pi \times \pi) \equiv_M$ 就是 M' 上的一个互模拟，并且 $\pi a S \pi b$，又因为 $S \subseteq \equiv_{M'}$，所以 $\pi a \equiv_{M'} \pi b$。如果 $\pi a \equiv_{M'} \pi b$，因为 $\equiv_{M'}$ 是 M' 上的互模拟，根据定理 6.1.3（2），$R = (\pi \times \pi)^{-1} \equiv_{M'}$ 就是 M 上的一个互模拟，并且 aRb，又因为 $R \subseteq \equiv_M$，所以 $a \equiv_M b$。所以 $a \equiv_M b \Leftrightarrow \pi a \equiv_{M'} \pi b$。

现在证明定理 6.1.11。先证从左往右的蕴涵：对于任意的 $a, b \in M$，$a \equiv_M b$

① 杜文静．2010．反基础公理的模型研究．南开大学博士学位论文: 28.

当且仅当 $\pi a \equiv_{M'} \pi b$，如果 M' 是强外延的，那么 $\pi a = \pi b$，所以 $a \equiv_M b \Rightarrow \pi a = \pi b$；反之，如果 $\pi a = \pi b$，根据商映射的定义可知，对于互模拟关系 R，aRb，并因此 $a \equiv_M b$，故 $\pi a = \pi b \Rightarrow a \equiv_M b$。所以对于任意的 $a, b \in M$，$a \equiv_M b$ 当且仅当 $\pi a = \pi b$。所以 $R = \equiv_M$。再证从右往左的蕴涵：如果 $R = \equiv_M$，那么对于任意的 $\pi a, \pi b \in M'$，如果 $\pi a \equiv_{M'} \pi b$，那么 $a \equiv_M b$，由于 π: $M \to M'$ 是系统 M 关于 $\equiv_M$ 的一个商，所以 $\pi a = \pi b$，因此 M' 是强外延的。

定理 6.1.12　每一个系统都有一个强外延商。

证明　根本的问题在于定义一个以系统 M 为定义域的映射 π，使得对于 a_1, $a_2 \in M$，

$$a_1 \equiv_M a_2 \Rightarrow \pi a_1 = \pi a_2。$$

对于小的 M，π 的关于等价类的标准定义将起作用。一般来讲，一个强的全局选择形式将需要用来从每一个等价类中选定一个代表。这里我们只给出一个使用选择公理局部形式的论证。对于每一个 $a \in M$，可达点图 M_a 的结点的集合一一对应一个序数，该对应导出该序数上的一个可达点图结构。得出的可达点图将在良基集的论域之中，且同构于 M_a。对于每一个 $a \in M$，令 T_a 是良基论域中的可达点图的类，对于某一 $a' \in M$，这些可达点图都同构于 M_a'，使得 $a \equiv_M a'$。由上可知，每一个类 T_a 都是非空的且由此拥有良基论域中的极小可能秩的元素。令 πa 是 T_a 的这样一些元素的集合。注意，如果 $a_1 \equiv_M a_2$，那么 $T_{a_1} = T_{a_2}$，因此 $\pi a_1 = \pi a_2$。反过来，如果 $a_1, a_2 \in M$ 使得 $\pi a_1 = \pi a_2$，那么一定有一个可达点图既在 T_{a_1} 又在 T_{a_2} 中。因此一定有 $a_1', a_2' \in M$ 使得 $a_1 \equiv_M a_1'$，$a_2 \equiv_M a_2'$ 且 $M_{a_1'} \cong M_{a_2'}$。由定理 6.1.9（2）有 $a_1' \equiv_M a_2'$，因此 $a_1 \equiv_M a_2$。

定理 6.1.13　以下对于每一个系统 M 都是等价的。

（1）M 是强外延的；

（2）对于每一个（小的）系统 M_0 来说至多有一个系统映射 $M_0 \to M$；

（3）对于每一个系统 M' 来说，每一个系统映射 $M \to M'$ 都是单射的。

证明　首先证明（1）和（2）是等价的。假定（1），令 π_1, π_2: $M_0 \to M$ 都是系统映射。由定理 6.1.3（1），$(\pi_1 \times \pi_2)$（$=_{M_0}$）是 M 上的一个互模 R。如果 $m \in M_0$ 那么有 $(\pi_1 m) R (\pi_2 m)$ 使得 $\pi_1 m \equiv_M \pi_2 m$，且由于 M 是强外延的，因此有 $\pi_1 m = \pi_2 m$。这样 $\pi_1 = \pi_2$，我们就证明了（2）。现在假定（2），应用定理 6.1.7 构造系统 M_0 和系统映射 π_1, π_2：$M_0 \to M$，其中 R 是互模拟 $\equiv_M$。由（2），$\pi_1 = \pi_2$，因此每当 $a \equiv_M b$，则 $\langle a, b\rangle \in M_0$ 且 $a = \pi_1\langle a, b\rangle = \pi_2\langle a, b\rangle = b$。因此 M 是强外延的，即（1）。

下一步证明（1）等价于（3）。假定（1）并且令 π: $M \to M'$ 是一个系统映射。由定理 6.1.3（2），$(\pi \times \pi)^{-1}(=_{M'})$ 是 M 上的一个互模拟 R。因此如果 $\pi a = \pi b$，即 aRb，那么 $a \equiv_M b$，由于 M 是强外延的，有 $a = b$，所以 π 是单射，我们就证明了（3）。现在假定（3），并且应用定理 6.1.12，令 π: $M \to M'$ 是 M 的一个强外延的商。

由（3），π是单射，因此 $M \cong M'$。由 M'是强外延的可得 M 也是强外延的。

最后证明（2）的局部情形，即对小系统 M_0 来说蕴涵未限制的情形。令π_1, π_2: $M_0 \to M$ 都是系统映射，令 $a \in M_0$。那么通过把π_1 和π_2 限制到小的带点系统 M_{0a}，我们可以应用（2）的限制情形来推出π_1 和π_2 在 M_{0a} 上是相等的，因此有$\pi_1 a = \pi_2 a$。由于 $a \in M$ 是任意的，得到$\pi_1 = \pi_2$。

命题 6.1.14　令 M 是一个系统使得 M 的任意两个结点位于形如 M_c 的共同的可达点图之中。那么 M 是强外延的当且仅当对于 M 的每一个结点 c 来说，M_c 是强外延的。

证明　可以看出 M_c 上的恒等映射是一个单射的系统映射 $M_c \to M$。因此两个不同的系统映射 $M_0 \to M_c$ 将得出不同的系统映射 $M_0 \to M$。因此，由定理 6.1.13 的（1）$\Rightarrow$（2），对于任意的系统 M_0，至多只有一个系统映射 $M_0 \to M$，因此，至多有一个系统映射 $M_0 \to M_c$，由定理 6.1.13 的（2）$\Rightarrow$（1）可得 M_c 是强外延的。对于逆蕴涵，假定 M_c 对于 M 的每一个结点 c 都是强外延的。令π: $M \to M'$是一个系统映射并且假定 $a, b \in M$ 使得$\pi a = \pi b$。选定一个 $c \in M$ 使得 $a, b \in M_c$。由于 M_c 是强外延的，定理 6.1.13 的（1）$\Rightarrow$（3）蕴涵了π 在 M_c 上是单射的，因此 $a = b$。这样π在 M 上是单射的。所以由定理 6.1.13 的（3）$\Rightarrow$（1）可知 M 是强外延的。

定义 6.1.15　如果 M 是强外延的且每一个强外延的图都有一个 M-装饰，那么 M 是完全的。还有一个等价的定义：一个系统 M 是完全的仅当每一个图都有唯一的 M-装饰。本节会证明这种等价性。这里图 G 的一个 M-装饰是一个系统映射π: $G \to M$。

我们来看完全系统的构造。每一个可达点图都形如 G_a，其中 G 是一个图，a 是 G 的一个结点。可达点图的类构成一个系统 V_0，其中只要 G 是一个图，并且 $a \to b$ 在 G 中，那么$\langle G_a, G_b\rangle$就是 V_0 的一条边。令π_c: $V_0 \to V_c$ 是 V_0 的强外延商。

定理 6.1.15　每一个系统 M 都有唯一的系统映射 $M \to V_c$。

证明　如果 $a \in M$，那么 $M_a \in V_0$。此外，指派 M_a 给 $a \in M$ 的映射 $M \to V_0$ 明显是一个系统映射。与系统映射π_c: $V_0 \to V_c$ 组合起来我们就得到系统映射 $M \to V_c$。这一系统映射的唯一性由 V_c 的强外延性和定理 6.2.11（1）$\Rightarrow$（2）可得。

定理 6.1.16　V_c 是完全的。

证明　把定理 6.1.15 应用到小的系统 M 可得。

定理 6.1.17　对于一个系统 M 来说，下列陈述等价。

（1）对于每一个系统 M'都有唯一的系统映射 $M' \to M$；

（2）M 是完全的；

（3）$M \cong V_c$。

证明　（3）蕴涵（1）是定理 6.1.15 的直接推论。（1）蕴涵（2）不足道。我们现在证明（2）蕴涵（3）。令 M 是一个完全系统。令π: $M \to V_c$ 是由定理 6.1.15 确定的那个唯一的系统映射。由于 M 是强外延的，由定理 6.1.13（1）$\Rightarrow$（3）可知映射π是单射的。如果 $a \in V_c$，那么 $V_c a$ 是一个可达点图，并且具有一个唯一的 M-装饰，比如说是 d。那么$\pi \circ d$：$V_c a \to V_c$ 是一个系统映射。由于 V_c 是强外延的，由定理 6.1.13（1）⇒（2），这个系统映射是唯一的，所以$\pi \circ d$ 一定是 $V_c a$ 上的一个恒等映射。特别地有 $a = \pi$（da）。因此，π既是满射又是单射，即π：$M \cong V_c$。

定义 6.1.16 一个系统 M 是满的（full）仅当对于每一个 $x \subseteq M$ 都有唯一的 $a \in M$，使得 $x = a_M$。

定理 6.1.18 每一个完全的系统都是满系统。

证明 令 $x \subseteq M$ 是一个集合，其中 M 是一个完全系统。构造图 G_0：结点和边都在 M 中，而且它们都位于从 x 中一个结点开始的路径上。对于每一个 $y \in x$，为 G_0 添加一个新的结点$*$和一些新的边$\langle *, y\rangle$，令这样得到的图为 G。由于 M 是完全的，G 有唯一的 M-装饰 d。把 d 限制到 G_0 的结点上，我们得到 G_0 的一个 M-装饰。恒等映射很明显是 G_0 的那个唯一的 M-装饰。因此，对于 $x \in G_0$，$dx = x$。因此如果 $a = d*$，那么 $a \in M$ 使得

$$a_M = \{dy \mid * \to y \text{ 在 } G \text{ 中}\}。$$

现在假定 $a' \in M$ 使得 $a'_M = x$。那么我们得到 G 的一个 M-装饰 d'，$d'* = a'$且对于 $y \in G_0$ 有 $d'y = y$。由于 d 是 G 唯一的 M-装饰，$d = d'$使得

$$a' = d'* = d* = a,$$

这样我们就证明了有唯一的 $a \in M$ 使得 $a_M = x$。

定理 6.1.19 每个满系统是 ZFC$^-$模型。

证明 令 M 是一个满系统，那么对于 M 的任意子集 x 存在一个唯一的 a 使得 $x = a_M$。我们用 x^M 表示这个 a，有了这个记法后，现在我们来证明 M 是 ZFC$^-$公理的模型。

（1）外延公理：令 $a, b \in M$ 使得

$$M \vDash \forall x(x \in a \leftrightarrow x \in b),$$

那么 $a_M = b_M$，使得 $a = (a_M)^M = (b_M)^M = b$，因此 $M \vDash a = b$。

（2）对集公理：如果 $a, b \in M$ 那么 $c = \{a, b\}^M \in M$ 使得 $M \vDash (a \in c \wedge b \in c)$ 成立。

（3）并集公理：令 $a \in M$。那么$\bigcup\{y_M | y \in a_M\}$是 M 的一个子集，使得如果 $c = x^M \in M$ 那么 $M \vDash \forall y \in a \forall z \in y(z \in c)$。

（4）幂集公理：如果 $a \in M$，那么 $c = \{x^M | x \subseteq a_M\}^M \in M$，使得

$$M \vDash \forall x(\forall z \in x(z \in a) \to x \in c)。$$

（5）无穷公理：对于 $n = 0$，1，…，令

$$\Delta_0 = \varnothing^M \text{ 和}$$

$$\Delta_{n+1} = ((\Delta_n)_M \cup \{\Delta_n\})^M,$$

那么，对于每一个自然数 n，$\Delta_n \in M$，由此，

$$\Delta_\omega=\{\Delta_n\mid n=0,1,\cdots\}^M\in M$$

使下述成立

$$M\vDash(\Delta_0\in\Delta_\omega\wedge\forall y(y\notin\Delta_0))；$$

$$M\vDash\forall x\in\Delta_\omega\exists y\in\Delta_\omega(x\in y)。$$

（6）分离公理：令 $a\in M$ 且 φ 是一个公式，该公式中至多 x 自由出现，且可能包含 M 元素的常元。那么，

$$c=\{b\in a_M\mid M\vDash\varphi(b/x)\}^M\in M$$

使下述成立

$$M\vDash\forall x(x\in c\leftrightarrow x\in a\wedge\varphi)。$$

（7）收集（collection）公理：令 $a\in M$ 且 φ 是一个公式，该公式中至多 x 和 y 自由出现，且可能包含 M 元素的常元。假定

$$M\vDash\forall x\in a\wedge\exists y\varphi,$$

那么

$$\forall x\in a_M\wedge\exists y(y\in M\wedge M\vDash\varphi)。$$

由收集公理模式，有一个集合 b 使得

$$\forall x\in a_M\wedge\exists y\in b(y\in M\wedge M\vDash\varphi),$$

由于 $b\cap M$ 是 M 的一个子集，可以构造 $c=(b\cap M)^M\in M$ 使得

$$M\vDash\forall x\in a\wedge\exists y\in c\varphi。$$

（8）选择公理：令 $a\in M$ 使得

$$M\vDash\forall x\in a\wedge\exists y\in c(y\in x)$$

和

$$M\vDash(\forall x_1,x_2\in a)(\exists y(y\in x_1\wedge y\in x_2)\to x_1=x_2),$$

那么

$$\forall x\in a_M x_M\neq\varnothing;$$

并且对于所有的 $x_1,x_2\in a_M$，

$$(x_1)_M\cap(x_2)_M\neq\varnothing\Rightarrow x_1=x_2。$$

这样，$\{x_M\mid x\in a_M\}$ 是一个两两不相交的非空集合的集合。因此由选择公理，有一个集合 b 使得对于每一个 $x\in a_M$，集合 $b\cap x_M$ 有唯一的元素 $c_x\in M$。因此 $c=\{c_x\mid x\in a_M\}\in M$ 使得下述成立：

$$M\vDash\forall x\in a,\exists y\in x,\forall u\in x(u\in c\leftrightarrow u=y)。$$

第二节　精确图与非良基公理

一、精确图像

埃泽尔方法的基本思想是使用有向图描述集合。如果一个装饰把集合 x 指派给一个可达点图的始点，称该可达点图是集合 x 的图像；如果该装饰把不同的集

合指派给它的不同结点，称这个可达点图是集合 x 的一个精确图像。

例如，图 6.1（a）就是序数 3 的精确图像，图 6.1（b）是它的非精确图像。

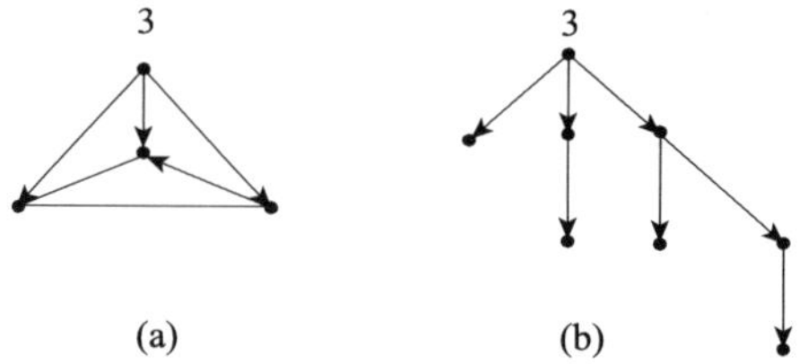

图 6.1 序数 3 的图像

显然，不计同构（把同构的对象看作同一个对象），每个集合的精确图像是唯一的。因此，如果我们知道哪个图是精确图，那么我们就知道存在什么样的集合。也就是精确图像类与集合类之间存在一个双射关系，我们可以用精确图像类的大小来确定集合类的大小，不同的精确图像类确定了不同的集合类，对精确图的定义不同，精确图像类也就不同，从而形成的集合类也就不同。因此，确定存在什么样的集合，以及有多少集合，必须先确定什么样的图是精确图。如何确定精确图呢？在良基背景下，我们通过外延性来确定精确图：一个良基图 G 是精确图当且仅当 G 是外延的。由该精确图类确定的良基的集合类 $V_{wf}=\{G|G\in V_0\wedge G$ 是良基的 $\wedge G$ 是外延的$\}$（这里的"="不是真正意义上的相等，可以理解成这样的一种对应性：右边的每个可达点图唯一地对应于 V_{wf} 中的某个集合，V_{wf} 的每个集合的精确图图像都是右边的元素），这就决定了良基集合的域。在非良基背景下，如何确定精确图呢？

二、外延性与 BA_1（BAFA 的弱形式）

首先，我们应该除去非外延的图。一个图是非外延的，指的是这个图包含有相同后继的不同结点，如图 6.2 所示。

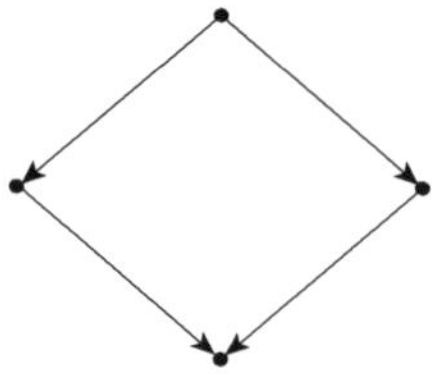

图 6.2 一个非外延的可达点图

中间的两个结点的都只有一个孩子，即底端的结点，这两个结点一定被指派相同的装饰集合（实际上是$\{\varnothing\}$），因此，该可达点图不是一个精确图。如果用外延性来刻画精确图，就得到布法的一个弱的反基础公理 BA_1：一个可达点图是精确图当且仅当它是外延的①，并因此形成相应的非良基集合的域 $B=\{G\in V_0|\ G$ 是外延

① Boffa M.1972. Forcing et negation de l'axiom de fondement. Memoire Acad, Sci. Belg. XL, 7: 89.

的}（这里的“=”不是真正意义上的相等，可以理解成这样的一种对应性：右边的每个可达点图是 B 中唯一集合的精确图像，B 中的每个集合的精确图像都是右边的元素）。把 BA_1 加在系统 ZFC^- 上就构成了一个非良基公理系统，考虑图 6.3。

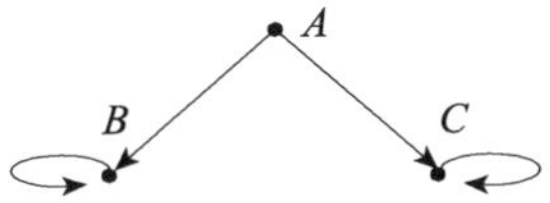

图 6.3 一个布法集合的精确图

这是一个外延的可达点图，并且是一个集合 A 的图像，满足 $A = \{B, C\}$，$B = \{B\}$，$C = \{C\}$。B 和 C 相等吗？这里外延公理失去效用，因为它仅仅告诉我们 $B = C$ 当且仅当 $B = C$。如果 $B \neq C$，它也没有违反外延公理或 ZFC^- 的任何其他公理。埃泽尔考虑了一个基于公理 BAFA（布法 1969）的系统，在这个系统里，任意外延的可达点图都是一个精确图；特别地，图 6.3 是上面所描述的集合 A 的精确图像，这里 $B \neq C$。然而，从直觉上看 B 和 C 应该相等，似乎没有任何好的理由把它们区分开来。并且为了刻画这样一种思想：“对于一个集合来说，你只需要知道所有它的属于关系结构，此外不需要知道它的任何东西，”我们需要比外延性公理更强的公理。问题是，这个公理是什么？

三、外延的且严格的与 YAFA

从严格性（rigid）角度来看，把图 6.3 作为理想的精确图是欠妥当的，因为它是非严格的（non-rigid）。一个图是严格的当且仅当它没有非恒等映射作为自同构；如果一个图具有非恒等映射作为自身的同构映射，那么它是非严格的，这样的同构也叫真自同构。而图 6.3 有一个使 b 和 c 互相映射的真自同构，根据它们在图中的作用，这两点是不可区分的，因此应该用相同的集合来装饰它们，并因此该图不能作为一个精确图。因此在寻找精确图的时候，不仅应该排除非外延图，而且应该排除非严格图。注意外延性不蕴涵严格性（图 6.3），严格性也不蕴涵外延性（图 6.5），所以仅仅用严格性来确定精确图是外延公理不允许的。但是我们可以把二者合起来形成新的非良基公理 YAFA：一个可达点图是精确图当且仅当它是外延的且严格的，并因此形成了相应的非良基集合的域 $Y = \{G \in V_0 | G$ 是外延的且严格的}（这里的“=”不是真正意义上的相等，可以理解成这样的一种对应性：右边的每个可达点图都是 Y 中唯一集合的精确图像，Y 中的每个集合的精确图像是右边的元素）；把 YAFA 加入 ZFC^- 中就可以形成新的非良基集合论。我们认为这样的精确图还是不太准确。考虑图 6.4。

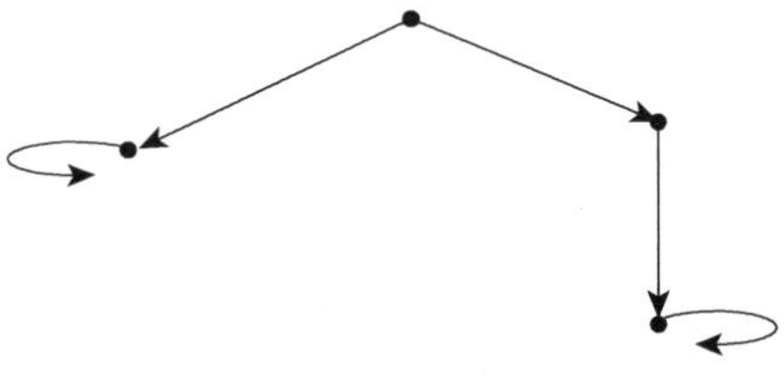

图 6.4 一个严格的但不是同构外延的可达点图

这是严格的且外延的图，但是我们认为这样的精确图还不直观。底端的每个结点被一个等于自己的单元素集的集合所装饰，装饰这两个结点的集合似乎应该相等，很难把这两个结点区分开来，似乎需要更强的规则来确定精确图。

四、芬斯勒-外延的与 FAFA

一个合适的性质是同构外延性。已知一个图 G 和 G 的一个结点 a，我们可以形成可达点图 G_a 如下：G_a 的结点和边是 G 中从 a 点出发的那些路径上的结点和边，其中 a 是 G_a 的始点。对任意的结点 $a, b \in G$，如果 $G_a \cong G_b$，那么 $a = b$，我们就说 G 是同构外延的。

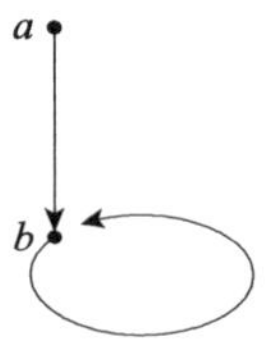

图 6.5　一个同构外延的但非外延的可达点图

同构外延的意味着：在一个同构外延的图里面，绝不可能存在不同的结点 a 和 b 使得以 a 为始点的子图同构于以 b 为始点的子图。明显同构外延性蕴涵严格性，但严格性不蕴涵同构外延性（图 6.4），外延性不蕴涵同构外延性（图 6.3 和图 6.4），并且同构外延性也不蕴涵外延性，如图 6.5 所示。

因此仅仅用同构外延性来确定精确图也是外延公理不允许的。但我们可以说一个可达点图是精确图当且仅当它是外延的和同构外延的，这就是反基础公理 FAFA，这样确定的精确图符合外延原则（外延公理）和直观。FAFA 可以陈述为：一个可达点图是精确图当且仅当

（1）它是外延的；

（2）它是同构外延的。

此公理还有一种等价的表述："一个可达点图是精确图当且仅当它是芬斯勒外延的，"后面会证明这两种表述是等价的。这就形成了芬斯勒集合的域 $F = \{G \in V_0 | G$ 是外延的且同构外延的$\}$（这里的"="不是真正意义上的相等，可以理解成这样的一种对应性：右边的每个可达点图都是 F 中集合的精确图像，F 中的每个集合的精确图像是右边的元素），把 FAFA 加在 ZFC^- 上就形成了芬斯勒非良基集合论[①]。

我们也可以把这两个条件作为精确图的必要条件，继续寻找包含它们的更强的条件，第三节我们将把正则互模拟~作为刻画直观上合理的精确图的条件，或者说刻画包含外延性和同构外延性的所有外延性的变体。

五、斯科特-外延的与 SAFA

我们现在看看埃泽尔考虑的其他系统。其中之一产生于斯科特 1960 年的工作。已知一个可达点图，我们可以展开它从而形成一棵树图，树图与该可达点图描述的集合相同。形式上说，已知一个可达点图，如果从它的始点到它的所有结点的路径

① Finsler P. 1972. Uber die Grundlagen der Mengenlehre. I.Math Zeitschrift, 25: 683-713.

是唯一的，我们就称该可达点图是一棵树。树本身也是一种可达点图。一个可达点图的展开把可达点图的从始点开始的有穷路径作为结点，把形如⟨$a_0 \to \cdots \to a$, $a_0 \to \cdots \to a \to a$⟩的路径有序对作为边，把长度为 1 的路径 a_0 作为始点。因此，展开总是一棵树。可以用一种明显的方式从一个原始可达点图的装饰诱导出它的树图的装饰，也就是装饰树图的结点 $a_0 \to \cdots \to a$ 的集合就是装饰原始可达点图的结点 a 的集合。例如，图 6.1 中序数 3 的精确图（图 6.1（a））被展开成 3 的树图（图 6.1（b））。

一棵树是严格的（无赘的或非冗余的（irredundant））仅当该树不存在真自同构。令 G_a 是一个可达点图，可以证明，如果它的展开$(G_a)^t$是严格的，那么 G_a 是严格的、同构外延的和外延的。G_a 是斯科特外延的当且仅当对该图的任意结点 b，c，$(G_b)^t \cong (G_c)^t$蕴涵 $b = c$①。如果 G_a 是斯科特外延的，那么它的展开$(G_a)^t$是严格的，因此斯科特外延的蕴涵严格的、同构外延的和外延的。斯科特非良基公理 SAFA 可陈述为“一个可达点图是精确图当且仅当它是斯科特外延的”，这样就形成了斯科特集合的域 $S = \{G \in V_0 | G$ 是斯科特外延的$\}$（这里的“=”不是真正意义上的相等，可以理解成这样的一种对应性：右边的每个可达点图都是 S 中唯一集合的精确图像，S 中的每个集合的精确图像都是右边的元素），我们可以把 SAFA 加到 ZFC⁻从而获得斯科特非良基集合论。

注意斯科特把自己的反基础公理表述为“一棵树同构于一个典范树图像当且仅当它是严格树(无赘树)”。我暂且用 SAFA′表示这个命题。后面我们会证明 SAFA $\Leftrightarrow$ SAFA′。

为显示 SAFA 和 FAFA 的差异，考虑图 6.6。

既然所有的结点之间彼此都是可达的，此图可被看作始点为 a，b 或 c 的图。很容易证明此图是外延的和同构外延的，因此，根据 FAFA，它是满足 $A = \{B\}$，$B = \{A, C\}$和 $C = \{A, B\}$的三个不同集合 A，B，C 的精确图像；但是，以 b 和 c 作为始点的两个可达点图的展开$(G_b)^t$和$(G_c)^t$是同构树（图 6.7），并因此公理 SAFA 强迫 b 和 c 具有相同的装饰集。

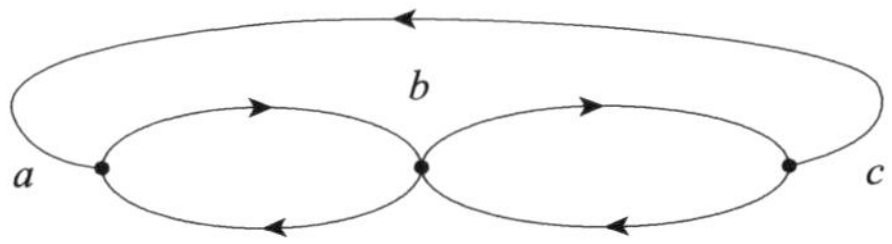

图 6.6　芬斯勒外延图

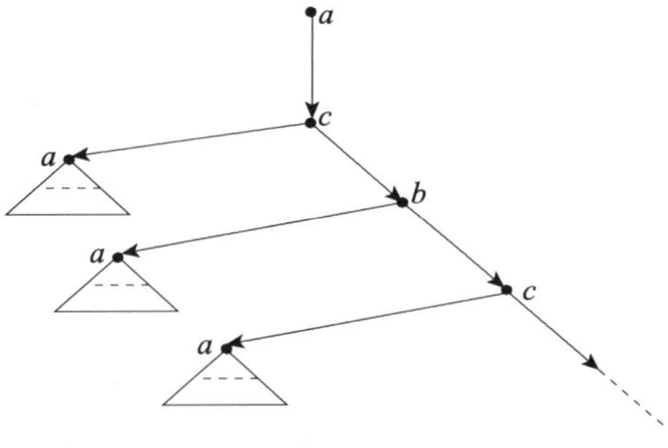

图 6.7　Ga 的展开图（Ga）^{t}

① Scott D. 1960. A Different Kind of Model of Set Theory. Unpublished paper presented at the 1960 Standford Congress of Logic, Methodology and Philosophy of Science.

六、强外延的与 AFA

最后，我们看看受到广泛关注的非良基集合论——AFA 集合论。AFA 公理独立地由埃泽尔和由福蒂、霍塞尔（1983）（后两位把 AFA 称为 X_1：对于每一个关系结构，存在一个到传递集合的态射）提出，并且在 1954 年也被芬斯勒预言了，芬斯勒用命题“集合 M 和 N 只要可能（只要有一个互模拟关系连接它们）就是同一的”来表达这一理论。我们描述为：一个图是精确图当且仅当它是强外延的。埃泽尔把这个公理称为 AFA，或者简单地叫做反基础公理。埃泽尔本人将该公理表示为“每个可达点图是一个唯一集合的图像”，或者“每个图都有唯一装饰”。这些描述都是等价的。这样就可以得到埃泽尔非良基集合的域 $A = \{ G \in V_0 | G$ 是强外延的$\}$（这里的“=”不是真正意义上的相等，可以理解成这样的一种对应性：右边的每个可达点图都是 A 中唯一集合的精确图像，A 中的每个集合的精确图像都是右边的元素）。把 AFA 加到 ZFC⁻上获得埃泽尔非良基集合论。

再来看看图 6.6。存在一个把$\Omega = \{\Omega\}$指派给每个结点的装饰；根据 AFA 这个装饰是唯一的。因此在 AFA 的域中，既没有 FAFA 允许的不同的集合 A，B，C，也没有 FAFA 和 SAFA 都允许的不同的集合 A，B。

什么时候两个可达点图被视为描述了相同的集合？BAFA 回答道：只需要按照外延公理行事；AFA 回答道：只要有可能就行；剩下的三个公理给出了中间答案。再看一眼可知这些公理给出了递降的集合论域：布法的域是最大的（例如，它包含了一个满足 $x = \{x\}$的集合的真类），埃泽尔的域是最小的。

七、FAFA 或 AFA

尽管 FAFA 断定的是最自然的非良基集合论系统，但是事实上 AFA 在近几年最引人注目。是什么理论在支持 AFA 呢？埃泽尔自己几乎没有给予讨论，但他在《非良基集合论》中给出了莫斯托夫斯基坍塌引理：每个良基图有一个唯一装饰。这里的唯一性明显是为了导出在 AFA 下相对应的唯一性。但是，莫斯托夫斯基坍塌引理中的唯一性根源何在呢？准确地说，良基性允许我们递归地定义唯一装饰。在非良基情况下，唯一性需要一个不同的论证。但是，埃泽尔没有提供。

支持 AFA 的另一来源是巴威斯和莫斯的《恶性循环》，但在这里，支持 AFA 的理由同样是简单的。他们考虑了满足 $d = \{q, d\}$的集合 d 的数量（可把 q 看作某个固定的集合）。

假定 d_1 和 d_2 都是这个方程的解，那么无限地展开这些集合，我们看到

$$d_i = \{q, \{q, \{q, \cdots\}\}\},$$

这里 i=1, 2。直观上说，没有什么东西可以把这两个集合区分开来。沿着此路线展开下去，它们都是相同的。除字母之外，承认任意差别都会违反外延公理的精神，

外延公理的精神实质是说“集合由它的元素完全确定”。于是巴威斯和莫斯断言仅仅存在一个这样的 d，并且那个装饰总是唯一的。

需要指出两点。一是这个论证几乎能够支持“同构的集合是相等的”原则，FAFA 是这一原则的形式化版本；但是它不能支持更强的原则：集合只要有可能就相等；二是连 d_1，d_2 是否同构也不是很清楚。假设 $d_1 = q, d_2 \neq q$，那么 d_1 只有一个元素，d_2 有两个元素。为明白这一点，取 $q = \Omega$。因此我们正在寻找方程 $d = \{\Omega, d\}$ 的解。这个解是图 6.8 中那个顶点的可能装饰。

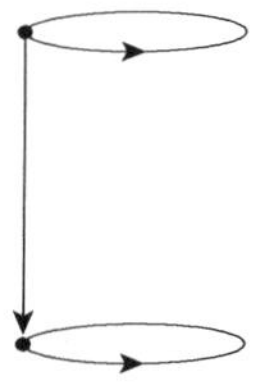

图 6.8　Ω^*的一个图像

一个解 $d = \Omega$。另一个可能的解 $d = \Omega^*$，这里$\Omega^* \neq \Omega$，$\Omega^* = \{\Omega, \Omega^*\}$。尽管$\Omega$和$\Omega^*$都满足

$$d = \{\Omega, \{\Omega, \{\Omega, \cdots\}\}\},$$

但是Ω和Ω^*不同构。当然，在 AFA 的域中，不存在Ω^*，因为图 6.8 的唯一装饰把Ω指派给每一个结点。但是巴威斯和莫斯在证明 AFA（每个图有唯一装饰）成立时假定了方程解的唯一性，而现在证明这个方程有唯一解时又假定 AFA 成立，这里有循环论证之嫌疑。

所有这些似乎相当抽象，现在看看在一个相对具体的背景下 FAFA 与其他公理有什么不同。迄今为止，众所周知的对非良基集合的应用是巴威斯和莫斯提出的用来解释说谎者悖论，这里只需要他们的基本理论。在这个理论中，命题可以用一个 n-元组描述。例如，“巴黎是浪漫的”可以用一个有序对来描述 $p = \langle \mathrm{ro}, \mathrm{pa} \rangle$，这里 ro 和 pa 是原子。关于其他命题的命题，还需要表示真和假的原子。因此命题断定“命题 p 是真的”可以模型化为$\langle \mathrm{tr}, p \rangle$。

当允许自我指谓时，悖论就出现了。因此，一个断定自己假的说谎者命题 p_1 被模型化为 $p_1 = \langle \mathrm{fa}, p_1 \rangle$。如果把有序对模型化为集合的话，如$\langle x, y \rangle = \{\{x\}, \{x, y\}\}$，那么 p_1 一定是非良基的。巴威斯和埃切门第（Etchemendy）使用的非良基集合论实际上是带有原子的 AFA 集合论。这个集合论把有互模拟关系的集合看作是同一集合（而 FAFA 仅仅把同构的集合看作同一集合），巴威斯和埃切门第被迫把具有互模拟关系的不同结构的命题看作是同一命题。沿着图 6.8 的思路，给出一个例子。首先可能尝试给出两个命题

$$p = \langle \mathrm{tr}, p \rangle,\quad q = \langle \mathrm{tr}, q \rangle \wedge \langle \mathrm{tr}, p \rangle。$$

一个包含合取式，另一个没有，这两个命题在理论上就是不同的，我们把它们修改成

$$p = \langle \mathrm{tr}, p \rangle \wedge \langle \mathrm{tr}, p \rangle,\quad q = \langle \mathrm{tr}, q \rangle \wedge \langle \mathrm{tr}, p \rangle。$$

AFA 强迫 $p = q$。存在一个唯一的 p 满足第一个方程，并且埃泽尔 1988 年给出的及巴威斯、埃切门第 1987 年给出的解引理也保证了这两个方程形成的方程组

的唯一解的存在性。[①]（这个引理等价于 AFA，它断言"任意这样的方程组有唯一解"）。很明显，一个解可通过允许 $p = q$ 获得，因此，这就是唯一解。然而直观上，p 和 q 应该有不同的结构，并因此应该表达不同的命题，实际上，直观上可以有 p 为真 q 为假。

在非良基集合的应用中，解引理是很方便的。当我们能够使用 ZF 的归纳定义的时候，解引理保证了这些定义仍然是唯一的，但是这个唯一性以丧失域的丰富性为代价。如果能够证明与 FAFA 相对应的某个解引理版本，运用 FAFA 会更容易达到我们的目标。一个可能的方法是证明在众多的解中，总存在一个具有特定性质的唯一解。这些应该得到进一步研究。显然，如果接受所有的非良基集合，那么应该接受的不仅仅是 AFA 域中的东西[②]。这里就为未来的研究提供了两个可能的方向：虽然没有任何理由肯定某一非良基集合论而否定其他非良基集合论，但是可以分析不同的非良基集合论在处理不同的非良基现象时的强弱之处，从而为非良基集合论的应用确定合适的选择标准，使不同的非良基集合论应用到最适合的领域和现象；另外，可以探索与 FAFA 等非良基公理相对应的解引理，从而为解决悖论等非良基现象提供更恰当的理论工具。

第三节　正则互模拟~与 AFA$^{\sim}$

一、正则互模拟~

前面定义了可达点图构成的系统 V_0，每当 $a \to b$ 在图 G 中时，该系统拥有一条边$\langle G_a, G_b \rangle$，现在我们在这个系统上定义一类特殊的互模拟。

定义 6.3.1　V_0 上的一个互模拟关系~是一个正则互模拟关系，仅当

（1）~是 V_0 上的等价关系；

（2）$G_a \cong G'_{a'} \Rightarrow G_a \sim G'_{a'}$；

（3）$a_G = a'_G \Rightarrow$ 对于 $a, a' \in G$，$G_a \sim G'_{a'}$。

定义 6.3.2　一个系统 M 是一个~-外延系统仅当对所有的 $a, b \in M$，

$$M_a \sim M_b \Rightarrow a = b。$$

有了这个定义，我们可以形成一个非良基集合的域 $V^{\sim}$，定义如下

$$V^{\sim} = \{G \in V_0 \mid G \text{ 是~-外延的}\}。$$

和前面一样，这里的"="不是真正意义上的相等，可以理解成这样的一种对应性：右边的每个可达点图都是$V^{\sim}$中唯一集合的精确图像，$V^{\sim}$中的每个集合的精确图都是右边的元素；特别要注意这里的 $V^{\sim}$与下面的 $V_0^{\sim}$含义完全不一样，$V_0^{\sim}$是所有~-外延的可达点图组成的系统，$V^{\sim}$是公理系统 ZFC^{-} + AFA$^{\sim}$中的所有集合组成的系统。

① Rieger A. 2000. An argument for Finsler-Aczel set theory. Mind, 109(434): 241-253.
② 姚从军．2012．非良基公理的本质及其应用．湖北大学学报，39（5）：17-20.

定理 6.3.1　如果 M 是~-外延的那么对于任意的系统 M' 至多有一个单射的系统映射 $M' \to M$。

证明　假设存在两个单射系统映射 π 和 π'，那么对于任意的 $a \in M'$，令 $\pi \upharpoonright M'_a$ 和 $\pi' \upharpoonright M'_a$ 是映射 π 和 π' 到 $M'a$ 的限制，因为 π 和 π' 是单射，所以 $\pi \upharpoonright M'_a$: $M'_a \cong M_{\pi a}$ 和 $\pi' \upharpoonright M'_a$: $M'_a \cong M_{\pi' a}$，并因此 $M_{\pi a} \cong M_{\pi' a}$，根据正则互模拟定义可得 $M_{\pi a} \sim M_{\pi' a}$。又因为 M 是~-外延的，所以 $\pi a = \pi' a$，由 a 的任意性可得 $\pi = \pi'$。

定义 6.3.3　给定一个系统 M，图 G 的一个 M-装饰是一个系统映射 π: $G \to M$。

定义 6.3.4　一个系统 M 是一个~-完全的系统仅当它是~-外延的并且每一个~-外延图都有一个单射的 M-装饰。由定理 6.3.1 可知该 M-装饰必然是唯一的。

我们下一个目标是构造一个~-完全的系统。令 $V_0^{\sim}$ 是 V_0 的子系统，由~-外延的可达点图为结点以及这些可达点图之间所有的 V_0 的边组成。我们令 $V_c^{\sim}$ 是一个~-外延系统，对于这一系统有一个满射的系统映射 $\pi^{\sim}$：$V_0^{\sim} \to V_c^{\sim}$，使得对于所有的~-外延的可达点图 G_a 和 $G'_{a'}$，

$$G_a \sim G'_{a'} \Leftrightarrow \pi^{\sim}(G_a) = \pi^{\sim}(G'_{a'})。$$

如下命题为我们保证了 $V_c^{\sim}$ 和 $\pi^{\sim}$ 的存在。

定理 6.3.2　对于每一个系统 M 都有一个系统 M' 和满射的系统映射 π: $M \to M'$，使得对于 $x, x' \in M$，

$$M_x \sim M_{x'} \Leftrightarrow \pi x = \pi x'。$$

此外，对于所有 $x \in M$，如果 M_x 是~-外延的，那么 M' 是~-外延的。

证明　第一部分的证明与定理 6.1.12 的证明一样。对于第二部分，观察到对于每一个 $a \in M$，π 到 M_a 的限制 $\pi \upharpoonright M_a$ 是一个满射的系统映射 $M_a \to M'_{\pi a}$。现在假定 $x, y \in M_a$ 且 $\pi x = \pi y$，那么 $M_x \sim M_y$，由 M_a 的~-外延性可以得出 $x = y$。因此 $\pi \upharpoonright M_a$ 是一个同构 $M_a \cong M'_{\pi a}$，并因此 $M_a \sim M'_{\pi a}$。

现在我们证明 M' 是~-外延的。由于 π: $M \to M'$ 是满射的，对任意的 $a, b \in M$，如果 $M'_{(\pi a)} \sim M'_{(\pi b)}$，从上面的结论可得 $M_a \sim M'_{\pi a}$，并且 $M_b \sim M'_{\pi b}$，所以 $M_a \sim M_b$，由映射 π 的定义可知，$\pi a = \pi b$。由满射及 a, b 的任意性可知 M' 是~-外延的。

注意，在把这一命题应用到 $M = V_0^{\sim}$ 时，如果 $x = G_a \in M$，那么 $M_x \cong G_a$，且由于 G_a 是~-外延的，所以 M_x 是~-外延的，进而 M' 是~-外延的，即 $V_c^{\sim}$ 是~-外延的。

定理 6.3.3　对于每一个~-外延的系统 M 存在唯一的单射的系统映射 $M \to V_c^{\sim}$。

证明　由定理 6.3.1，单射系统映射的唯一性从 $V_c^{\sim}$ 是~-外延的可以得出。因此只需证明单射系统映射 $M \to V_c^{\sim}$ 的存在性，其中 M 是~-外延的。很清楚，π_M: $M \to V_0^{\sim}$ 是一个系统映射，其中，对于 $a \in M$，$\pi_M a = M_a$。通过与 $\pi^{\sim}$：$V_0^{\sim} \to V_c^{\sim}$ 复合，我们得到一个系统映射 $\pi^{\sim} \circ \pi_M$：$M \to V_c^{\sim}$。现在只剩下证明这个映射是单射的。因此令 $x, y \in M$ 使得 $\pi^{\sim} \circ \pi_M(x) = \pi^{\sim} \circ \pi_M(y)$，即 $\pi^{\sim}(M_x) = \pi^{\sim}(M_y)$，那么 $M_x \sim M_y$，因此由于 M 是~-外延的，$x = y$，由于 x 和 y 是任意的，所以 $\pi^{\sim} \circ \pi_M$ 是单射。

定理 6.3.4　$V_c^{\sim}$ 是~-完全的。

证明 我们已经知道$V_c^{\sim}$是~-外延的。只剩下把定理6.3.3应用到小的系统M。

对于系统M, M'，令$M \leqslant M'$仅当存在一个单射的系统映射$M \to M'$。注意，$\leqslant$既是自返的又是传递的。我们下一个目标是要证明如下定理。

定理 6.3.5 令M是一个~-外延的系统，那么如下各个命题等价。

（1）M是~-完全的；

（2）对每一个~-外延的系统M_0，$M_0 \leqslant M$；

（3）$M \leqslant M' \Rightarrow$ 对每一个~-外延的系统M'，$M \cong M'$；

（4）$M \cong V_c^{\sim}$。

证明见埃泽尔《非良基集合论》第44页，这里略。

定理 6.3.6 每一个~-完全的系统都是满系统。

证明 令$x \subseteq M$是一个集合，其中M是一个~-完全的系统。我们可以构造一个图G_0：结点和边都在M中，而且它们都位于从x中一个结点开始的路径上。同样，对于每一个$y \in x$，为G_0添加一个新的结点$*$和一些新的边$\langle *, y\rangle$，令这样得到的图为G。如果G是~-外延的，那么通过取G的唯一的M-装饰就可以像定理6.1.18那样论证。但是，如果G不是~-外延的，那么一定有某个$a \in G_0$使$G_* \sim G_a$成立。由于~是一个互模拟，可以推出

$$\forall y \in *_G\, \exists a' \in a_G\, G_y \sim G_{a'} \wedge \forall a' \in a_G\, \exists y \in *_G\, G_y \sim G_{a'}$$

但是，$*_G = x$且$a \in M$有$a_G = a_M$。同时，对于$y \in x$有$G_y = M_y$，对于$a' \in a_G$有$G_{a'} = M_{a'}$。由此，

$$\forall y \in x\, \exists a' \in a_M\, M_y \sim M_{a'} \wedge \forall a' \in a_M\, \exists y \in x\, M_y \sim M_{a'}$$

由于M是~-外延的，$x = a_M$。现在来看a的唯一性。假定还存在一个$b \in M$使得$x = b_M$，那么$a_M = b_M$，所以$M_a \sim M_b$，由M是~-外延可得$a = b$。

二、公理模式AFA~

假设给定了一个不带任何参数的公式$\phi(x, y)$，它在V中定义了~，其中自由变元至多为x，y。这意味着对于所有的可达点图c和d，

$$c \sim d \Leftrightarrow V \vDash \phi(c, d)\text{。}$$

还将假设$\phi(x, y)$是固定的，并且把它作为~的定义。使用~的定义我们可以构造一个句子来表达$V^{\sim}$是~-完全的，称这样的句子为AFA~。

定义 6.3.5 AFA~=$V^{\sim}$是~-完全的。我们可以把AFA~分成两部分：

（1）$\text{AFA}^{\sim}_1$：每一个~-外延的图都有一个单射的装饰；

（2）$\text{AFA}^{\sim}_2$：$V^{\sim}$是~-外延的。

定理 6.3.7 （1）$\text{AFA}^{\sim}_1$当且仅当每一个~-外延的可达点图都是精确图；

（2）$\text{AFA}^{\sim}_2$当且仅当每一个精确图都是~-外延的。

证明 （1）假定$\text{AFA}^{\sim}_1$：每一个~-外延的图都有一个单射的装饰，那么每个~-外延的可达点图都有一个单射的装饰。根据精确图的定义，每个~-外延的可达

点图都是一个精确图。反之，假定每一个~-外延的可达点图都是精确图，也就是都有一个单射装饰。令 M 是任意一个~-外延图，那么每一个可达点图 M_a 都是~-外延的，因此都有一个单射装饰 d_a，因此 M_a 将是集合 $d_a a$ 的图像。对于每一个 $a \in M$，令 $da = d_a a$。我们将证明 d 是 M 的装饰。首先我们可以看到，如果 $a \to x$ 在 M 中，那么 M_x 的每一个结点也是 M_a 的结点，并且 d_a 到 M_x 的限制将是 M_x 的一个单射装饰，我们就使它等于 M_x 的那个单射装饰 d_x。所以，如果 $a \to x$ 在 M 中，那么 $d_a x = d_x x = dx$。

所以，对于每一个 $a \in M$，

$$\begin{aligned} \mathrm{da} &= \mathrm{d_a a} \\ &= \{d_a x \mid M_a \text{ 中的 } a \to x\} \\ &= \{dx \mid M \text{ 中的 } a \to x\}。\end{aligned}$$

因此 d 是 M 的一个装饰。现在来证明 d 是 M 的一个单射装饰。对任意的 $a, b \in M$，如果 $da = db$，那么 $d_a a = d_b b$，即 $\{d_a x \mid M_a \text{ 中的 } a \to x\} = \{d_b y \mid M_b \text{ 中的 } b \to y\}$，由于 d_a 和 d_b 都是单射装饰，所以很容易在 M_a 和 M_b 之间建立一个同构映射，即 $M_a \cong M_b$，并因此 $M_a \sim M_b$。因为 M 是~-外延的，所以 $a = b$。由 M 的任意性，所以每一个~-外延的图都有一个单射的装饰，即 $\text{AFA}^{\sim}{}_1$ 成立。

（2）假定 $\text{AFA}^{\sim}{}_2$：$V^{\sim}$是~-外延的。在 $V^{\sim}$上任取一点 x，则 $V^{\sim}{}_x$ 为集合 x 的典范图。因为 $V^{\sim}$是~-外延的，所以 $V^{\sim}{}_x$ 也是~-外延的。因为每个精确图都同构于某个典范图，所以每个精确图是~-外延的。反之，如果每个精确图是~-外延的，因为每个典范图都是精确图，所以每个典范图是~-外延的，即在 $V^{\sim}$上任取一点 x，$V^{\sim}{}_x$ 是~-外延的。令所有典范图构成的系统为 V_0'（以所有的典范图为结点，V_0 中这些典范图之间的所有边构成的 V_0 的子系统，后面出现的 V_0'与此同一，后面我们略去注释），显然我们可以构造一个满射的系统映射π: $V_0' \to V^{\sim}$，使得对于 $V^{\sim}{}_x$, $V^{\sim}{}_{x'} \in V_0'$

$$V^{\sim}{}_x \sim V^{\sim}{}_{x'} \Leftrightarrow x = x'。$$

根据定理 6.3.2 的第二部分和每个 $V^{\sim}{}_x$ 是~-外延的可得 $V^{\sim}$是~-外延的。

定理 6.3.8 $\text{AFA}^{\sim}$等价于：一个可达点图是一个精确图当且仅当它是~-外延的。

证明 这是定理 6.3.7 的一个直接推论。

三、ZFC^{-} + $\text{AFA}^{\sim}$的模型

由定理 6.1.19 可知，每个满系统是 ZFC^{-}模型；定理 6.3.6 又告诉我们每一个~-完全的系统都是满系统，所以每个~-完全的系统是 ZFC^{-}模型。那么每个~-完全的系统是 $\text{AFA}^{\sim}$的模型吗？答案是肯定的，但是证明这一答案需要一些技术。我们必须假定已知一个正则互模拟~在集合论语言里的定义$\phi(x, y)$，其中$\phi(x, y)$没有任何参数，至多只有变元 x 和 y 是自由的。使用这个定义可以构造一个语句来断定什么时候一个系统 M 是~-完全的，将称这个语句为 $\text{AFA}^{\sim}$。

现在令 M 是一个满系统，令 $\sim_M$ 是 $\phi(x, y)$ 所定义的 M 上的关系。我们可以把 M 中的一个可达点图 c 描述成一个三元组 $\langle a, b, u\rangle$，这里 a 是一个集合，b 是 a 上的二元关系，u 是 a 的一个元素。那么，如果 $c \in M$，有 $M \vDash$ "c 是一个可达点图"当且仅当对 M 中唯一确定的 $a, b, u \in M$，$c = \langle a, b, u\rangle^M$ 满足

$$b_M \subseteq \{\langle x, y\rangle^M \mid x, y \in a_M\},$$

并且 $u \in a_M$。

现在我们可以把 M 中的 c 描述成如下的可达点图：

$$\langle a_M, \{\langle x, y\rangle \mid \langle x, y\rangle^M \in b_M\}, u\rangle,$$

并称这个可达点图为 c 的外延图，记作 ext_c。

定义 6.3.6 令 M 是如前面定义的任一个系统，如果对所有的 $c, d \in M$ 使得 $M \vDash$ "c，d 是可达点图"，我们有 $c \sim_M d \Leftrightarrow \mathrm{ext}_c \sim \mathrm{ext}_d$，那么称正则互模拟 $\sim$ 对于系统 M 是绝对的。

定理 6.3.9 令正则互模拟 $\sim$ 对所有的满系统是绝对的，那么每个 $\sim$-完全性系统 M 是 $\mathrm{ZFC}^- + \mathrm{AFA}^\sim$ 的一个模型；不计同构 $\mathrm{ZFC}^- + \mathrm{AFA}^\sim$ 有唯一的满模型。

证明 由上面的技术直接得出这样的 $\sim$-完全性系统 M 是 $\mathrm{AFA}^\sim$ 的模型，由于 $\sim$-完全性系统是满系统，所以 M 也是 ZFC^- 的模型。根据定理 6.3.5（4）：$M \cong V_c^\sim$，所有这样的模型在同构的意义上就是唯一的。

此命题的意义在于，它证明了 $\mathrm{ZFC}^- + \mathrm{AFA}^\sim$ 是个一致的系统，所以 ZFC^- 加上由正则互模拟确定的非良基公理簇中的任意的一个公理都会产生一个一致的系统，这就证明了非良基集合论 $\mathrm{ZFC}^- + \mathrm{AFA}^\sim$ 的合法性。

第四节 正则互模拟 $\cong^*$ 与 $\mathrm{AFA}^{\cong^*}$

一、正则互模拟 $\cong^*$

如果 $a \in M$，其中 M 是一个系统，令 $(M_a)^*$ 是一个可达点图：由 M_a 中的位于从 a 的某一个后继出发的路径上的结点和边组成，另外还有一个新的结点 $*$ 以及新的边 $\langle *, x\rangle$（x 是 a 的后继）。取 $*$ 为 $(M_a)^*$ 的始点。

定义 6.4.1 对于任意的 $G_a, G'_{a'} \in V_0$，定义 V_0 上的关系 $\cong^*$ 为

$$G_a \cong^* G'_{a'} \Leftrightarrow (G_a)^* \cong (G'_{a'})^*。$$

定理 6.4.1 $\cong^*$ 是 V_0 上的一个正则互模拟。

证明 对任意的 $G_a, G'_{a'} \in V_0$，如果 $G_a \cong^* G'_{a'}$，由 $\cong^*$ 的定义，

$$G_a \cong^* G'_{a'} \Leftrightarrow (G_a)^* \cong (G'_{a'})^*,$$

于是，

$$\forall x \in a_G\, \exists x' \in a'_{G'}\ (G_x)^* \cong (G'_{x'})^* \wedge \forall x' \in a'_{G'}\, \exists x \in a_G\ (G_x)^* \cong (G'_{x'})^*,$$

由 $\cong^*$ 定义，$\forall x \in a_G, \exists x' \in a'_{G'}, G_x \cong^* G'_{x'} \wedge \forall x' \in a'_{G'}, \exists x \in a_G, G_x \cong^* G'_{x'}$，所以，$G_a (\cong^*)^+ G'_{a'}$。因此 $\cong^* \subseteq (\cong^*)^+$，所以 $\cong^*$ 是一个互模拟。

现在证$\trianglelefteq^*$是一个等价关系。对于任意 $G_a \in V_0$，有$(G_a)^* \trianglelefteq (G_a)^*$，由$\trianglelefteq^*$的定义，$G_a \trianglelefteq^* G_a$，所以$\trianglelefteq^*$具有自返性；$G_a, G'_{a'} \in V_0$，如果 $G_a \trianglelefteq^* G'_{a'}$，由$\trianglelefteq^*$的定义，那么$(G_a)^* \trianglelefteq (G'_{a'})^*$，根据$\trianglelefteq$的对称性，所以$(G'_{a'})^* \trianglelefteq (G_a)^*$，由$\trianglelefteq^*$的定义，所以 $G'_{a'} \trianglelefteq^* G_a$，故$\trianglelefteq^*$具有对称性；对于任意的 $G_a, G'_{a'}, G''_{a''} \in V_0$，如果 $G_a \trianglelefteq^* G'_{a'}$和 $G'_{a'} \trianglelefteq^* G''_{a''}$，由$\trianglelefteq^*$的定义，那么$(G_a)^* \trianglelefteq (G'_{a'})^*$和$(G'_{a'})^* \trianglelefteq (G''_{a''})^*$。根据$\trianglelefteq$的传递性，$(G_a)^* \trianglelefteq (G''_{a''})^*$。再据$\trianglelefteq^*$的定义，所以 $G_a \trianglelefteq^* G''_{a''}$。

最后，对所有的 $G_a, G'_{a'} \in V_0$，如果 $G_a \trianglelefteq G'_{a'}$，显然$(G_a)^* \trianglelefteq (G'_{a'})^*$，所以 $G_a \trianglelefteq^* G'_{a'}$；对任意的 $a, b \in G$，如果 $a_G = b_G$，显然$(G_a)^* \trianglelefteq (G_b)^*$，所以 $G_a \trianglelefteq^* G_b$。

定义 6.4.2　一个系统 M 是$\trianglelefteq^*$-外延的仅当对所有的 $a, b \in M$，

$$M_a \trianglelefteq^* M_b \Rightarrow a = b。$$

有了这个定义，我们可以形成一个非良基集合的域$V^{\cong^*}$,定义如下

$$V^{\cong^*} = \{G \in V_0 \mid G \text{ 是} \trianglelefteq^*\text{-外延的}\}。$$

和前面一样，这里的“=”不是真正意义上的相等，可以理解成这样的一种对应性：右边的每个可达点图都是$V^{\cong^*}$中唯一集合的精确图像，$V^{\cong^*}$中的每个集合的精确图像都是右边的元素；特别要注意这里的$V^{\cong^*}$与下面的$V_0{}^{\cong^*}$的意义完全不一样，$V_0{}^{\cong^*}$是所有$\trianglelefteq^*$-外延的可达点图组成的系统，$V^{\cong^*}$是公理系统 ZFC⁻+AFA$^{\cong^*}$中的所有集合组成的系统。后面我们将会证明$V^{\cong^*} = F$（芬斯勒非良基集合论的域）。

定理 6.4.2　如果 M 是$\trianglelefteq^*$-外延的，那么对于任意的系统 M'至多有一个单射的系统映射 $M' \to M$。

证明　假设存在两个单射系统映射π和π'，那么对于任意的 $a \in M'$，令$\pi \upharpoonright M'_a$和$\pi' \upharpoonright M'_a$是映射$\pi$和$\pi'$到 M'_a 的限制，因为π和π'是单射，所以$\pi \upharpoonright M'_a$：$M'_a \cong M_{\pi a}$和$\pi' \upharpoonright M'_a$：$M'_a \cong M_{\pi' a}$，并因此 $M_{\pi a} \cong M_{\pi' a}$，由于$\trianglelefteq^*$是正则互模拟，所以 $M_{\pi a} \trianglelefteq^* M_{\pi' a}$。又因为 M 是$\trianglelefteq^*$-外延的，所以$\pi a = \pi' a$，由 a 的任意性可得$\pi = \pi'$。

定义 6.4.3　一个系统 M 是一个$\trianglelefteq^*$-完全的系统仅当它是$\trianglelefteq^*$-外延的并且每一个$\trianglelefteq^*$-外延图都有一个单射的 M-装饰。注意，由上述命题可知该 M-装饰必然是唯一的。

令$V_0{}^{\cong^*}$是 V_0 的子系统，它由$\trianglelefteq^*$-外延的可达点图作为结点以及这些可达点图之间所有的 V_0 的边组成。我们令$V_c{}^{\cong^*}$是一个$\trianglelefteq^*$-外延系统，对于这一系统有一个满射的系统映射$\pi^{\cong^*}$: $V_0{}^{\cong^*} \to V_c{}^{\cong^*}$，使得对于所有的$\trianglelefteq^*$-外延的可达点图 G_a和 $G'_{a'}$，

$$G_a \trianglelefteq^* G'_{a'} \Leftrightarrow \pi^{\cong^*}(G_a) = \pi^{\cong^*}(G'_{a'})。$$

如下命题为我们保证了$V_c{}^{\cong^*}$和$\pi^{\cong^*}$的存在。

定理 6.4.3　对于每一个系统 M，都有一个系统 M'和满射的系统映射π: $M \to M'$，使得对于 $x, x' \in M$，

$$M_x \trianglelefteq^* M_{x'} \Leftrightarrow \pi x = \pi x'。$$

此外，对于所有 $x \in M$，如果 M_x 是$\trianglelefteq^*$-外延的，那么 M'是$\trianglelefteq^*$-外延的。

证明　第一部分的证明与定理 6.1.12 的证明一样。对于第二部分，观察到对于每一个 $a \in M$，π 到 M_a 的限制$\pi \upharpoonright M_a$ 是一个满射的系统映射 $M_a \to M'_{\pi a}$。假定 $x, y \in$

M_a 且 $\pi x = \pi y$，那么 $M_x \trianglelefteq^* M_y$，由 M_a 的 $\trianglelefteq^*$-外延性可以得出 $x = y$。因此，$\pi \restriction M_a$ 是一个同构 $M_a \trianglelefteq M'_{(\pi a)}$，因为 $\trianglelefteq^*$ 是一个正则互模拟，故 $M_a \trianglelefteq^* M'_{(\pi a)}$。

现在证明 M' 是 $\trianglelefteq^*$-外延的。由于 π: $M \to M'$ 是满射的，对任意的 $a, b \in M$，如果 $M'_{(\pi a)} \trianglelefteq^* M'_{(\pi b)}$，从上面的结论可得 $M_a \trianglelefteq^* M'_{(\pi a)}$，并且 $M_b \trianglelefteq^* M'_{(\pi b)}$。因为 $\trianglelefteq^*$ 具有传递性，所以 $M_a \trianglelefteq^* M_b$，由映射 π 的定义可知 $\pi a = \pi b$。由满射及 a, b 的任意性可知 M' 是 $\trianglelefteq^*$-外延的。

注意，在把这一定理应用到 $M = V_0^{\cong^*}$ 时，如果 $x = G_a \in M$，那么 $M_x \trianglelefteq G_a$，且由于 G_a 是 $\trianglelefteq^*$-外延的，所以 M_x 是 $\trianglelefteq^*$-外延的，进而 M' 是 $\trianglelefteq^*$-外延的，即 $V_c^{\cong^*}$ 是 $\trianglelefteq^*$-外延的。

定理 6.4.4　对于每一个 $\trianglelefteq^*$-外延的系统 M，存在唯一的单射的系统映射 $M \to V_c^{\cong^*}$。

证明　由定理 6.4.2，单射系统映射的唯一性从 $V_c^{\cong^*}$ 是 $\trianglelefteq^*$-外延的可以得出。因此只需证明单射系统映射 $M \to V_c^{\cong^*}$ 的存在性，其中 M 是 $\trianglelefteq^*$-外延的。很清楚，π_M: $M \to V_0^{\cong^*}$ 是一个系统映射，其中，对于 $a \in M$，$\pi_M a = M_a$，因此通过与 $\pi^{\cong^*}$: $V_0^{\cong^*} \to V_c^{\cong^*}$ 的复合，我们得到一个系统映射 $\pi^{\cong^*} \circ \pi_M$: $M \to V_c^{\cong^*}$。现在只剩下证明这个映射是单射。因此令 $x, y \in M$ 使得 $\pi^{\cong^*} \circ \pi_M(x) = \pi^{\cong^*} \circ \pi_M(y)$，即 $\pi^{\cong^*}(M_x) = \pi^{\cong^*}(M_y)$，那么 $M_x \trianglelefteq^* M_y$，由于 M 是 $\trianglelefteq^*$-外延的，所以 $x = y$。由于 x 和 y 是任意的，所以 $\pi^{\cong^*} \circ \pi_M$ 是单射。

定理 6.4.5　$V_c^{\cong^*}$ 是 $\trianglelefteq^*$-完全的。

证明　我们已经知道 $V_c^{\cong^*}$ 是 $\trianglelefteq^*$-外延的。把定理 6.4.4 应用到小的系统 M。

定理 6.4.6　令 M 是一个 $\trianglelefteq^*$-外延的系统，那么如下各个命题等价：

（1）M 是 $\trianglelefteq^*$-完全的；

（2）对每一个 $\trianglelefteq^*$-外延的系统 M_0，$M_0 \leqslant M$；

（3）$M \leqslant M' \Rightarrow$ 对每一个 $\trianglelefteq^*$-外延的系统 M'，$M \trianglelefteq M'$；

（4）$M \trianglelefteq V_c^{\cong^*}$。

此命题是定理 6.3.5 的特例，证明略。

定理 6.4.7　每一个 $\trianglelefteq^*$-完全的系统都是满系统。

证明　令 $x \subseteq M$ 是一个集合，其中 M 是一个 $\trianglelefteq^*$-完全的系统。我们可以构造一个图 G_0：结点和边都在 M 中，而且它们都位于从 x 中一个结点开始的路径上。同样，对于每一个 $y \in x$，为 G_0 添加一个新的结点 $*$ 和一些新的边 $\langle *, y \rangle$，令这样得到的图为 G。如果 G 是 $\trianglelefteq^*$-外延的，那么通过取 G 的唯一的 M-装饰，可以像定理 6.1.18 那样论证；如果 G 不是 $\trianglelefteq^*$-外延的，那么一定有某个 $a \in G_0$ 使 $G_* \trianglelefteq^* G_a$ 成立。由于 $\trianglelefteq^*$ 是一个互模拟，可以推出

$$\forall y \in *_G\ \exists a' \in a_G\ G_y \trianglelefteq^* G_{a'} \wedge \forall a' \in a_G\ \exists y \in *_G\ G_y \trianglelefteq^* G_{a'}。$$

但是 $*_G = x$ 且 $a \in M$，有 $a_G = a_M$。同时，对于 $y \in x$，有 $G_y = M_y$；对于 $a' \in a_G$，有 $G_{a'} = M_{a'}$。由此

$$\forall y \in x\ \exists a' \in a_M\ M_y \trianglelefteq^* M_{a'} \wedge \forall a' \in a_M\ \exists y \in x\ M_y \trianglelefteq^* M_{a'}。$$

因此，由于 M 是$\trianglelefteq^*$-外延的，$x = a_M$。来看 a 的唯一性。假定还存在一个 $b \in M$ 使得 $x = b_M$，那么 $a_M = b_M$，所以 $M_a \trianglelefteq^* M_b$，由 M 是$\trianglelefteq^*$-外延可得 $a = b$。

二、非良基公理AFA$^{\trianglelefteq^*}$

假设给定了一个不带任何参数的公式$\phi(x, y)$在 V 中定义了$\trianglelefteq^*$，其中自由变元至多为 x，y。这意味着对于所有的可达点图 c 和 d，

$$c \trianglelefteq^* d \Leftrightarrow V \models \phi(c, d)。$$

还将假设$\phi(x, y)$是固定的，并且把它作为$\trianglelefteq^*$的定义。使用$\trianglelefteq^*$的定义，我们可以构造一个句子来表达$V^{\trianglelefteq^*}$是$\trianglelefteq^*$-完全的，称这样的句子为AFA$^{\trianglelefteq^*}$。

定义 6.4.4　AFA$^{\trianglelefteq^*}$= $V^{\trianglelefteq^*}$是$\trianglelefteq^*$-完全的。我们可以把AFA$^{\trianglelefteq^*}$分成两部分：

（1）AFA$^{\trianglelefteq^*}{}_1$：每一个$\trianglelefteq^*$-外延的图都有一个单射的装饰；

（2）AFA$^{\trianglelefteq^*}{}_2$：$V^{\trianglelefteq^*}$是$\trianglelefteq^*$-外延的。

三、AFA$^{\trianglelefteq^*}$与 FAFA 的等价性

定理 6.4.8　（1）AFA$^{\trianglelefteq^*}{}_1$当且仅当每一个$\trianglelefteq^*$-外延的可达点图都是精确图；

（2）AFA$^{\trianglelefteq^*}{}_2$当且仅当每一个精确图都是$\trianglelefteq^*$-外延的。

证明　（1）假定AFA$^{\trianglelefteq^*}{}_1$：每一个$\trianglelefteq^*$-外延的图都有一个单射的装饰，那么每个$\trianglelefteq^*$-外延的可达点图都有一个单射的装饰。根据精确图的定义，每个$\trianglelefteq^*$-外延的可达点图都是一个精确图。反之，假定每一个$\trianglelefteq^*$-外延的可达点图都是精确图，也就是都有一个单射装饰。令 M 是任意一个$\trianglelefteq^*$-外延图，那么每一个可达点图 M_a 都是$\trianglelefteq^*$-外延的，因此都有一个单射装饰 d_a，且 M_a 将是集合 $d_a a$ 的图像。对于每一个 $a \in M$，令 $da = d_a a$。我们将证明 d 是 M 的装饰。首先可以看到，如果 $a \to x$ 在 M 中，那么 M_x 的每一个结点也是 M_a 的结点，并且 d_a 到 M_x 的限制将是 M_x 的一个单射装饰，就使它等于 M_x 的那个单射装饰 d_x。所以，如果 $a \to x$ 在 M 中，那么 $d_a x = d_x x = dx$。

所以，对于每一个 $a \in M$，

$$\begin{aligned} da &= d_a a \\ &= \{d_a x \mid M_a \text{中的 } a \to x\} \\ &= \{dx \mid M \text{中的 } a \to x\}。\end{aligned}$$

因此d是M的一个装饰。现在来证明d是M的一个单射装饰。对任意的$a, b \in M$，如果 $da = db$，那么 $d_a a = d_b b$，即$\{d_a x \mid M_a$ 中的 $a \to x\} = \{d_b y \mid M_b$ 中的 $b \to y\}$，由于 d_a 和 d_b 都是单射装饰，所以很容易在 M_a 和 M_b 之间建立一个同构映射，即 $M_a \trianglelefteq M_b$，并因此 $M_a \trianglelefteq^* M_b$。因为 M 是$\trianglelefteq^*$-外延的，所以 $a = b$。由 M 的任意性得：每一个$\trianglelefteq^*$-外延的图都有一个单射的装饰，即AFA$^{\trianglelefteq^*}{}_1$成立。

（2）假定AFA$^{\trianglelefteq^*}{}_2$：$V^{\trianglelefteq^*}$是$\trianglelefteq^*$-外延的。我们在$V^{\trianglelefteq^*}$上任取一点 x，则$V^{\trianglelefteq^*}x$ 为集

合 x 的典范图。因为$V^{\hat{=}^*}$是$\overset{\frown}{=}^*$-外延的，所以$V^{\hat{=}^*}x$ 也是$\overset{\frown}{=}^*$-外延的。因为每个精确图都同构于某个典范图，所以每个精确图是$\overset{\frown}{=}^*$-外延的。反之，如果每个精确图是$\overset{\frown}{=}^*$-外延的，因为每个典范图都是精确图，所以每个典范图是$\overset{\frown}{=}^*$-外延的，即在$V^{\hat{=}^*}$上任取一点 x，$V^{\hat{=}^*}x$ 是$\overset{\frown}{=}^*$-外延的。令所有典范图构成的系统为 V_0'，显然我们可以构造一个满射的系统映射π：$V_0' \to V^{\hat{=}^*}$，使得对于$V^{\hat{=}^*}x$，$V^{\hat{=}^*}x' \in V_0'$，

$$V^{\hat{=}^*}x \ \overset{\frown}{=}^* V^{\hat{=}^*}x' \Leftrightarrow x=x'。$$

根据定理 6.4.3 的第二部分和每个$V^{\hat{=}^*}x$ 是$\overset{\frown}{=}^*$-外延的可得$V^{\hat{=}^*}$是$\overset{\frown}{=}^*$-外延的。

定理 6.4.9 $\mathrm{AFA}^{\hat{=}^*} \Leftrightarrow$ 一个可达点图是一个精确图当且仅当它是$\overset{\frown}{=}^*$-外延的。

此定理是定理 6.4.8 的一个推论，证明是不足道的，它证明了$\mathrm{AFA}^{\hat{=}^*}$与芬斯勒非良基公理 FAFA 是等价的。另外 FAFA 还有一种表述：“一个可达点图是精确图当且仅当它是外延的和同构外延的”，现在证明这两种表述的等价性。

定理 6.4.10 一个系统 M 是$\overset{\frown}{=}^*$-外延的当且仅当它是外延的和同构外延的。

证明 假设 M 是$\overset{\frown}{=}^*$-外延的。对于任意的 a，$b \in M$，我们有 $a_M = b_M \Rightarrow (M_a)^* = (M_b)^* \Rightarrow (M_a)^* \overset{\frown}{=} (M_b)^* \Rightarrow M_a \overset{\frown}{=}^* M_b \Rightarrow a = b$；并且 $M_a \overset{\frown}{=} M_b \Rightarrow (M_a)^* \overset{\frown}{=} (M_b)^* \Rightarrow M_a \overset{\frown}{=}^* M_b \Rightarrow a = b$。所以 M 是外延的和同构外延的，即 M 是芬斯勒外延的。反之，假设 M 是外延的和同构外延的（芬斯勒-外延的），如果 $M_a \overset{\frown}{=}^* M_b$，即 $(M_a)^* \overset{\frown}{=} (M_b)^*$，则有三种情况：① $a_M = b_M \wedge M_a \overset{\frown}{=} M_b$；② $a_M \neq b_M \wedge M_a \overset{\frown}{=} M_b$；③ $a_M = b_M \wedge M_a \not\overset{\frown}{=} M_b$。由假设可得在这三种情况下都有 $a = b$，所以 M 是$\overset{\frown}{=}^*$-外延的。

定理 6.4.11 令 F 是芬斯勒非良基集合论的域，那么$V^{\hat{=}^*} = F$。

证明 由定理 6.4.9 可得$V^{\hat{=}^*} = \{G \in V_0 \mid G$ 是$\overset{\frown}{=}^*$-外延的$\} = \{G \in V_0 \mid G$ 是外延的和同构外延的$\} = F$。

四、$\mathrm{ZFC}^- + \mathrm{AFA}^{\hat{=}^*}$的模型

由定理 6.1.19 每个满系统是 ZFC^-模型；定理 6.4.7 又告诉我们每一个$\overset{\frown}{=}^*$-完全的系统都是满系统，所以每个$\overset{\frown}{=}^*$-完全的系统是 ZFC^-模型。那么每个$\overset{\frown}{=}^*$-完全的系统是$\mathrm{AFA}^{\hat{=}^*}$的模型吗？答案是肯定的，我们有下面的命题。

定理 6.4.12 令正则互模拟$\overset{\frown}{=}^*$对所有的满系统是绝对的，那么每个$\overset{\frown}{=}^*$-完全性系统 M 是 $\mathrm{ZFC}^- + \mathrm{AFA}^{\hat{=}^*}$的一个模型；不计同构 $\mathrm{ZFC}^- + \mathrm{AFA}^{\hat{=}^*}$有唯一的满模型。

此定理是定理 6.3.9 的一个特例，这里证明略。根据定理 6.4.6(4)：$M \overset{\frown}{=} V_c^{\hat{=}^*}$，所有这样的模型都与$V_c^{\hat{=}^*}$同构。

此命题的意义在于，它证明了 $\mathrm{ZFC}^- + \mathrm{AFA}^{\hat{=}^*}$是个一致的系统，所以 ZFC^-加上$\mathrm{AFA}^{\hat{=}^*}$产生一个一致的系统，这就证明了非良基集合论 $\mathrm{ZFC}^- + \mathrm{AFA}^{\hat{=}^*}$的合法性。

第五节　正则互模拟$\trianglelefteq^t$与$\text{AFA}^{\cong^t}$

一、正则互模拟$\trianglelefteq^t$

已知一个可达点图，如果从它的始点到它的所有结点的路径是唯一的，我们就称该可达点图是一棵树。令G_a是一个可达点图，它的展开$(G_a)^t$以G_a的从始点开始的有穷路径作为结点，把形如$\langle a=a_0\to\cdots\to a_n, a=a_0\to\cdots\to a_n\to a_{n+1}\rangle$路径有序对作为边，把长度为1的路径$a$作为始点。因此，展开总是一棵树。

定义 6.5.1　对每个可达点图G_a，令$(G_a)^t$表示它的展开。令$\trianglelefteq^t$是如下定义的V_0上的关系：对所有的$G_a, G'_{a'}\in V_0$

$$G_a\ \trianglelefteq^t G'_{a'}\Leftrightarrow (G_a)^t\trianglelefteq(G'_{a'})^t。$$

命题 6.5.1　$\trianglelefteq^t$是V_0上的一个正则互模拟。

证明　对任意的$G_a, G'_{a'}\in V_0$，如果$G_a\trianglelefteq^t G'_{a'}$，由$\trianglelefteq^t$的定义，

$$G_a\ \trianglelefteq^t G'_{a'}\Leftrightarrow (G_a)^t\trianglelefteq(G'_{a'})^t,$$

于是，

$$\forall x\in a_G\ \exists x'\in a'_{G'}\ (G_x)^t\trianglelefteq(G'_{x'})^t\wedge\forall x'\in a'_{G'}\ \exists x\in a_G\ (G_x)^t\trianglelefteq(G'_{x'})^t。$$

由$\trianglelefteq^t$得，$\forall x\in a_G\ \exists x'\in a'_{G'}\ G_x\trianglelefteq^t G'_{x'}\wedge\forall x'\in a'_{G'}\ \exists x\in a_G\ G_x\trianglelefteq^t G'_{x'}$，所以$G_a(\trianglelefteq^t)^+G'_{a'}$。因此$\trianglelefteq^t\subseteq(\trianglelefteq^t)^+$，所以$\trianglelefteq^t$是一个互模拟。

现在证$\trianglelefteq^t$是一个等价关系。对于任意$G_a\in V_0$，我们有$(G_a)^t\trianglelefteq(G_a)^t$，由$\trianglelefteq^t$的定义，$G_a\trianglelefteq^t G_a$，所以$\trianglelefteq^t$具有自返性；$G_a, G'_{a'}\in V_0$，如果$G_a\trianglelefteq^t G'_{a'}$，由$\trianglelefteq^t$的定义，那么$(G_a)^t\trianglelefteq(G'_{a'})^t$，根据$\trianglelefteq$的对称性，所以$(G'_{a'})^t\trianglelefteq(G_a)^t$，由$\trianglelefteq^t$的定义，所以$G'_{a'}\trianglelefteq^t G_a$，故$\trianglelefteq^t$具有对称性；对于任意的$G_a, G'_{a'}, G''_{a''}\in V_0$，如果$G_a\trianglelefteq^t G'_{a'}$和$G'_{a'}\trianglelefteq^t G''_{a''}$，由$\trianglelefteq^t$的定义，$(G_a)^t\trianglelefteq(G'_{a'})^t$和$(G'_{a'})^t\trianglelefteq(G''_{a''})^t$。根据$\trianglelefteq$的传递性，$(G_a)^t\trianglelefteq(G''_{a''})^t$。再据$\trianglelefteq^t$的定义，所以$G_a\trianglelefteq^t G''_{a''}$。

最后，对所有的$G_a, G'_{a'}\in V_0$，如果$G_a\trianglelefteq G'_{a'}$，显然$(G_a)^t\trianglelefteq(G'_{a'})^t$，所以$G_a\trianglelefteq^t G'_{a'}$；对任意的$a, b\in G$，如果$a_G=b_G$，显然$(G_a)^t\trianglelefteq(G_b)^t$，所以$G_a\trianglelefteq^t G_b$。

定义 6.5.2　一个系统M是$\trianglelefteq^t$-外延的仅当对所有的$a, b\in M$，

$$M_a\trianglelefteq^t M_b\Rightarrow a=b。$$

有了这个定义，我们可以形成一个非良基集合的域$V^{\cong^t}$，定义如下

$$V^{\cong^t}=\{G\in V_0\mid G\text{ 是}\trianglelefteq^t\text{-外延的}\}。$$

和前面一样，这里的“=”不是真正意义上的相等，可以理解成这样的一种对应性：右边的每个可达点图都是$V^{\cong^t}$中的唯一集合的精确图像，$V^{\cong^t}$中的每个集合的精确图像都是右边的元素；特别要注意这里的$V^{\cong^t}$与下面的$V_0^{\cong^t}$意义完全不一样，$V_0^{\cong^t}$是所有$\trianglelefteq^t$-外延的可达点图组成的系统，$V^{\cong^t}$是公理系统$\text{ZFC}^-+\ \text{AFA}^{\cong^t}$中的所有集合组成的系统。后面我们将会证明$V^{\cong^t}=S$（芬斯勒非良基集合论的域）。

定理 6.5.2 如果 M 是 $\trianglelefteq^t$-外延的那么对于任意的系统 M' 至多有一个单射的系统映射 $M' \to M$。

证明 假设存在两个单射系统映射 π 和 π'，那么对于任意的 $a \in M'$，令 $\pi \lceil M'_a$ 和 $\pi' \lceil M'_a$ 是映射 π 和 π' 到 M'_a 的限制，因为 π 和 π' 是单射，所以 $\pi \lceil M'_a$：$M'_a \cong M_{\pi a}$ 和 $\pi' \lceil M'_a$:$M'_a \cong M_{\pi' a}$，并因此 $M_{\pi a} \cong M_{\pi' a}$，由于 $\trianglelefteq^t$ 是正则互模拟，所以 $M_{\pi a} \trianglelefteq^t M_{\pi' a}$。又因为 M 是 $\trianglelefteq^t$-外延的，所以 $\pi a = \pi' a$，又 a 的任意性可得 $\pi = \pi'$。

定义 6.5.3 一个系统 M 是一个 $\trianglelefteq^t$-完全的系统仅当它是 $\trianglelefteq^t$-外延的并且每一个 $\trianglelefteq^t$-外延图都有一个单射的 M-装饰。注意，由上述命题可知该 M-装饰必然是唯一的。

令 $V_0^{\cong^t}$ 是 V_0 的子系统，由 $\trianglelefteq^t$-外延的可达点图作为结点以及这些可达点图之间的所有 V_0 的边组成。我们令 $V_c^{\cong^t}$ 是一个 $\trianglelefteq^t$-外延系统，对于这一系统有一个满射的系统映射 $\pi^{\cong^t}$：$V_0^{\cong^t} \to V_c^{\cong^t}$，使得对于所有的 $\trianglelefteq^t$-外延的可达点图 G_a 和 $G'_{a'}$，

$$G_a \trianglelefteq^t G'_{a'} \Leftrightarrow \pi^{\cong^t}(G_a) = \pi^{\cong^t}(G'_{a'})。$$

如下命题为我们保证了 $V_c^{\cong^t}$ 和 $\pi^{\cong^t}$ 的存在。

定理 6.5.3 对于每一个系统 M 都有一个系统 M' 和满射的系统映射 π: $M \to M'$，使得对于 $x, x' \in M$，

$$M_x \trianglelefteq^t M_{x'} \Leftrightarrow \pi x = \pi x'。$$

此外，对于所有 $x \in M$，如果 M_x 是 $\trianglelefteq^t$-外延的，那么 M' 是 $\trianglelefteq^t$-外延的。

证明 第一部分的证明与定理 6.1.12 的证明一样。对于第二部分，观察到对于每一个 $a \in M$，π 到 M_a 的限制 $\pi \lceil M_a$ 是一个满射的系统映射 $M_a \to M'_{\pi a}$。假定 $x, y \in M_a$ 且 $\pi x = \pi y$。那么 $M_x \trianglelefteq^t M_y$，由 M_a 的 $\trianglelefteq^t$ -外延性可以得出 $x = y$。因此，$\pi \lceil M_a$ 是一个同构 $M_a \cong M'_{(\pi a)}$，因为 $\trianglelefteq^t$ 是一个正则互模拟，所以 $M_a \trianglelefteq^t M'_{(\pi a)}$。

现在我们证明 M' 是 $\trianglelefteq^t$ -外延的。由于 π: $M \to M'$ 是满射的，对任意的 $a, b \in M$，如果 $M'_{(\pi a)} \trianglelefteq^t M'_{(\pi b)}$，从上面的结论可得 $M_a \trianglelefteq^t M'_{(\pi a)}$，并且 $M_b \trianglelefteq^t M'_{(\pi b)}$。因为 $\trianglelefteq^t$ 具有传递性，所以 $M_a \trianglelefteq^t M_b$，由映射 π 的定义可知 $\pi a = \pi b$。由满射及 a, b 的任意性可知 M' 是 $\trianglelefteq^t$-外延的。

注意，在把这一命题应用到 $M = V_0^{\cong^t}$ 时，如果 $x = G_a \in M$，那么 $M_x \cong G_a$，且由于 G_a 是 $\trianglelefteq^t$-外延的，所以 M_x 是 $\trianglelefteq^t$-外延的，进而 M' 是 $\trianglelefteq^t$-外延的，即 $V_c^{\cong^t}$ 是 $\trianglelefteq^t$-外延的。

定理 6.5.4 对于每一个 $\trianglelefteq^t$-外延的系统 M 存在唯一的单射的系统映射 $M \to V_c^{\cong^t}$。

证明 由定理 6.5.2，单射系统映射的唯一性从 $V_c^{\cong^t}$ 是 $\trianglelefteq^t$-外延的可以得出。因此只需证明单射系统映射 $M \to V_c^{\cong^t}$ 的存在性，其中 M 是 $\trianglelefteq^t$-外延的。很清楚，π_M: $M \to V_0^{\cong^t}$ 是一个系统映射，其中，对于 $a \in M$，$\pi_M a = M_a$。因此通过与 $\pi^{\cong^t}$：$V_0^{\cong^t} \to V_c^{\cong^t}$ 复合，得到一个系统映射 $\pi^{\cong^t} \circ \pi_M$: $M \to V_c^{\cong^t}$。现在只剩下证明这个映射是单射的。因此令 $x, y \in M$，使得 $\pi^{\cong^t} \circ \pi_M(x) = \pi^{\cong^t} \circ \pi_M(y)$，即 $\pi^{\cong^t}(M_x) = \pi^{\cong^t}(M_y)$，

那么 $M_x \trianglelefteq^t M_y$，由于 M 是$\trianglelefteq^t$-外延的，$x = y$，又由于 x 和 y 是任意的，所以$\pi^{\cong^t} \circ \pi_M$ 是单射。

定理 6.5.5　$V_c^{\cong^t}$是$\trianglelefteq^t$-完全的。

证明　我们已经知道$V_c^{\cong^t}$是$\trianglelefteq^t$-外延的。把定理 6.5.4 应用到小的系统 M。

定理 6.5.6　令 M 是一个$\trianglelefteq^t$-外延的系统，那么如下各个命题等价。

（1）M 是$\trianglelefteq^t$-完全的；

（2）对每一个$\trianglelefteq^t$-外延的系统 M_0，$M_0 \leqslant M$；

（3）$M \leqslant M' \Rightarrow$ 对每一个$\trianglelefteq^t$-外延的系统 M'，$M \cong M'$；

（4）$M \cong V_c^{\cong^t}$。

此命题是定理 6.3.5 的特例，证明略。

定理 6.5.7　每一个$\trianglelefteq^t$-完全的系统都是满系统。

证明　令 $x \subseteq M$ 是一个集合，其中 M 是一个$\trianglelefteq^t$-完全的系统。我们可以构造一个图 G_0：结点和边都在 M 中，而且它们都位于从 x 中一个结点开始的路径上。同样，对于每一个 $y \in x$，为 G_0 添加一个新的结点$*$和一些新的边$\langle *, y\rangle$，令这样得到的图为 G。如果 G 是$\trianglelefteq^t$-外延的那么通过取 G 的唯一的 M-装饰，我们可以像定理 6.1.18 那样论证。但是，如果 G 不是$\trianglelefteq^t$-外延的，那么一定有某个 $a \in G_0$ 使 $G_* \trianglelefteq^t Ga$ 成立。由于$\trianglelefteq^t$ 是一个互模拟，可以推出

$$\forall y \in *_G, \exists a' \in a_G, G_y \trianglelefteq^t G_{a'} \wedge \forall a' \in a_G, \exists y \in *_G, G_y \trianglelefteq^t G_{a'}。$$

但是，$*_G = x$ 且 $a \in M$，有 $a_G = a_M$。同时，对于 $y \in x$ 有 $G_y = M_y$，对于 $a' \in a_G$ 有 $G_{a'} = M_{a'}$。由此，

$$\forall y \in x, \exists a' \in a_M, M_y \trianglelefteq^t M_{a'} \wedge \forall a' \in a_M, \exists y \in x, M_y \trianglelefteq^t M_{a'}。$$

因此，由于 M 是$\trianglelefteq^t$-外延的，$x = a_M$。现在来看 a 的唯一性。假定还存在一个 $b \in M$ 使得 $x = b_M$，那么 $a_M = b_M$，所以 $M_a \trianglelefteq^t M_b$，由 M 是$\trianglelefteq^t$-外延的可得 $a = b$。

二、非良基公理AFA$^{\cong^t}$

我们假设给定了一个不带任何参数的公式$\phi(x, y)$在 V 中定义了$\trianglelefteq^t$，其中自由变元至多为 x，y。这意味着对于所有的可达点图 c 和 d，

$$c \trianglelefteq^t d \Leftrightarrow V \vDash \phi(c, d)。$$

我们还将假设$\phi(x, y)$是固定的，并且把它作为$\trianglelefteq^t$ 的定义。使用$\trianglelefteq^t$ 的定义我们可以构造一个句子来表达$V^{\cong^t}$是$\trianglelefteq^t$-完全的，我们称这样的句子为AFA$^{\cong^t}$。

定义 6.5.4　AFA$^{\cong^t}$= $V^{\cong^t}$是$\trianglelefteq^t$-完全的。我们可以把AFA$^{\cong^t}$分成两部分：

（1）AFA$^{\cong^t}{}_1$：每一个$\trianglelefteq^t$-外延的图都有一个单射的装饰；

（2）AFA$^{\cong^t}{}_2$：$V^{\cong^t}$是$\trianglelefteq^t$-外延的。

三、$AFA^{\cong^t}$与 SAFA 的等价性

定理 6.5.8 （1）$AFA^{\cong^t}{}_1$当且仅当每一个$\trianglelefteq^t$-外延的可达点图都是精确图；

（2）$AFA^{\cong^t}{}_2$当且仅当每一个精确图都是$\trianglelefteq^t$-外延的。

证明　（1）假定$AFA^{\cong^t}{}_1$：每一个$\trianglelefteq^t$-外延的图都有一个单射的装饰，那么每个$\trianglelefteq^t$-外延的可达点图都有一个单射的装饰。根据精确图的定义，每个$\trianglelefteq^t$-外延的可达点图都是一个精确图。反之，假定每一个$\trianglelefteq^t$-外延的可达点图都是精确图，也就是都有一个单射装饰。令 M 是任意一个$\trianglelefteq^t$-外延图，那么每一个可达点图 M_a 都是$\trianglelefteq^t$-外延的，因此都有一个单射装饰 d_a，因此 M_a 将是集合 $d_a a$ 的图像。对于每一个 $a \in M$，令 $da = d_a a$。我们将证明 d 是 M 的装饰。首先我们可以看到，如果 $a \to x$ 在 M 中，那么 M_x 的每一个结点也是 M_a 的结点，并且 d_a 到 M_x 的限制将是 M_x 的一个单射装饰，我们就使它等于 M_x 的那个单射装饰 d_x。所以，如果 $a \to x$ 在 M 中，那么 $d_a x = d_x x = dx$。

所以，对于每一个 $a \in M$，

$$\begin{aligned} da &= d_a a \\ &= \{d_a x \mid M_a \text{中的 } a \to x\} \\ &= \{dx \mid M \text{中的 } a \to x\}。\end{aligned}$$

因此 d 是 M 的一个装饰。现在来证明 d 是 M 的一个单射装饰。对任意的 $a, b \in M$，如果 $da = db$，那么 $d_a a = d_b b$，即$\{d_a x \mid M_a \text{中的 } a \to x\} = \{d_b y \mid M_b \text{中的 } b \to y\}$，由于 d_a 和 d_b 都是单射装饰，所以很容易在 M_a 和 M_b 之间建立一个同构映射，即 $M_a \cong M_b$，并因此 $M_a \trianglelefteq^t M_b$。因为 M 是$\trianglelefteq^t$-外延的，所以 $a = b$。由 M 的任意性，所以每一个$\trianglelefteq^t$-外延的图都有一个单射的装饰，即$AFA^{\cong^t}{}_1$成立。

（2）假定$AFA^{\cong^t}{}_2$：$V^{\cong^t}$是$\trianglelefteq^t$-外延的。我们在$V^{\cong^t}$上任取一点 x，则$V^{\cong^t}{}_x$为集合 x 的典范图。因为$V^{\cong^t}$是$\trianglelefteq^t$-外延的，所以$V^{\cong^t}{}_x$也是$\trianglelefteq^t$-外延的。因为每个精确图都同构于某个典范图，所以每个精确图是$\trianglelefteq^t$-外延的。反之，如果每个精确图是$\trianglelefteq^t$-外延的，因为每个典范图都是精确图，所以每个典范图是$\trianglelefteq^t$-外延的，即在$V^{\cong^t}$上任取一点 x，$V^{\cong^t}{}_x$是$\trianglelefteq^t$-外延的。令所有典范图构成的系统为 V_0'，我们可以构造一个满射的系统映射π：$V_0' \to V^{\cong^t}$，使得对于 $V^{\cong^t}{}_x, V^{\cong^t}{}_{x'} \in V_0'$，

$$V^{\cong^t}{}_x \trianglelefteq^t V^{\cong^t}{}_{x'} \Leftrightarrow x = x'。$$

根据定理 6.5.3 的第二部分和每个$V^{\cong^t}{}_x$是$\trianglelefteq^t$-外延的可得$V^{\cong^t}$是$\trianglelefteq^t$-延的。

定理 6.5.9　$AFA^{\cong^t} \Leftrightarrow$ 一个可达点图是一个精确图当且仅当它是$\trianglelefteq^t$-外延的。

此命题是定理 6.5.8 的一个推论，证明是不足道的，它表明$AFA^{\cong^t}$与 SAFA 是等价的。

斯科特最初把自己的公理描述成："一棵树同构于一个典范树图像当且仅当它是无赘树，"可以证明这两种描述是等价的。下面用 SAFA′表示此描述，同样地把此描述分成两部分：

SAFA$'_1$：每一个无赘树都同构于一个典范树图像；

SAFA$'_2$：每一个典范树图像都是无赘的。

此后的三个结论将需要用来证明AFA$^{\cong t}$等价于 SAFA$'$。

定理 6.5.10　一个$\trianglelefteq^t$-外延的可达点图的展开是一个无赘树。

证明　令 G_n 是一个$\trianglelefteq^t$-外延的可达点图。令 $a, b \in c_G$，其中 $c \in (G_n)^t$，使得 $(G_n)^t{}_a \trianglelefteq (G_n)^t{}_b$。那么 $(G_a)^t = (G_n)^t{}_a \trianglelefteq (G_n)^t{}_b = (G_b)^t$，可得 $G_a \trianglelefteq^t G_b$。由于 G 是$\trianglelefteq^t$-外延的，所以 $a = b$。所以 $(G_n)^t$ 是无赘树。

定理 6.5.11　如果 Tr 是一棵无赘树那么有一个$\trianglelefteq^t$-外延的可达点图 G_n 和一个满射的系统映射π：$\mathrm{Tr} \to G_n$ 使得 $\mathrm{Tr} \trianglelefteq (G_n)^t$ 且对于 $a, b \in \mathrm{Tr}$，

$$\pi a = \pi b \Leftrightarrow T_a \trianglelefteq T_b$$①。

证明　令 Tr 是一棵无赘树。令~是 Tr 的结点上如下定义的等价关系：对于 $a, b \in \mathrm{Tr}$，

$$a \sim b \Leftrightarrow T_a \trianglelefteq T_b。$$

由于~是一个互模拟关系，对于 $a \in \mathrm{Tr}$，令

$$\pi a = \{b \in \mathrm{Tr} \mid a \sim b\},$$

并且令 $G = \{\pi a \mid a \in \mathrm{Tr}\}$和 $n = \pi r$，我们可以构造 Tr 关于~的一个商π：$\mathrm{Tr} \to G_n$。现在只剩下证明 $\mathrm{Tr} \trianglelefteq (G_n)^t$。因此定义$\psi$：$\mathrm{Tr} \to (G_n)_t$ 如下：对于 $a \in \mathrm{Tr}$，

$$\psi a = (\pi r, \cdots, \pi a),$$

其中 $r \to \cdots \to a$ 是 Tr 中位于根 r 和结点 a 之间唯一的路径。ψ是一个满射的系统映射这一点是很清楚的。为了清楚ψ是单射的，令 $a, b \in \mathrm{Tr}$ 使得$\psi a = \psi b = (n, \cdots, c)$。那么 Tr 中有路径 $r \to \cdots \to a$ 和 $r \to \cdots \to b$ 使得$\pi r = n, \cdots, \pi a = \pi b = c$。假设 $a \neq b$，那么在路径 $n \to \cdots \to c$ 中有一个第一的结点 c'，其在路径 $r \to \cdots \to a$ 和 $r \to \cdots \to b$ 中分别对应的结点 a'和 b'是不同的，使得$\pi a' = \pi b' = c'$。那么 $T_{a'} \trianglelefteq T_{b'}$，$a'$和 b'分别是路径 $r \to \cdots \to a' \to \cdots \to a$ 和 $r \to \cdots \to b' \to \cdots \to b$ 中位于它们之前的共同结点的后继。因此，由于 Tr 是无赘的，有 $a' = b'$，这与 a'和 b'的选择相矛盾。所以我们必须有 $a = b$。这样，ψ是单射的且因此有ψ：$\mathrm{Tr} \trianglelefteq (G_n)^t$。

定理 6.5.12　如果 G_a 和 $G'_{a'}$都是$\trianglelefteq^t$-外延的可达点图，那么

$$G_a \trianglelefteq^t G'_{a'} \Rightarrow G_a = G'_{a'}$$②。

证明　令 G_a 和 $G'_{a'}$都是$\trianglelefteq^t$-外延的可达点图，使得 $G_a \trianglelefteq^t G'_{a'}$。那么由定理 6.5.10，$(G_a)^t$ 和 $(G'_{a'})^t$ 是同构的无赘树。令ψ：$(G_a)^t \trianglelefteq (G'_{a'})^t$，定义$\pi$：$G_a \to G'_{a'}$ 如下：如果 $b \in G_a$，令σ是 G_a 中从 a 到 b 的路径，那么$\sigma \in (G_a)^t$，使得$\psi\sigma = (G'_{a'})^t$。令πb 是 $G'_{a'}$中路径$\psi\sigma$的最后一个结点。为理解πb 是良定义的，令σ'也是 G_a 中一条从 a 到 b 的路径，c'是 $G'_{a'}$中$\psi\sigma'$的最后一个结点。观察到$(G_a)^t$ 的由两条路径σ和σ'决定的子树将都同构于树$(G_b)^t$ 且因此互相同构。可以推出相应的 $G'_{a'}$的由$\psi\sigma$

①② Aczel P: Non-Well-Founded Sets, CSLI Publications, 1988: 50.

和$\psi\sigma'$决定的子树也是同构的。但是这些都同构于$(G'_c)^t$和$(G'_{c'})^t$，使得$(G'_c)^t \cong (G'_{c'})^t$，因此有$G'_c \cong^t G'_{c'}$。由于$G'$是$\cong^t$-外延的，因此有$c = c'$。所以$\pi b$是良定义的，类似的讨论可以证明$\pi$也是单射的。$\pi$是满射的以及是一个系统映射也可以如常验证。

公理 SAFA 可以分成两个部分：

（1）SAFA^1：每一个无赘树都同构于一个典范树图像；

（2）SAFA^2：每一个典范树图像都是无赘的。

下面来证明$\text{AFA}^{\equiv^t}$等价于 SAFA′。

定理 6.5.13 （1）$\text{SAFA}_2' \Leftrightarrow \text{AFA}_2^{\equiv^t}$；

（2）$\text{SAFA}' \Rightarrow \text{AFA}_1^{\equiv^t} \Rightarrow \text{SAFA}_1'$；

（3）$\text{SAFA}' \Leftrightarrow \text{AFA}^{\equiv^t}$。

证明 首先注意（3）是（1）和（2）的直接推论。现在我们来证明组成（1）和（2）的四个蕴涵。

（i）$\text{SAFA}_2' \Rightarrow \text{AFA}_2^{\equiv^t}$。

令a和b是集合，$c = \{a, b\}$。那么由SAFA_2'，树$(V^{\equiv^t}{}_c)^t$是无赘的。由于a和b决定公共结点、$(V^{\equiv^t}{}_c)^t$中的c的后继，

$$(V^{\equiv^t}{}_a)^t \cong (V^{\equiv^t}{}_b)^t \Rightarrow a=b。$$

因此V是$\cong^t$-外延的且由此$\text{AFA}_2^{\equiv^t}$得证。

（ii）$\text{AFA}_2^{\equiv^t} \Rightarrow \text{SAFA}_2'$。

由$\text{AFA}_2^{\equiv^t}$，可达点图$V^{\equiv^t}{}_a$是$\cong^t$-外延的，因此由定理 6.5.10 可知树$(V^{\equiv^t}{}_a)^t$是无赘的。

（iii）$\text{SAFA}' \Rightarrow \text{AFA}_1^{\equiv^t}$。

令G_a是一个$\cong^t$-外延的可达点图。那么由定理 6.5.10 树$(G_a)^t$是无赘的。因此由SAFA_1'有一个集合c使得$(G_a)^t \cong (V^{\equiv^t}{}_c)^t$。由（1），可以从$\text{SAFA}_2'$推出$V^{\equiv^t}$是$\cong^t$-外延的，所以$V^{\equiv^t}{}_c$是$\cong^t$-外延的。因此由定理 6.5.12 有$G_a \cong V^{\equiv^t}{}_c$。所以$G_a$是$c$的一个精确图。

（iv）$\text{AFA}_1^{\equiv^t} \Rightarrow \text{SAFA}_1'$。

令 Tr 是一个无赘树，π: Tr $\to G_n$如定理 6.5.11 所定义，因此G_n是$\cong^t$-外延的且 Tr $\cong (G_n)^t$。由$\text{AFA}_1^{\equiv^t}$，有一个集合c使得$G_n \cong V^{\equiv^t}{}_c$因此 Tr $\cong (G_a)^t \cong (V^{\equiv^t}{}_c)^t$。所以 Tr 同构于一个典范树图像。

定理 6.5.14 SAFA $\Leftrightarrow$ SAFA′。

证明 由定理 6.5.9，$\text{AFA}^{\equiv^t} \Leftrightarrow$ SAFA；由定理 6.5.13（3），$\text{SAFA}' \Leftrightarrow \text{AFA}^{\equiv^t}$，所以 SAFA $\Leftrightarrow$ SAFA′。

四、ZFC⁻ +AFA$^{\cong t}$的模型

由定理 6.1.19 可知，每个满系统是 ZFC⁻模型；定理 6.5.7 又告诉我们每一个$\trianglelefteq^t$-完全的系统都是满系统，所以每个$\trianglelefteq^t$-完全的系统是 ZFC⁻模型。那么每个$\trianglelefteq^t$-完全的系统是AFA$^{\cong t}$的模型吗？答案是肯定的，我们有下面的定理。

定理 6.5.15　令正则互模拟$\trianglelefteq^t$对所有的满系统是绝对的，那么每个$\trianglelefteq^t$-完全性系统 M 是 ZFC⁻+AFA$^{\cong t}$的一个模型；不计同构 ZFC⁻+AFA$^{\cong t}$有唯一的满模型。

此命题是定理 6.3.9 的一个特例，这里证明略。根据定理 6.5.6(4)：$M \trianglelefteq V_c^{\cong t}$，所有这样的模型都与$V_c^{\cong t}$同构。

此命题的意义在于，它证明了 ZFC⁻ +AFA$^{\cong t}$是个一致的系统，从而证明了非良基集合论 ZFC⁻+AFA$^{\cong t}$的合法性。

第六节　正则互模拟$\equiv_{V_0}$与AFA$^{\equiv V_0}$

一、正则互模拟$\equiv_{V_0}$

前面我们已经给予了互模拟和一个系统 M 上的极大互模拟$\equiv_M$,现在我们在系统 V_0 上给出极大互模拟$\equiv_{V_0}$的定义。

定义 6.6.1　对于任意的 $G_a, G'_{a'} \in V_0$，定义 V_0 上的关系$\equiv_{V_0}$为

$$G_a \equiv_{V_0} G'_{a'} \Leftrightarrow \text{对于 } V_0 \text{ 的上某一小的互模拟 } R\text{，} G_a\, R\, G'_{a'}\text{。}$$

定理 6.6.1　$\equiv_{V_0}$是 V_0 上的一个正则互模拟。

证明　(i) 根据模拟定理 6.1.5 可知$\equiv_{V_0}$是 V_0 上的一个互模拟，根据定理 6.1.8 可知$\equiv_{V_0}$是 V_0 上的一个等价关系。

“(ii) 因为$\equiv_{V_0}$是 V_0 上的极大互模拟，所以只需证明$\trianglelefteq$是 V_0 上的一个互模拟，即证：若 $G_a \trianglelefteq G'_{a'}$，有$\forall x \in (G_a)_{V_0}, \exists y \in (G'_{a'})_{V_0}$，使得 $x \trianglelefteq y$，并且$\forall y \in (G'_{a'})_{V_0}$，$\exists x \in (G_a)_{V_0}$，使得 $x \trianglelefteq y$。有$\forall x \in (G_a)_{V_0}, \exists b \in a_G$，使得 $x = G_b$。因为 $G_a \trianglelefteq G'_{a'}$，则存在一个同构映射 f: $G_a \to G'_{a'}$。令 $b' = f(b)$和 $y = G'_{b'}$，则 $y \in (G'_{a'})_{V_0}$，并且 $G_b \trianglelefteq G'_{b'}$，即 $x \trianglelefteq y$。同理可证：$\forall y \in (G'_{a'})_{V_0}, \exists x \in (G_a)_{V_0}$，使得 $x \trianglelefteq y$。故$\trianglelefteq$是 V_0 上的一个正则互模拟，根据互模拟的极大性，从而 $G_a \equiv_{V_0} G'_{a'}$。

(iii) 下面证明 $a_G = a'_G \Rightarrow G_a \equiv_{V_0} G_{a'}$。先定义系统 V_0 上的一个关系 R，即 $G_a R G_{a'} \Leftrightarrow a_G = a'_G$。现在证明关系 R 是系统 V_0 上的一个互模拟。根据互模拟的定义，需要证明 $G_a R G_{a'} \Rightarrow \forall x \in (G_a)_{V_0}, \exists y \in (G_{a'})_{V_0}$，使得 xRy；并且$\forall y \in (G_{a'})_{V_0}, \exists x \in (G_a)_{V_0}$，使得 xRy。有$\forall x \in (G_a)_{V_0}, \exists x' \in a_G$，使得 $x = G_{x'}$。因为 $G_a R G_{a'}$，所以 $a_G = a'_G$，$x' \in a'_G$，于是 $G_{x'} \in (G_{a'})_{V_0}$。令 $y = G_{x'}$，则 $y \in (G_{a'})_{V_0}$，并且 $G_{x'} R G_{x'}$，即 xRy。同理可证：$\forall y \in (G_{a'})_{V_0}, \exists x \in (G_a)_{V_0}$，使得 xRy。故 R 是 V_0 上的一个互模拟，根据互模

拟的极大性，从而 $G_a \equiv_{V_0} G_{a'}$。”①

定理 6.6.2　对任意的系统 M，任意的 $n, m \in M$，

$$M_n \equiv_{V_0} M_m \Leftrightarrow n \equiv_M m。$$

证明　假定 $M_n \equiv_{V_0} M_m$，在系统 M 上定义一个互模拟关系 R，使得对于任意的 $n, m \in M$，$nRm \Leftrightarrow M_n \equiv_{V_0} M_m$。下面证 R 是 M 上的一个互模拟关系。由 nRm，则 $M_n \equiv_{V_0} M_m$，据 $\equiv_{V_0}$ 定义，存在一个小互模拟关系 Z 使得 $M_n Z M_m$。很明显对于所有的 $x \in n_M$，存在 $y \in m_M$，使得 $M_x Z M_y$。因为 $Z \subseteq \equiv_{V_0}$，所以 $M_x \equiv_{V_0} M_y$；再根据 R 的定义，xRy。同理对于所有的 $y \in m_M$，存在 $x \in n_M$，xRy。即 nR^+m，$R \subseteq R^+$，故 R 是 M 上的一个互模拟，因此 $n \equiv_M m$。

假定 $n \equiv_M m$，定义 V_0 上的二元关系 Z，使得对任意的 $n, m \in M$，$M_n Z M_m \Leftrightarrow n \equiv_M m$，现在我们证 Z 是 V_0 上的一个互模拟关系。由 $M_n Z M_m$，则 $n \equiv_M m$，那么 M 上存在一个小互模拟关系 R 使得 nRm。由互模拟定义，对于任意的 $x \in n_M$（即 $M_x \in (M_n)\ V_0$），存在 $y \in m_M (M_y \in (M_m)\ V_0)$，使得 xRy，因此 $x \equiv_M y$，由 Z 的定义得，$M_x Z M_y$。同理可得，对于任意的 $y \in m_M (My \in (M_m)\ V_0)$，存在 $x \in n_M$（即 $Mx \in (M_n)\ V_0$），$M_x Z M_y$。即 $M_n Z^+ M_m$，$Z \subseteq Z^+$，故 Z 是 M 上的一个互模拟，因此 $M_n \equiv_{V_0} M_m$。

定义 6.6.2　一个系统 M 是 $\equiv_{V_0}$-外延的仅当对所有的 $a, b \in M$，

$$M_a \equiv_{V_0} M_b \Rightarrow a=b。$$

有了这个定义，我们可以形成一个非良基集合的域 $V^{\equiv_{V_0}}$，定义如下

$$V^{\equiv_{V_0}} = \{G \in V_0 \mid G \text{ 是} \equiv_{V_0}\text{-外延的}\}。$$

和前面一样，这里的“=”不是真正意义上的相等，可以理解成这样的一种对应性：右边的每个可达点图都是 $V^{\equiv_{V_0}}$ 中唯一集合的精确图像，$V^{\equiv_{V_0}}$ 中的每个集合的精确图图像都是右边的元素；特别要注意这里的 $V^{\equiv_{V_0}}$ 与下面的 $V_0^{\equiv_{V_0}}$ 意义完全不一样，$V_0^{\equiv_{V_0}}$ 是所有 $\equiv_{V_0}$-外延的可达点图组成的系统，$V^{\equiv_{V_0}}$ 是公理系统 $ZFC^- +AFA^{\equiv_V}$ 中的所有集合组成的系统。后面我们将会证明 $V^{\equiv_{V_0}} = A$（芬斯勒非良基集合论的域）。另外，我们习惯把 $V^{\equiv_{V_0}}$ 简写成 V。

定理 6.6.3　令 M 是任意系统，则 M 是 $\equiv_{V_0}$-外延的当且仅当 M 是强外延的。

证明　假设 M 是 $\equiv_{V_0}$-外延的。对于任意的 $n, m \in M$，如果 $n \equiv_M m$，由定理 6.6.2 得，$M_n \equiv_{V_0} M_m$。根据假设，$n = m$，所以 M 是强外延的。

假设 M 是强外延的。对于任意的 $n, m \in M$，如果 $M_n \equiv_{V_0} M_m$，由命题 5.6.2 得，$n \equiv_M m$。根据假设，$n = m$，所以 M 是 $\equiv_{V_0}$-外延的。

定理 6.6.4　如果 M 是强外延的，那么对于任意的系统 M'，至多有一个单射的系统映射 $M' \to M$。

证明　假设存在两个单射系统映射 π 和 π'，那么对于任意的 $a \in M'$，令 $\pi \upharpoonright M'_a$ 和 $\pi' \upharpoonright M'_a$ 是映射 π 和 π' 到 M'_a 的限制，因为 π 和 π' 是单射，所以 $\pi \upharpoonright M'_a$：$M'_a \cong M_{\pi a}$ 和 $\pi' \upharpoonright M'_a$：$M'_a \cong M_{\pi' a}$，并因此 $M_{\pi a} \cong M_{\pi' a}$，由于 $\equiv_{V_0}$-是正则互模拟，所以 $M_{\pi a} \equiv_{V_0}$

① 杜文静．2010．反基础公理的模型研究．南开大学博士学位论文: 32.

$M_{\pi' a}$。又因为 M 是强外延的，据定理 6.6.3，M 是 $\equiv_{V_0}$-外延的，所以 $\pi a = \pi' a$，又 a 的任意性可得 $\pi = \pi'$。

定义 6.6.3 一个系统 M 是 $\equiv_{V_0}$-完全的仅当它是 M 是 $\equiv_{V_0}$-外延的并且每一个 $\equiv_{V_0}$-外延图都有一个单射的 M-装饰。注意，由上述命题可知该 M-装饰必然是唯一的。

定理 6.6.5 令 M 是任意系统，那么 M 是 $\equiv_{V_0}$-完全的当且仅当 M 是完全的。

证明 假设 M 是 $\equiv_{V_0}$-完全的，那么 M 是 $\equiv_{V_0}$-外延的并且每一个 $\equiv_{V_0}$-外延图都有一个单射的 M-装饰。由定理 6.6.3，M 是强外延的并且每一个强外延图都有一个单射的 M-装饰。所以 M 是完全的。

假设 M 是完全的，那么 M 是强外延的并且每一个强外延图都有一个单射的 M-装饰。由定理 6.6.3，M 是 $\equiv_{V_0}$-外延的并且每一个 $\equiv_{V_0}$-外延图都有一个单射的 M-装饰，所以 M 是 $\equiv_{V_0}$-完全的。

令 $V_0^{\equiv_{V_0}}$ 是 V_0 的子系统，由强外延的可达点图作为结点以及所有这些可达点图之间的 V_0 的边组成。我们令 $V_c^{\equiv_{V_0}}$ 是一个强外延系统，对于这一系统有一个满射的系统映射 $\pi^{\equiv_{V_0}}: V_0^{\equiv_{V_0}} \to V_c^{\equiv_{V_0}}$，使得对于所有的强外延的可达点图 G_a 和 $G'_{a'}$，

$$G_a \equiv_{V_0} G'_{a'} \Leftrightarrow \pi^{\equiv_{V_0}}(G_a) = \pi^{\equiv_{V_0}}(G'_{a'})。$$

如下命题为我们保证了 $\pi^{\equiv_{V_0}}$ 和 $V_c^{\equiv_{V_0}}$ 的存在。

定理 6.6.6 对于每一个系统 M 都有一个系统 M' 和满射的系统映射 $\pi: M \to M'$，使得对于 $x, x' \in M$，

$$M_x \equiv_{V_0} M_{x'} \Leftrightarrow \pi x = \pi x'。$$

此外，对于所有 $x \in M$，如果 M_x 是强外延的，那么 M' 是强外延的。

证明 第一部分的证明与定理 6.1.12 的证明一样。对于第二部分，观察到对于每一个 $a \in M$，π 到 M_a 的限制 $\pi \upharpoonright M_a$ 是一个满射的系统映射 $M_a \to M'_{\pi a}$。现在假定 $x, y \in M_a$ 且 $\pi x = \pi y$，那么 $M_x \equiv_{V_0} M_y$，由于 M_a 是强外延的，所以是 $\equiv_{V_0}$-外延性，因此 $x = y$。因此 $\pi \upharpoonright M_a$ 是一个同构 $M_a \cong M'_{(\pi a)}$，因为 $\equiv_{V_0}$ 是一个正则互模拟，所以 $M_a \equiv_{V_0} M'_{(\pi a)}$。

现在我们证明 M' 是强外延的。由于 $\pi: M \to M'$ 是满射的，对任意的 $a, b \in M$，如果 $M'_{(\pi a)} \equiv_{V_0} M'_{(\pi b)}$，从上面的结论可得 $M_a \equiv_{V_0} M'_{(\pi a)}$，并且 $M_b \equiv_{V_0} M'_{(\pi b)}$。因为 $\equiv_{V_0}$ 具有传递性，所以 $M_a \equiv_{V_0} M_b$，由映射 π 的定义可知 $\pi a = \pi b$。由满射及 a, b 的任意性可知 M' 是 $\equiv_{V_0}$-外延的，由定理 6.6.3，所以 M' 是强外延的。

注意，在把这一命题应用到 $M = V_0^{\equiv_{V_0}}$ 时，如果 $x = G_a \in M$，那么 $M_x \cong G_a$，且由于 G_a 是 $\equiv_{V_0}$-外延的，所以 M_x 是 $\equiv_{V_0}$-外延的，进而 M' 是 $\equiv_{V_0}$-外延的，即 $V_c^{\equiv_{V_0}}$ 是 $\equiv_{V_0}$-外延的，所以是强外延的。

定理 6.6.7 对于每一个强外延的系统 M 存在唯一的单射的系统映射 $M \to V_c^{\equiv_{V_0}}$。

证明 由定理 6.6.4，单射系统映射的唯一性从 $V_c^{\equiv_{V_0}}$ 是强外延的可以得出。因此只需证明单射系统映射 $M \to V_c^{\equiv_{V_0}}$ 的存在性，其中 M 是强外延的。很清楚，π_M: $M \to V_0^{\equiv_{V_0}}$ 是一个系统映射，其中，对于 $a \in M$，$\pi_M a = M_a$。因此通过与 $\pi^{\equiv_{V_0}}$: $V_0^{\equiv_{V_0}} \to V_c^{\equiv_{V_0}}$ 复合，我们得到一个系统映射 $\pi^{\equiv_{V_0}} \circ \pi_M$: $M \to V_c^{\equiv_{V_0}}$。现在只剩下证

明这个映射是单射的。令 $x, y\in M$ 使得$\pi^{\equiv_{V_0}}\circ\pi_M(x)=\pi^{\equiv_{V_0}}\circ\pi_M(y)$，即$\pi^{\equiv_{V_0}}(M_x)=\pi^{\equiv_{V_0}}(M_y)$，那么 $M_x\equiv_{V_0}M_y$。由于 M 是强外延的，因此也是$\equiv_{V_0}$-外延的，所以 $x=y$。又由于 x 和 y 是任意的，所以$\pi^{\equiv_{V_0}}\circ\pi_M$是单射。

定理 6.6.8 $V_c^{\equiv_{V_0}}$是完全的。

证明 我们已经知道$V_c^{\equiv_{V_0}}$是强外延的。把定理 6.6.7 应用到小的系统 M。

定理 6.6.9 令 M 是一个强外延的系统，那么下列各个命题等价：

（1）M 是完全的；

（2）对每一个强外延的系统 M_0，$M_0\leqslant M$；

（3）$M\leqslant M'\Rightarrow$ 对每一个强外延的系统 M'，$M\trianglelefteq M'$；

（4）$M\trianglelefteq V_c^{\equiv_{V_0}}$。

此命题是定理 6.3.9 的特例，证明略。

定理 6.6.10 $V_c^{\equiv_{V_0}}$是一个满系统。

证明 根据定理 6.6.8，$V_c^{\equiv_{V_0}}$是完全的；根据定理 6.1.18，每个完全系统都是满系统，$V_c^{\equiv_{V_0}}$是一个满系统。

另外，回想一下 V_c 这个系统，它是 V_0 强外延的商，并且 V_c 是完全的，那么它与$V_c^{\equiv_{V_0}}$是否同一呢？这个有待进一步研究，但有如下命题。

定理 6.6.11 $V_c\trianglelefteq V_c^{\equiv_{V_0}}$。

证明 由命题 V_c 是完全的和定理 6.6.9 的（1）$\Rightarrow$（4）可得。

二、非良基公理$\mathrm{AFA}^{\equiv_{V_0}}$

假设给定了一个不带任何参数的公式$\phi(x, y)$在 V 中定义了$\equiv_{V_0}$，其中自由变元至多为 x，y。这意味着对于所有的可达点图 c 和 d，

$$c\equiv_{V_0}d\Leftrightarrow V\vDash\phi(c,d)。$$

还将假设$\phi(x,y)$是固定的，并且把它作为$\equiv_{V_0}$的定义。使用$\equiv_{V_0}$的定义我们可以构造一个句子来表达 V 是完全的，称这样的句子为$\mathrm{AFA}^{\equiv_{V_0}}$。

定义 6.6.4 $\mathrm{AFA}^{\equiv_{V_0}}=V$ 是完全的。我们可以把$\mathrm{AFA}^{\equiv_{V_0}}$分成两部分：

（1）$\mathrm{AFA}^{\equiv_{V_0}}{}_1$：每一个强外延的图都有一个单射的装饰；

（2）$\mathrm{AFA}^{\equiv_{V_0}}{}_2$：$V$ 是强外延的。

三、$\mathrm{AFA}^{\equiv_{V_0}}$与 AFA 的等价性

定理 6.6.12 （1）$\mathrm{AFA}^{\equiv_{V_0}}{}_1$ 当且仅当每一个强外延的可达点图都是精确图；

（2）$\mathrm{AFA}^{\equiv_{V_0}}{}_2$ 当且仅当每一个精确图都是强外延的。

证明 （1）假定$\mathrm{AFA}^{\equiv_{V_0}}{}_1$：每一个强外延的图都有一个单射的装饰，那么每个强外延的可达点图都有一个单射的装饰。根据精确图的定义，每个强外延的可达点图都是一个精确图。反之，假定每一个强外延的可达点图都是精确图，也就是都有一个单射装饰。令 M 是任意一个强外延图，那么每一个可达点图 M_a 都是强

外延的，因此都有一个单射装饰 d_a，因此 M_a 将是集合 $d_a a$ 的图像。对于每一个 $a \in M$，令 $da = d_a a$。我们将证明 d 是 M 的装饰。首先我们可以看到，如果 $a \to x$ 在 M 中，那么 M_x 的每一个结点也是 M_a 的结点，并且 d_a 到 M_x 的限制将是 M_x 的一个单射装饰，我们就使它等于 M_x 的那个单射装饰 d_x。所以，如果 $a \to x$ 在 M 中，那么 $d_a x = d_x x = dx$。所以，对于每一个 $a \in M$，

$$\begin{aligned} da &= d_a a \\ &= \{d_a x \mid M_a \text{中的 } a \to x\} \\ &= \{dx \mid M \text{中的 } a \to x\}。\end{aligned}$$

因此 d 是 M 的一个装饰。现在来证明 d 是 M 的一个单射装饰。对任意的 $a, b \in M$，如果 $da = db$，那么 $d_a a = d_b b$，即 $\{d_a x \mid M_a \text{中的 } a \to x\} = \{d_b y \mid M_b \text{中的 } b \to y\}$，由于 d_a 和 d_b 都是单射装饰，所以很容易在 M_a 和 M_b 之间建立一个同构映射，即 $M_a \cong M_b$，并因此 $M_a \equiv_{V_0} M_b$。因为 M 是强外延的，所以是 $\equiv_{V_0}$-外延的，所以 $a = b$。由 M 的任意性，所以每一个强外延的图都有一个单射的装饰，即 $\text{AFA}^{\equiv_{V_0}}{}_1$ 成立。

（2）假定 $\text{AFA}^{\equiv_{V_0}}{}_2$：$V$ 是强外延的。我们在 V 上任取一点 x，则 V_x 为集合 x 的典范图。因为 V 是强外延的，所以 V_x 也是强外延的。因为每个精确图都同构于某个典范图，所以每个精确图是强外延的。反之，如果每个精确图是强外延的，因为每个典范图都是精确图，所以每个典范图是强外延的，即在 V 上任取一点 x，V_x 是强外延的。令所有典范图构成的系统为 V_0'，显然我们可以构造一个满射的系统映射 π：$V_0' \to V$ 使得对于 $V_x, V_{x'} \in V_0'$

$$V_x \equiv_{V_0} V_{x'} \Leftrightarrow x = x'。$$

根据定理 6.6.6 的第二部分和每个 V_x 是强外延的可得 V 是强外延的。

定理 6.6.13　$\text{AFA}^{\equiv_{V_0}} \Leftrightarrow$ 一个可达点图是一个精确图当且仅当它是强外延的。

此命题是定理 6.6.12 的一个推论，证明是不足道的，它证明了 $\text{AFA}^{\equiv_{V_0}}$ 与埃泽尔非良基公理是等价的。但是，埃泽尔并没有这样表达自己的非良基公理，而是表述为“每个图都有唯一装饰”，并把后一表述称为 AFA。现在我们来证明这两种表述是等价的。

我们首先把 AFA 分成两部分：

AFA_1：每个图至少有一个装饰；

AFA_2：每个图至多有一个装饰。

定理 6.6.14　（1）$\text{AFA}_1 \Leftrightarrow$ 每个强外延的可达点图都是精确图；

（2）$\text{AFA}_2 \Leftrightarrow$ 每个精确图都是强外延的；

（3）$\text{AFA} \Leftrightarrow$ 一个可达点图是一个精确图当且仅当它是强外延的。

证明　（1）假定 AFA_1。令 G 是一个强外延的可达点图。由 AFA_1，G 有一个装饰 d。因此 d：$G \to V$ 是一个系统映射。由定理 6.1.13 的（1）$\Rightarrow$（3）可知 d 是单射的，因此 G 是一个精确图像。反过来，让我们假定命题的右边来证明每一个图 G 都有一个装饰。给定图 G 我们可以构造一个可达点图 G'：添加一个新的

结点∗，并且对于 G 的每一个结点 a 添加新的边⟨∗, a⟩。现在令π: $G' \to G''$是 G' 的强外延商。那么 $G''_{(\pi*)}$是强外延的并且因此由我们的假设，它是一个精确的图像。因此 G''有一个单射的装饰 d''。现在 d 是 G 的一个装饰，其中对于 G 的每一个结点 a，$da = d''(\pi a)$。

（2）假定 AFA_2：每个图 G 至多有一个装饰 d：$G \to V$，根据定理 6.1.13 的（2）⇒（1），所以 V 是强外延的。根据定理 6.1.14，对每个 $x \in V$，典范图 V_x 是强外延的。而每个精确图同构于某个典范图，所以每个精确图是强外延的。反之，如果每个精确图都是强外延的，因为每个典范图都是精确图，所以每个典范图是强外延的，也就是对每个 $x \in V$，典范图 V_x 是强外延的。再一次根据定理 6.1.14，所以 V 是强外延的。再根据定理 6.1.13 的（2）⇒（1），对每个系统 M_0，至多存在一个系统映射 d: $M_0 \to V$，运用到小系统就是每个图至多有一个装饰。

定理 6.6.15 AFA ⇔ $AFA^{\equiv V_0}$。

证明 由定理 6.5.13 和定理 6.6.14（3）直接可得。说明了埃泽尔集合论的域 $A=V$。

AFA 扩展了莫斯托夫斯基坍塌引理（每一个良基图都有唯一装饰），它断定“每个图都有唯一装饰”，推广到系统上，AFA 断定“每一个系统有一个 M 装饰”。如果把 V 装饰扩展到 M 装饰上，得出系统完全性的两种表述是等价的，即有如下定理。

定理 6.6.16 令 M 是任意系统，每一个图有一个唯一的 M-装饰当且仅当 M 是强外延的并且每个强外延的图有一个单射的 M-装饰。

证明 由定理 6.6.15 AFA ⇔ $AFA^{\equiv V_0}$可得，每一个图有唯一装饰 ⇔ V 是完全的（即 V 是强外延的并且每个强外延的图有一个单射装饰）。如果把 V 看作任意的系统 M，就得到“每一个图有唯一的 M 装饰⇔V 是完全的（即 M 是强外延的并且每个强外延的图有一个单射 M 装饰）”。

图 6.9 Ω的图像

我们知道对于图 6.9，AFA 强迫唯一的集合Ω是它的装饰。

我们也知道每个集合都有图像，但是任一集合的图像都不是唯一的，在 AFA 下，哪些图像是Ω的图像呢？我们有下面一个定理。

定理 6.6.17 一个可达点图是Ω的图像当且仅当它的每个结点都有后继。[①]

证明 假设给定了一个Ω的根为 a 的图像。令 d 是该图像的一个装饰使得 $da = \Omega$。现在，如果 b 是图像的任何一个结点，那么一定有一个路径 $a = a_0 \to \cdots \to a_n = b$ 使得 $db = da_n \in \cdots \in da_0 = da = \Omega$。由于Ω是Ω唯一的元素，由此有 $db = \Omega$。由于Ω有一个元素，由此可得 b 一定有一个后继。这样，该图像的每一个结点一定有一个后继。

① Aczel P. 1988. Non-Well-Founded Sets. Stanford: CSLI Publications: 7.

另一个方向，假设给定了一个可达点图，其中每一个结点都有一个后继。那么很容易看出，把Ω指派给可达点图的每一个结点的这一指派就是该可达点图的一个装饰，因此该可达点图就是Ω的一个图像。

四、ZFC⁻ +AFA$^{\equiv_{V_0}}$的模型

由定理 6.1.19 可知，每个满系统是 ZFC⁻模型；定理 6.1.18 又告诉我们每一个完全的系统都是满系统，所以每个完全的系统是 ZFC⁻模型。那么每个完全的系统是AFA$^{\equiv_{V_0}}$的模型吗？答案是肯定的，我们有下面的定理。

定理 6.6.18　令正则互模拟$\equiv_{V_0}$对所有的满系统是绝对的，那么每个完全的系统 M 是 ZFC⁻+AFA$^{\equiv_{V_0}}$的一个模型；不计同构 ZFC⁻+AFA$^{\equiv_{V_0}}$有唯一的满模型。

此命题是定理 6.3.9 的一个特例，这里证明略。根据定理 6.6.9（4）：$M \cong V_c^{\equiv_{V_0}}$，所有这样的模型都与$V_c^{\equiv_{V_0}}$同构。

此定理证明了 ZFC⁻+AFA$^{\equiv_{V_0}}$是一致的系统，故 ZFC⁻+AFA$^{\equiv_{V_0}}$是合法的。

第七章　非良基集合论的域和分类

本章以第六章所得出的结论为基础，系统地讨论了正则互模拟所确定的外延性的等价力上确界和下确界，证明了 AFA~所涵盖的各公理不相容的条件，进一步证明了第六章给出的所有非良基公理对应的外延性的等价力的大小，以及相应的非良基域大小。最后对 1~3 层的 F，S 和 A 中的非良基集合进行了分类。

本章的主要研究工作是：证明了埃泽尔《非良基集合》中的命题 4.26 中的 7 个子命题，系统地比较并证明了五个非良基公理对应的各类外延性的等价力强弱和五个非良基域的大小，首次对 1~3 层的埃泽尔非良基集合进行分类。

本章的主要参考文献是埃泽尔《非良基集合》①前四章、史密斯《超集》②、塔克斯《非良基集合的分类和一个应用》③。

第一节　非良基集合的域

一、AFA~之间的关系

我们已经考察了正则互模拟的三个例子，这些正则互模拟对于满系统来说都有一个绝对的定义。在每一种情形中我们都得到一个公理 AFA~，不计同构，它有唯一的满模型。三种关系$\trianglelefteq^*$，$\trianglelefteq^t$和$\equiv_{V_0}$分别决定公理 FAFA，SAFA 和 AFA。这些公理之间有什么关系呢？公理 AFA 和 FAFA 在公理簇 AFA~中居于两个相反的极端。AFA 表达的是只有强外延的可达点图才是精确图像，而 FAFA 表达的是任意芬斯勒-外延的可达点图都是一个精确图像。公理 SAFA 则居于两者之间的某处，下面我们将证明 SAFA 严格地居于两个极端之间。

定理 7.1.1　令~是一个对于满模型来说有一个绝对的定义的正则互模拟，那么，

（1）每一个强外延的系统都是~-外延的；

（2）每一个~-外延的系统都是芬斯勒-外延的；

（3）$AFA_2 \Rightarrow AFA_2^{\sim} \Rightarrow FAFA_2$；

（4）$FAFA_1 \Rightarrow AFA_1^{\sim} \Rightarrow AFA_1$；

（5）如果有一个不是强外延的~-外延的可达点图，那么

$$\neg(AFA_1^{\sim} \wedge AFA_2);$$

（6）如果有一个不是~-外延的芬斯勒-外延的可达点图，那么

---

① Aczel P. 1988. Non-Well-Founded Sets. Stanford: CSLI Publications:1-56.

② Smith B S.1996. Hypersets. Ph.D. Dissertation. University of Cambridge.

③ Takashi N, Tomoko O, Tzouvaras A. 2003. Classification of non-well-founded sets and an Application. Math.Log.Quart, 49 (2) : 187-200.

$$\neg(\mathrm{FAFA}_1 \wedge \mathrm{AFA}_2{}^{\sim})。$$

证明　(1) 令 M 是任意的强外延系统。对于任意的 $a, b \in M$，如果 $M_a \sim M_b$，由于 $\sim \subseteq \equiv_{V_0}$，那么 $M_a \equiv_{V_0} M_b$。根据定理 6.6.2，我们有 $a \equiv_M b$，再由假设 M 是强外延的，所以 $a = b$。故 M 是~-外延的。

(2) 令 M 是~-外延的。对于任意的 $a, b \in M$，如果 $M_a \cong^* M_b$，即 $(M_a)^* \cong (M_b)^*$，由定理 6.4.10 可知有三种情况：① $a_M = b_M \wedge M_a \cong M_b$；② $a_M \neq b_M \wedge M_a \cong M_b$；③ $a_M = b_M \wedge M_a \ncong M_b$。在这三种情况下都有 $M_a \sim M_b$，由假设 M 是~-外延的可得在这三种情况下都有 $a = b$，所以 M 是芬斯勒外延的。

(3) 先证第一个蕴涵式。令 G 是一个精确图，假设 AFA_2，因为 $\mathrm{AFA}_2 \Leftrightarrow$ 每个精确图都是强外延的，所以 G 是强外延的。对任意 $a, b \in G$，如果 $G_a \sim G_b$，由于 $\sim \subseteq \equiv_{V_0}$，那么 $G_a \equiv_{V_0} G_b$。根据定理 6.6.2，我们有 $a \equiv_M b$，再由 G 是强外延的，所以 $a = b$。故 G 是~-外延的。因此每个精确图都是~-外延的，由 $\mathrm{AFA}_2{}^{\sim} \Leftrightarrow$ 每个精确图都是~-外延的，所以 $\mathrm{AFA}_2{}^{\sim}$ 成立。

再证第二个蕴涵式。令 G 是一个精确图，假设 $\mathrm{AFA}_2{}^{\sim}$，$\mathrm{AFA}_2{}^{\sim} \Leftrightarrow$ 每个精确图都是~-外延的，故 G 是~-外延的。对于任意的 $a, b \in G$，如果 $G_a \cong^* G_b$，即 $(G_a)^* \cong (G_b)^*$，由定理 6.4.10 可知有三种情况：① $a_G = b_G \wedge Ga \cong Gb$；② $a_G \neq b_G \wedge G_a \cong G_b$；③ $a_G = b_G \wedge G_a \ncong G_b$。在这三种情况下都有 $G_a \sim G_b$，由假设 G 是~-外延的可得在这三种情况下都有 $a = b$，所以 G 是芬斯勒外延的。G 是任意的，所以每个精确图都是芬斯勒外延的，由 $\mathrm{FAFA}_2 \Leftrightarrow$ 每个精确图都是芬斯勒外延的，所以 FAFA_2 成立。

(4) 先证第一个蕴涵式。假设 FAFA_1。令 G 是~-外延的可达点图，根据 (2)：每一个~-外延的系统都是芬斯勒-外延的，那么 G 是芬斯勒外延的。根据假设 $\mathrm{FAFA}_1 \Leftrightarrow$ 每个芬斯勒外延的可达点图都是精确图，所以 G 是精确图。因为 G 是任意的，所以每个~-外延的可达点图都是精确图，由 $\mathrm{AFA}_1{}^{\sim} \Leftrightarrow$ 每个~-外延的可达点图都是精确图，所以 $\mathrm{AFA}_1{}^{\sim}$ 成立。

再证第二个蕴涵式。假设 $\mathrm{AFA}_1{}^{\sim}$。令 G 是一个强外延的可达点图，根据 (1)，每一个强外延的系统都是~-外延的，所以 G 是~-外延的。根据假设 $\mathrm{AFA}_1{}^{\sim} \Leftrightarrow$ 每个~-外延的可达点图都是精确图，所以 G 是精确图。因为 G 是任意的，所以每个强外延的可达点图都是精确图，由 $\mathrm{AFA}_1 \Leftrightarrow$ 每个强外延的可达点图都是精确图，所以 AFA_1 成立。

(5) 令 G 是~-外延的，但 G 不是强外延的。我们用反证法。假设 $\mathrm{AFA}_1{}^{\sim} \wedge \mathrm{AFA}_2$ 成立，则由 $\mathrm{AFA}_1{}^{\sim} \Leftrightarrow$ 每个~-外延的可达点图都是精确图，可得 G 是精确图。又由 $\mathrm{AFA}_2 \Leftrightarrow$ 每个精确图都是强外延的，所以 G 又是强外延的。这就与已知 G 不是强外延的矛盾，所以假设不成立，那么其否定 $\neg(\mathrm{AFA}_1{}^{\sim} \wedge \mathrm{AFA}_2)$ 成立。

(6) 令 G 是芬斯勒外延的，但 G 不是~-外延的。我们用反证法。假设 $\mathrm{FAFA}_1 \wedge \mathrm{AFA}_2{}^{\sim}$ 成立，那么由 $\mathrm{FAFA}_1 \Leftrightarrow$ 每个芬斯勒外延的可达点图都是精确图，所以 G

是精确图。又由 $AFA_2^{\sim}$ ⇔ 每个精确图都是~外延的，所以 G 又是~-外延的。这就与已知 G 不是~-外延的矛盾，所以假设不成立，那么其否定 $\neg(FAFA_1 \wedge AFA_2^{\sim})$ 成立。

定理 7.1.2 令~是一个对于满模型来说有一个绝对的定义的正则互模拟。如果有一个不是强外延的~-外延的可达点图，并且有一个不是~-外延的芬斯勒-外延的可达点图，那么 AFA，$AFA^{\sim}$和 FAFA 是两两不相容的。

证明 先证明 AFA 和 $AFA^{\sim}$不相容。因为有一个不是强外延的~-外延的可达点图，根据上面的定理 7.1.1（5），可得 $\neg(AFA_1^{\sim} \wedge AFA_2)$，所以 $\neg(AFA^{\sim} \wedge AFA)$，即 AFA 和 $AFA^{\sim}$不可同时成立，故它们不相容。

再证 $AFA^{\sim}$和 FAFA 不相容。因为有一个不是~-外延的芬斯勒-外延的可达点图，根据上面的定理 7.1.1（5），可得 $\neg(FAFA_1 \wedge AFA_2^{\sim})$，所以 $\neg(FAFA \wedge AFA^{\sim})$，即 FAFA 和 $AFA^{\sim}$不可同时成立，故它们不相容。

最后证 AFA 和 FAFA 不相容。很明显存在很多不是强外延的芬斯勒外延的图，例如图 6.6，受定理 7.1.1（5）的启示，我们可以假设 $\neg(FAFA_1 \wedge AFA_2)$ 成立。现在我们来证明此结论。令 G 是芬斯勒-外延的，但 G 不是强外延的。我们用反证法。假设 $FAFA_1 \wedge AFA_2$ 成立，则由 $FAFA_1$ ⇔ 每个芬斯勒外延的可达点图都是精确图，可得 G 是精确图。又由 AFA_2 ⇔ 每个精确图都是强外延的，所以 G 又是强外延的。这就与已知 G 不是强外延的矛盾，所以假设不成立，那么其否定 $\neg(FAFA_1 \wedge AFA_2)$ 成立，并因此 $\neg(FAFA \wedge AFA)$ 成立，即 FAFA 和 AFA 不能同时成立，故它们不相容。

定理 7.1.3 AFA，SAFA 和 FAFA 两两不相容。

证明 把事实 7.1.2 和事实 7.1.3 用到定理 7.1.2。

二、非良基集合的域

外延性问题是集合论问题的核心，因为它确定了集合相等的标准，所以决定了集合域的大小，或者说某个集合论中集合的基数。

我们把本章所涉及的几种具体集合的域列举如下：

$B = \{G \in V_0 \mid G$ 是外延的$\}$；

$Y = \{ G \in V_0 \mid G$ 是外延且严格的$\}$；

$F = V^{\cong^*} = \{ G \in V_0 \mid G$ 是外延且同构外延的（即芬斯勒外延的）$\}$；

$S = V^{\cong^t} = \{ G \in V_0 \mid G$ 是斯科特外延的$\}$；

$A = V^{\equiv_{V_0}} = V = \{G \in V_0 \mid G$ 是强外延的$\}$。

据此，我们可以证明下面的结论。

定理 7.1.4 （1）每一个强外延的系统都是斯科特外延的；

（2）每一个斯科特外延的系统都是芬斯勒外延的；

（3）每一个芬斯勒外延的系统都是外延且严格的；

（4）每一个外延且严格的系统都是外延的。

证明　（1）和（2）分别是定理 7.1.1（1）和（2）的一个特例，除了斯科特外延的取代~-外延的以外，证明完全一样，这里略。

（3）令 M 是芬斯勒外延的系统，那么 M 是外延且同构外延的，已知同构外延的蕴涵严格的，所以 M 是外延且严格的。

（4）如果 M 是外延且严格的，那么 M 是外延的系统。

如果用 ext(B), ext(Y), ext(F), ext(S) 和 ext(A) 分别表示非良基公理 BAFA，YAFA，FAFA，SAFA 和 AFA 对应的外延性的等价力大小，我们有如下结论。

定理 7.1.5　ext(B) ⩽ ext(Y) ⩽ ext(F) ⩽ ext(S) ⩽ ext(A)。

证明　这是定理 7.1.4 的一个不足道的后承。

我们还有下面的事实。

事实 7.1.1　存在一个外延的且非严格的可达点图。

证明　见图 6.3。

事实 7.1.2　存在一个外延且严格的非芬斯勒外延的可达点图。

证明　见图 6.4。

事实 7.1.3　存在一个芬斯勒外延的非斯科特外延的可达点图。

证明　图 6.6 就是一个满足这种条件的图，它是满足方程组 $x = \{y\}, y = \{x, z\}, z=\{x, y\}$ 的集合 x, y 和 z 的图像。下面再给出一个这样的图，它是满足方程组 $x=\{x, y\}, y=\{z\}, z=\{y, z\}$ 的集合 x 的图像（图 7.1）。

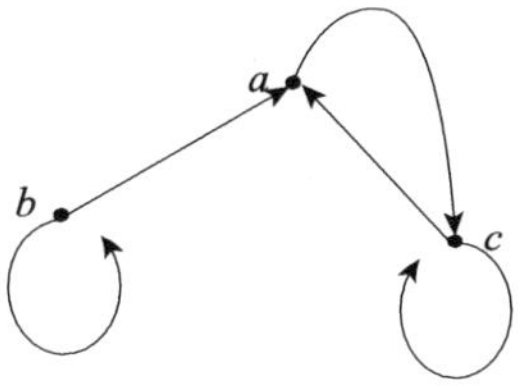

图 7.1　芬斯勒外延的且非斯科特外延的可达点图 G_b

G_b 是芬斯勒外延的，即 $\trianglelefteq^*$-外延的，构造 $(G_a)^*$，$(G_b)^*$ 和 $(G_c)^*$ 如图 7.2 所示。

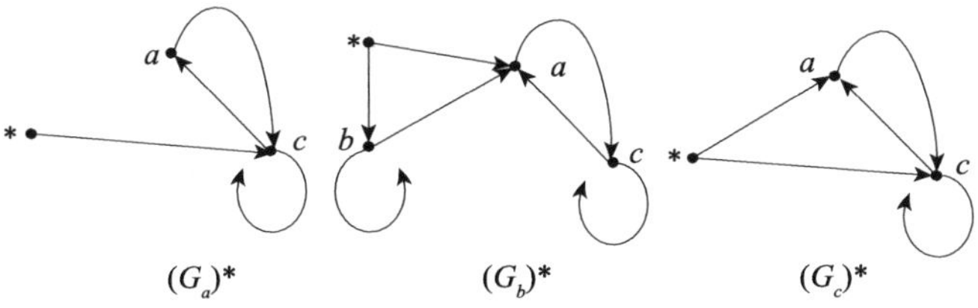

图 7.2　$(G_a)^*$，$(G_b)^*$ 和 $(G_c)^*$

显然 $(G_a)^* \ntrianglelefteq (G_b)^*$，$(G_b)^* \ntrianglelefteq (G_c)^*$ 和 $(G_a)^* \ntrianglelefteq (G_c)^*$，即 $G_a \ntrianglelefteq^* G_b$，$G_c \ntrianglelefteq^* G_b$ 和 $G_a \ntrianglelefteq^* G_c$，因此 G_a 是芬斯勒外延的。

但 G_b 不是斯科特外延的，我们以 b 点为根点展开 G_b 如图 7.3 所示。

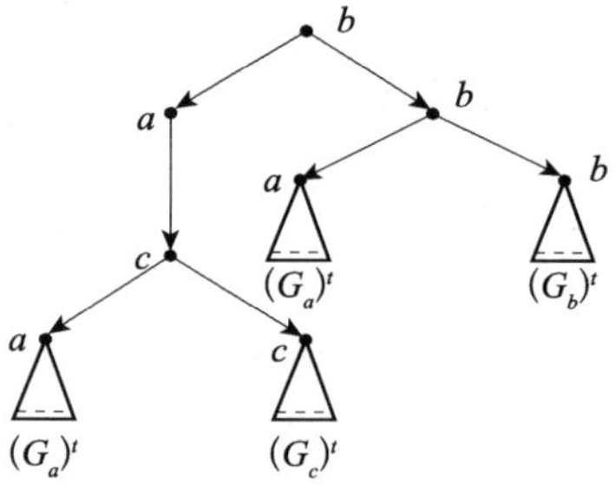

图 7.3　$(G_b)^t$

显然，$(G_b)^t \trianglelefteq (G_c)^t$，即 $G_b \trianglelefteq^t G_c$，但是 $b \neq c$，所以 G 不是$\trianglelefteq^t$-外延的。

事实 7.1.4　存在一个斯科特外延的非强外延的可达点图。

证明　如图 7.4 所示。

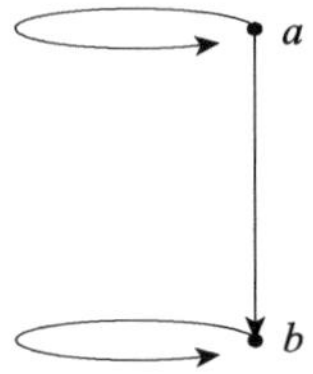

图 7.4　斯科特外延的非强外延的可达点图 G_a

G_a 不是强外延的，这一点很容易证明，$a \equiv_G b$，但是 $a \neq b$。但 G_a 是斯科特外延的，我们分别以 a, b 为出发点展开图 7.4，如图 7.5 所示。

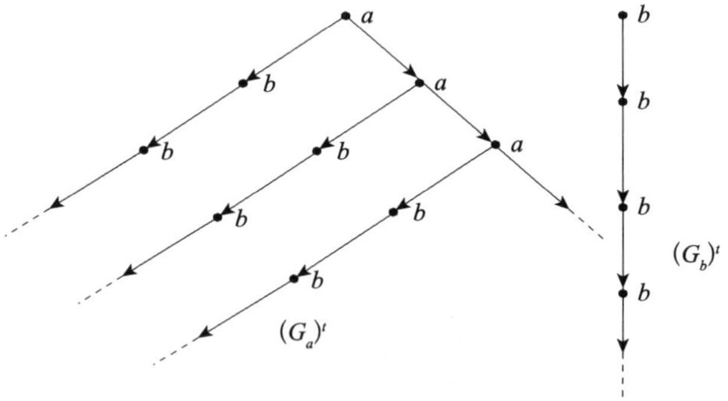

图 7.5　$(G_a)^t$ 和 $(G_b)^t$

显然 $(G_a)^t$ 与 $(G_b)^t$ 不同构，也就是说 $\neg(G_a \trianglelefteq^t G_b)$，所以 G_a 是斯科特外延的。

有了这些事实，定理 7.1.5 可改写为如下所述。

定理 7.1.5′　$\text{ext}(B) < \text{ext}(Y) < \text{ext}(F) < \text{ext}(S) < \text{ext}(A)$。

相应地，上面各个非良基域之间的关系用下面的定理表示。

定理 7.1.6　$A \subset S \subset F \subset Y \subset A$。

证明　这是定理 7.1.5 的一个推论。

由此可知，外延性的等价力与非良基集合域大小类似于反比关系。

第二节　非良基集合的分类

令 TC (x) 是集合 x 的传递闭包，我们称 TC $(x \cup \{x\})$ 的基数为集合 x 的层(level)。对于 $n \in \mathbf{N}$，x 是 n 层的当且仅当它的典范图有 n 个结点，或者说它的图像是具有 n 个结点的精确图。有了这个概念后，我们可以对非良基集合进行分类。我们只找出 1~3 层的芬斯勒集合、斯科特集合及埃泽尔集合，并进一步根据始点的个数分类。注意 f_n ($n \in \mathbf{N}$，后同)表示 n 层的芬斯勒集合数量，s_n 表示 n 层的斯科特集合数量，a_n 表示 n 层埃泽尔集合的数量，F_n 表示定义 n 层芬斯勒集合的方程组的集合，S_n 表示定义 n 层斯科特集合的方程组的集合，A_n 表示定义 n 层埃泽尔集合的方程组的集合。

一、芬斯勒集合的分类

布斯对 1~3 层的芬斯勒集合进行了分类，塔克斯等对布斯的分类进行了小的修正，下面列出修正后的芬斯勒集合的分类。注意，我们把方程组等同于图，如方程 $x = \{x\}$ 等同于 $x \to x$。

F_1：定义 1 层集合的方程组。

（1）$x = 0$；（2）$x = \{x\}$。

1 层的芬斯勒集合共 2 个。

F_2：定义 2 层集合的方程组。

首先令 x 为始点。

（1）$x = \{y\}$，$y = 0$；　（2）$x = \{x, y\}$，$y=0$；　（3）$x = \{x, y\}$，$y = \{y\}$。

现在令 x 和 y 都是始点。

（1）′$x = \{y\}$，$y = \{x, y\}$。

注意此时有两个芬斯勒外延的可达点图 G_x 和 G_y，它们分别是两个不同的芬斯勒集合的图像，也就是（1）′定义了两个集合。2 层的芬斯勒集合有 5 个。

F_3：定义 3 层集合的方程组。

首先，令 x，y 和 z 都是始点。

（i）$x = \{y\}$，$y = \{z\}$，$z = \{x, y\}$；

（ii）$x = \{y\}$，$y = \{z\}$，$z = \{x, z\}$；

（iii）$x = \{y\}$，$y = \{z\}$，$z = \{x, y, z\}$；

（iv）$x = \{y\}$，$y = \{x, z\}$，$z = \{y, z\}$；

（v）$x = \{y\}$，$y = \{x, z\}$，$z = \{x, y\}$；

（vi）$x = \{y\}$，$y = \{x, z\}$，$z = \{x, y, z\}$；

（vii）$x =\{y\}$，$y = \{y, z\}$，$z = \{x, y\}$；

（viii）$x = \{y\}$，$y = \{y, z\}$，$z = \{x, z\}$；

（ix）$x = \{y\}$，$y = \{y, z\}$，$z = \{x, y, z\}$；

（x）$x = \{y\}$，$y = \{x, y, z\}$，$z = \{x, y\}$；

（xi）$x = \{y\}$，$y = \{x, y, z\}$，$z = \{y, z\}$；

（xii）$x = \{y\}$，$y = \{x, y, z\}$，$z = \{x, z\}$；

（xiii）$x = \{y, z\}$，$y = \{x, y\}$，$z = \{x, y, z\}$；

（xiv）$x = \{x, y\}$，$y = \{y, z\}$，$z = \{x, y, z\}$。

这里，对每个方程组，有三个芬斯勒外延的可达点图 G_x，G_y 和 G_z，它们分别是三个不同的芬斯勒集合的图像。也就是每个方程组定义了三个集合，这些方程组共定义了 42 个芬斯勒集合。

然后，令 x 和 y 是始点。

（1a）$x = \{y\}$，$y = \{x, z\}$，$z = 0$；

（1b）$x = \{y\}$，$y = \{x, z\}$，$z = \{z\}$；

（2a）$x = \{y\}$，$y = \{x, y, z\}$，$z = 0$；

（2b）$x = \{y\}$，$y = \{x, y, z\}$，$z = \{z\}$；

（3a）$x = \{y, z\}$，$y = \{x, y\}$，$z = 0$；

（3b）$x = \{y, z\}, y = \{x, y\}, z = \{z\}$；

（4a）$x = \{y, z\}$，$y = \{x, y, z\}$，$z = 0$；

（4b）$x = \{y, z\}$，$y = \{x, y, z\}$，$z = \{z\}$；

（5a）$x = \{x, y\}$，$y = \{x, y, z\}, z = 0$；

（5b）$x = \{x, y\}$，$y = \{x, y, z\}$，$z = \{z\}$。

这里，对每个方程组，有两个芬斯勒外延的可达点图 G_x 和 G_y，它们分别是两个不同的芬斯勒集合的图像。也就是每个方程组定义了两个集合，这些方程组共定义了 20 个芬斯勒集合。

最后，令 x 是唯一的始点。

（1）$x = \{y\}$，$y = \{z\}$，$z =0$；

（2）$x = \{y\}$，$y = \{y,z\}$，$z = 0$；

（3）$x = \{x,y\}$，$y = \{z\}$，$z = 0$；

（4）$x = \{x, y\}$，$y = \{y, z\}$，$z = 0$；

（5）$x = \{y\}$，$y = \{y, z\}$，$z = \{z\}$；

（6）$x = \{x,y\}$，$y = \{y, z\}$，$z = \{z\}$；

（7）$x = \{y, z\}$，$y = \{z\}$，$z = 0$；

（8）$x = \{x, y, z\}$，$y = \{z\}$，$z = 0$；

（9）$x = \{x, y, z\}$，$y = \{y, z\}$，$z = 0$；

（10）$x = \{x, y, z\}$，$y = \{y, z\}$，$z = \{z\}$；

（11）$x = \{y\}$，$y = \{z\}$，$z = \{y, z\}$；

（12）$x = \{x, y\}$，$y = \{z\}$，$z = \{y, z\}$；

（13）$x = \{x, z\}$，$y = \{z\}$，$z=\{y,z\}$；

（14）$x = \{x, y, z\}$，$y = \{z\}$，$z =\{y, z\}$；

（15）$x = \{y, z\}$，$y = \{y\}$，$z = 0$；

（16）$x = \{x, y, z\}$，$y = \{y\}$，$z = 0$。

这里，对每个方程组，只有一个芬斯勒外延的可达点图 G_x，它是一个芬斯勒集合的图像。也就是每个方程组定义了一个集合，这些方程组共定义了 16 个芬斯勒集合。把这三种情况加起来，3 层的芬斯勒集合共有 78 个。

二、斯科特集合的分类

对于 1 层和 2 层的集合来说，斯科特集合与芬斯勒集合是相同的，也就是$f_1 = s_1 = 2$，$f_2 = s_2 = 5$。但是对于 3 层的集合来说，二者有点不同。看看下面两个方程组：

（1）$x = \{y\}$，$y = \{x, z\}$，$z = \{x, y\}$；

（2）$x = \{x, y\}$，$y = \{z\}$，$z =\{y, z\}$。

这两个方程组对应的图是芬斯勒外延的，但不是斯科特外延的（比如左边的方程组描述了图 6.6，我们前面就证明了图 6.6 是芬斯勒外延的，但不是斯科特外延的；右边方程组描述的图 7.1，已检验它也是芬斯勒外延的，但不是斯科特外延的）因此这两个方程组就没有定义 3 层的斯科特集合，故斯科特 3 层的集合中就不包含这两个方程组刻画的集合。这两个方程组就是前面的（v）和（12）。实际上，塔克斯等证明了除这两个方程组之外，F_3的所有其他方程组都是S_3的方程组。存在一个一般的算法检验有穷层的可达点图 G 是否对应一个斯科特集合。

定理 7.2.1　$s_1 = 2$，$s_2 = 5$，$s_3 = 74$。

证明　由塔克斯的讨论可知，对于 1 层和 2 层的集合来说，斯科特集合与芬斯勒集合是相同的，也就是 $f_1=s_1=2$，$f_2=s_2=5$。对于 s_3 来说，前面已知，在 F_3 的方程组中，仅仅两个不刻画斯科特集合，一个是（v），刻画了 3 个芬斯勒集合；另一个是（12），它刻画了 1 个芬斯勒集合，并且 $f_3=78$，所以 $s_3=78-3-1=74$。

根据（v）和（12），我们可以构造刻画 3 层以上的非斯科特集合但是芬斯勒集合的方程组：

$x_i = \{x_i\}\,(1 \leqslant i \leqslant n-3)$，$x_{n-2} = \{x_{n-1}\}$，$x_{n-1} = \{x_{n-2}, x_n\}$，$x_n = \{x_{n-2}, x_{n-1}\}$。

由此我们可以得到下面的命题。

命题 7.2.2　对于所有的 $n \geqslant 3$，$S_n \neq F_n$。

例如下面的方程组就是 F_4-S_4 中的方程组：

$$x = \{x, y\}，y = \{x, t\}，z = \{y, t\}，t = \{z, t\}。$$

三、埃泽尔集合的分类

从第一节可知 $A \subseteq S$，所以 $A_1 \subseteq S_1$，$A_2 \subseteq S_2$，$A_3 \subseteq S_3$。因此，我们只需要检验 S_1—S_3 中的方程组对应的可达点图哪些不是强外延的，删除与非强外延的图相对应的方程组，剩余的就是刻画埃泽尔集合的方程组。

对于一个刻画 1 层集合的方程组而言，我们直接检验可知 A_1=S_1。

A_1：定义 1 层集合的方程组：

（1）$x = 0$；（2）$x = \{x\}$。

1 层的埃泽尔集合共 2 个：0，Ω。

对于刻画 2 层集合的方程组而言，我们首先要排除与无死点图相对应的方程组，因为具有这种性质的图的每个结点都用Ω装饰，故它不是强外延的，因此这样的方程组应该排除。然后再检验剩下的方程组所对应的图是否是强外延的，删除与非强外延的图相对应的方程组，剩余的就是 F_2。

A_2：定义 2 层集合的方程组：

首先令 x 为始点。

（1）$x = \{y\}$，$y = 0$；（2）$x = \{x, y\}, y = 0$。

因为 x 和 y 都可作为始点图都不是强外延的，所以 F_2 没有这类方程组。2 层的埃泽尔集合有 2 个。

对于刻画 3 层集合的方程组而言，我们首先要排除与无死点图相对应的方程组，因为具有这种性质的图的每个结点都用Ω装饰，故它不是强外延的，因此这样的方程组应该排除。然后再检验剩下的方程组所对应的图是否是强外延的，删除与非强外延的图相对应的方程组，剩余的就是 F_3。

首先，令 x, y 和 z 都是始点的情况应该排除，因为这样的图都不是强外延的，所以，

A_3：定义 3 层集合的方程组：

首先，令 x 和 y 是始点。

（a）$x = \{y\}$，$y = \{x, z\}$，$z = 0$；

（b）$x = \{y\}$，$y = \{x, y, z\}$，$z = 0$；

（c）$x = \{y, z\}$，$y = \{x, y\}$，$z = 0$；

（d）$x = \{x, y\}$，$y = \{x, y, z\}$，$z = 0$。

这里，对每个方程组，有两个强外延的可达点图 G_x 和 G_y，它们分别是两个不同的强外延集合的图像。也就是每个方程组定义了两个集合，这些方程组共定义了 8 个埃泽尔集合。

其次，令 x 是唯一的始点。

（1）$x = \{y\}$，$y = \{z\}$，$z = 0$；
（2）$x = \{y\}$，$y = \{y, z\}$，$z = 0$；
（3）$x = \{x, y\}$，$y = \{z\}$，$z = 0$；
（4）$x = \{x, y\}$，$y = \{y, z\}$，$z = 0$；
（5）$x = \{y, z\}$，$y = \{z\}$，$z = 0$；
（6）$x = \{x, y, z\}$，$y = \{z\}$，$z = 0$；
（7）$x = \{y, z\}$，$y = \{y\}$，$z = 0$；
（8）$x = \{x, y, z\}$，$y = \{y\}$，$z = 0$。

这里，对每个方程组，只有一个强外延的可达点图 G_x，它是一个埃泽尔集合的图像。也就是每个方程组定义了一个集合，这些方程组共定义了 8 个芬斯勒集合。把这两种情况加起来，3 层的埃泽尔集合共有 16 个。于是我们有下面的命题。

命题 7.2.3　$a_1=2$，$a_2=2$，$a_3=16$。

非良基集合分类可以使非良基集合及其研究变得更简单，同类的非良基集合可以只取其中之一进行研究和使用即可。对非良基集合分类可以加深人们对非良基集合本质的认识，有利于人们区分不同的非良基集合论在处理非良基现象中的效力差异，增强对非良基集合论选择的自觉性。比如，对于 1 层和 2 层的集合来说，斯科特集合与芬斯勒集合是相同的，这可能预示了 1 层和 2 层的斯科特集合与芬斯勒集合的解释力是相同的。但是，对于 3 层的集合来说，有 2 个芬斯特集合不是斯科特集合，这就预示了 3 层的斯科特集合与芬斯勒集合的解释力是不同的，后者的解释力应该更强。因此，非良基集合的分类可能为非良基集合论应用中的标准选择提供理论依据，至少是思想启示。非良基集合是非良基现象的模型，因此，对非良基集合分类可以引导人们对非良基现象进行分类，减轻人们对形形色色的非良基现象的处理负担，增强对非良基现象的处理效率。本章仅仅对 1~3 层的非良基集合进行分类，如何对 4 层及以上的非良基集合进行分类是笔者正在思考的问题。另外，文章给出了刻画 3 层以上的芬斯勒集合而不刻画斯科特集合的方程组的构造方法，如何构造刻画 3 层以上的斯科特集合而不刻画埃泽尔集合的方程组是笔者一直在探索的问题。

第三节　关于非良基集合论的一点余论

目前的非良基公理是基于正则互模拟而构建，而正则互模拟是满足三个附加条件的互模拟。能否减弱这些附加条件，定义弱正则互模拟，基于弱正则互模拟定义非良基公理及相应的集合论也是一个可能的研究方向。例如，可以去掉正则互模拟的第三个附加条件，构造弱正则互模拟，这样就可以生成非外延的非良基集合论。因为去掉这一条件后，只能断定典范图同构的集合是相同的，不能断定外延相同（也就是有相同的元素）的集合是相同的。这不仅与前面所讨论的非良基集合论不同，因为它们都坚持外延相同的集合是同一集合；对经典的集合论也是一个巨大冲击，因为经典的良基集合论是典型的外延集合论。基于这种弱正则互模拟建立的非良基集合论把下面两个图刻画的集合视为不同的集合（图 7.6）。

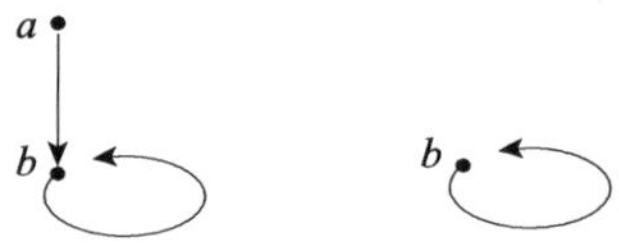

图 7.6　外延相同但不同构的两个集合的图像

如果用 d 表示上述二图的装饰，那么左图是集合 $da=\{db\}$的图像，右图是集合 $db=\{db\}$的图像，这两个集合的元素相同，但是直观上看，二者的典范图是不同的，集合 da 的典范图有两个结点，而集合 db 的典范图只有一个结点，似乎应该把这两个集合视为不同的集合才符合人们的直觉。但是，包括前面所讨论的所有外延集合论都把这两个集合视为同一集合，但是基于这种弱正则互模拟建立的非良基集合论恰好把这样的集合区分开来，满足了人们的直觉。因为这样的非外延的非良基集合论只断定典范图同构的集合是同一集合，da 和 db 的典范图不同构，故是两个不同集合。这样的非外延集合论具有一致性吗？它们有什么性质？它们的作用何在？这些都是笔者将要探索的问题。

第八章　非基础公理 AFA 与方程组的解

本章仅仅是基于方程组的论域介绍和讨论非基础公理 AFA。第一节是从方程组的解这一角度介绍反基础公理 AFA，即 AFA 的解引理表达。首先，在未定元集是本元的子集这一条件下定义平坦方程组、平坦方程组的解以及平坦方程组的解集等概念，给出平坦解引理：每一个平坦方程组都有一个唯一的解；其次，在去掉未定元集是本元的子集这一条件下，定义广义平坦方程组和典范平坦方程组，并给出一些结论。第二节说明具有互模拟关系的两个方程组的解集相同。第三节引入代入这一概念，由此给出广义解引理：每一个广义方程组都有一个唯一的解。第四节证明 ZFA 系统的一致性。

本章主要参考了巴威斯和莫斯 1996 年的著作《恶性循环——非良基现象的数学》[①]第三部分的内容及《说谎者》第 3 章[②]。

第一节　解　引　理

一、从良基论域到非良基论域

巴威斯和莫斯等把集合看作某个含有未定元的方程组的解。比如方程 $x = \{q, x\}$ 在良基集合的论域 $V[A]$（A 是原子集）中是没有解的。在数学中，相对于某个论域，方程在这一论域中无解，为了使方程有解，可以采取扩大论域的方法。比如从自然数扩大到整数、从整数扩大到有理数、从有理数扩大到实数、从欧几里得平面扩大到射影平面等，这一思想在数学中很常见。

因为方程 $x = \{q, x\}$ 在良基集合的论域中无解，为了使方程 $x = \{q, x\}$ 有解，可以采取扩大良基集合论域的方法，即把集合的论域从良基集合扩大到包含良基集合和非良基集合的集合，也称之为满足 AFA 的集合。良基集合的论域和非良基集合的论域之间的关系可以用图 8. 1 表示。

这样，方程 $x = \{q, x\}$ 在非良基集合的论域中的解就为 $x=\{q, \{q, \{q, \{q, \cdots\}\}\}\}$，可以看出，$x = \{q, \{q, \{q, \{q, \cdots\}\}\}\}$ 是一个非良基集合。

可是，这样做就产生了一个问题：形如 $x = \{q, x\}$ 的方程到底有多少个解呢？一个解？两个解？还是无穷多个解？也就是说方程组 $x = \{q, x\}$ 的解是否是唯一的？

---

① Barwise J, Moss L. 1996. Vicious Circles: On the Mathematics of Non-Well- Founded Phenomena. Stanford: CSLI Publications: 6-116.

② Barwise J, Etchemendy J. 1987. The Liar: An Essay in Truth and Circularity. Oxford: Oxford University Press: 45-92.

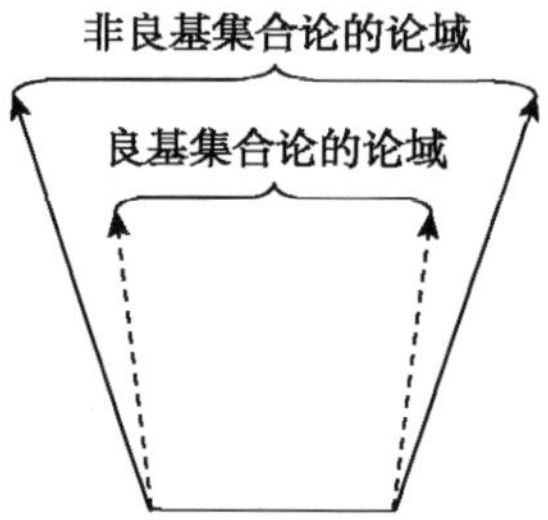

图 8.1　从良基论域到非良基论域

假定 x_1 和 x_2 都是方程组 $x = \{q, x\}$ 的解。对于 i=1 或 2，

$$x_i = \{q, \{q, \{q, \{q, \cdots\}\}\}\}。$$

如何区分非良基集合 x_1 和 x_2 呢？x_1 和 x_2 相等吗？在集合论中，通常使用外延公理来判定两个集合是否相等。那么，ZF 系统中的外延公理能用来判定两个非良基集合是否相等吗？回答是否定的。看看为什么？如果集合 a 和 b 分别满足条件 $a = \{a\}$ 和 $b = \{b\}$，那么这两个方程的解都是集合 Ω，但是使用外延公理无法证明 $a = b$。这是因为，如果集合 a 和集合 b 有相同的元素，根据外延公理，集合 a 等于集合 b。但是为了知道集合 a 和集合 b 有相同的元素，就要知道集合 a 的元素（即 a）等于集合 b 的元素（即 b）。所以在使用外延公理之前就必须知道 $a = b$，而要证明 $a = b$，就必须假设已经证明了 $a = b$，这显然是不合理的。由此可以得出，ZF 系统中的外延公理在判定两个非良基集合相等时失效。

ZF 系统中的外延公理不能用来判定非良基集合 x_1 和 x_2 是否相等，但是从外延公理的精神实质可以看出非良基集合 x_1 和 x_2 是相等的。

二、模型化方程组和方程组的解

在给出解引理之前，首先要明白两点：其一，不是直观上想象的方程都是有解的。如 $\wp$ 是一个幂集运算，康托尔定理告诉我们没有从 a 到 $\wp(a)$ 上的函数。所以，就没有集合 a 满足方程

$$a = \wp(a)。$$

如果硬是加一个理想的元素去表示这个方程的解，那么集合的概念就会出现不一致的情况。其二，考虑以集合和 ZFC^- 中以集合的形式定义的事物（如函数）的形式表达解引理，这样，在解引理中就不能出现实际的方程，而是用集合论的语言模型化方程组和方程组的解。需要注意的是，越容易给出的解引理，使用的时候就越不方便。

下面，通过一个例子来说明原子和未定元这两个概念，并试着模型化方程组的解。

例 8.1.1　已知 p 和 q。假定 x，y 和 z 是满足方程组（1）的集合：

$$x = \{x, y\},$$
$$y = \{p, q, y, z\}, \quad (1)$$
$$z = \{p, x, y\}。$$

所求的集合 x，y 和 z 是建立在 p 和 q 上的，我们把 p 和 q 称作方程组的原子(atoms)，原子集 $A=\{p, q\}$；我们把 x，y 和 z 称作方程组的未定元(indeterminates)，未定元集 $X = \{x, y, z\}$。函数 e 的定义域为 $X = \{x, y, z\}$，其值域是（1）中方程的右边。所以，

$$e_x = \{x, y\},$$
$$e_y = \{p, q, y, z\},$$
$$e_z = \{p, x, y\}。$$

有了函数 e，对于任意的未定元 $v \in X$，方程组的解 s 应该为定义在 X 上的一个函数，即 s_v。所以，

$$s_x = \{s_x, s_y\},$$
$$s_y = \{p, q, s_y, s_z\},$$
$$s_z = \{p, s_x, s_y\}。$$

因为原子 p 和 q 是已知的，所以 p 和 q 不在 s 的定义域中。s_x，s_y，s_z 可以统一为如下。

对于任意的未定元 $v \in X$，

$$s_{vc} = \{s_w : w \in e_v \cap X\} \cup \{w : w \in e_v \cap A\}$$
$$= s[e_v \cap X] \cup (e_v \cap A)。$$

还需要用到 U, U 是本元的真类。有了以上的工作做准备，可以给出如下定义。

定义 8.1.1　（1）一个（平坦）方程组(flat system of equations)是一个三元组 $\varepsilon = \langle X, A, e\rangle$，其中，集合 $X \subseteq U$，集合 $A \cap X = \varnothing$，e 是一个函数：

$$X \to \wp(X \cup A)。$$

（2）我们把 X 称作 ε 的未定元集，把 A 称作 ε 的原子集。对于任意的未定元 $v \in X$，称集合 $b_v =_{df} e_v \cap X$ 为 v 直接依赖的未定元集。类似地，称集合 $c_v =_{df} e_v \cap A$ 为 v 直接依赖的原子集。

（3）方程组 ε 的解（solution）是一个函数 s，s 的定义域 $\mathrm{dom}(s) = X$，并且对于每一个 $x \in X$，$s_x = \{s_y : y \in b_x\} \cup c_x$。

需要注意的是，单个的方程也是一个方程组，在任意的方程组中，存在 $x \in X$，$e_x = \varnothing$ 也是可能的。当未定元集 $X = \varnothing$ 时，方程组的解是空函数。

三、反基础公理 AFA 的解引理表达

有了平坦方程组的概念，巴威斯等提出了如下反基础公理。

反基础公理 8.1.1（AFA）　每一个平坦方程组 ε 都有一个唯一的解 s。

AFA有时也被称作（平坦）解引理。有了反基础公理AFA，就可以给出如下

两个定义。

定义 8.1.2 ZFA = ZFC^-（不含 FA 或 AFA 的 ZFC 公理）+ AFA。

因为我们考虑了本元，所以 ZFC^-的公理有：

本元公理：$\forall p\forall q\,[U(p)\to\neg(q\in p)]$；

外延公理：$\forall a\forall b[(\forall p)(p\in a\leftrightarrow p\in b)\to a=b]$；

对集公理：$\forall p\forall q(\exists a)[p\in a\wedge q\in a]$；

并集公理：$\forall a\exists b(\forall c\in a)(\forall p\in c)p\in b$；

幂集公理：$\forall a\exists b\forall c\,[c\subseteq a\to c\in b]$；

无穷公理：$\exists a\,[\varnothing\in a\wedge(\forall b)[b\in a\to(\exists c\in a)c=b\cup\{b\}]]$；

收集公理：$\forall a(\forall p\in a)\exists q\varphi(a,p,q)\to\exists b(\forall p\in a)(\exists q\in b)\varphi(a,p,q)$；

分离公理：$\forall a\exists b\forall p\,[(p\in b\leftrightarrow p\in a\wedge\phi(p,a)]$；

选择公理：$\forall a\exists r\,[r$ 是 a 的一个良序]；

强充足性公理：$\forall a\forall b\,[U(\text{new}(a,b))\wedge\text{new}(a,b)\notin b\wedge(\forall c\neq a)[\text{new}(a,b)\neq\text{new}(c,b)]]$。

强充足性公理的弱形式是充足性公理，即：对于每一个集合a，存在一个单射函数f：$a\to U$使得$f[a]\cap a=\varnothing$。

定义8.1.3 任意平坦方程组ε的解集(solution set)

$$\text{solution-set}(\varepsilon)=\{s_v: v\in X\}=s[X],$$

其中，s是平坦方程组ε的解，v取遍ε的未定元。

根据平坦解引理，任意平坦方程组ε的解集solution-set(s)是唯一的。此外，定义

$$V_{\text{afa}}[A]=\cup\{\text{solution-set}(\varepsilon):\varepsilon\text{是以}A\text{为原子集的一个平坦方程组}\},$$

这里，$V_{\text{afa}}[A]$是以A为原子集的方程组的解组成的类。

例 8.1.2 使用解引理可以证明存在一个唯一的集合 Ω，使得 $\Omega=\{\Omega\}$。

令方程组$\varepsilon=\langle X,A,e\rangle$，其中，未定元集 $X=\{x\}$，原子集 $A=\varnothing$，$e_x=\{x\}$，由解引理可得，方程组ε有一个唯一的解 s 使得 $s=\{s\}$，我们设这个唯一的解为 Ω，于是，$\Omega=\{\Omega\}$。

定义 8.1.4 对于任意的集合 a，如果 a 的任意一个元素 b 的所有元素也属于集合 a，即$\forall c\forall b(c\in b\wedge b\in a\to c\in a)$，那么称集合 a 是传递的(transitive)。

显然，不含本元的集合 a 是传递的当且仅当 $a\subseteq\wp(a)$ 当且仅当$\cup a\subseteq a$。

定义 8.1.5 对于任意的集合 a，a 的传递闭包（transitive closure）TC(a)是包含 a 的最小传递集合。

TC(a)的存在可以通过 $\text{TC}(a)=\cup\{a,\ \cup a,\ \cup\cup a,\cdots\}$得到证明。以 a 为元素的集合的最小传递集是 TC$(\{a\})$。

定义 8.1.6 对于任意的集合 a，support(a) = TC$(a)\cap U$。如果 support$(a)=\varnothing$，那么称集合 a 是纯集合(pure sets)。

可以看出，support(a)的元素是本元，但是纯集合的元素不能是本元。在经典

集合论中讨论的集合都是纯集合。

定义 8.1.7 对于 U 的任意子集 A，即对任意的 $A \subseteq U$，定义

$$V[A] = \{a: a \text{ 是一个集合并且 } \mathrm{support}(a) \subseteq A\}。$$

这里，$V[A]$是一个类。需要注意的是，$V[A]$是一个集合类，它不含本元。特别地，对任意的 $A \subseteq U$，$A \cap V[A] = \varnothing$。如果 $A = \varnothing$，那么 $V[A]$就可以记作 V，因此 V 是由所有纯集合组成的类，也就是经典集合论的论域 V。$V[U]$是所有集合的类，它不含本元，但本元却属于 $V[U] \cup U$。

定理8.1.2 令$A \subseteq U$，并且令$\varepsilon = \langle X, A, e\rangle$是一个平坦方程组，那么solution-set$(\varepsilon) \cup A$在集合上是传递的，即，如果$b$和$c$是集合，并且$c \in b \in$ solution-set$(\varepsilon) \cup A$，那么$c \in$ solution-set$(\varepsilon) \cup A$。

证明 令 $Z =$ solution-set$(\varepsilon) \cup A$。要证明平坦方程组ε的解集 solution-set(ε)在集合上是传递的，我们只需要证明 Z 在集合上是传递的。由定义 8.1.1 可知，集合 s_x 中的元素要么是 A 的一个元素，要么对于某个 $y \in X$，它自身是 s_y 形式。

定理8.1.3 对于任意的$A \subseteq U$，$V_{\text{afa}}[A] \subseteq V[A]$。即，如果$\varepsilon = \langle X, A, e\rangle$是一个平坦方程组，$\varepsilon$的原子是本元，并且$s$是$\varepsilon$的解，那么，对于任意的$x \in X$，support$(s_x) \subseteq A$。

证明 由定理 8.1.2，$Z =$ solution-set$(\varepsilon) \cup A$ 是传递的。对于任意的 $x \in X$，TC(s_x)是包含 s_x 的最小传递集。因此，TC$(s_x) \subseteq Z$。解集中的元素 s_x 不可能是本元，因为它们要么有元素（当 $e_x \neq \varnothing$ 时），要么是空集。所以 support$(s_x) =$ TC$(s_x) \cap U \subseteq Z \cap U = A$。

平坦方程组要求写出未定元集和原子集的并，如果不能直接写出未定元集和原子集的并，则可以换一下思路。下面的例子就说明了这一点。

例 8.1.3 假定要求方程 $x=\{\{x, q\}, p\}$的解。根据定义 8.1.1，需要把方程 $x = \{\{x, q\}, p\}$写成一个平坦方程组。但是因为不能把方程 $x = \{\{x, q\}, p\}$的右边记作未定元集和原子集的并，需要换一下思路。考虑下面的方程组：

$$x = \{y, p\}, y = \{x, q\}。$$

这个方程组的未定元集$X = \{x, y\}$，原子集$A = \{p, q\}$。所要求的集合x就是这个方程组的解集中的一个元素。

四、广义平坦方程组和典范平坦方程组

可以看出，在平坦方程组中，并不真的需要把未定元集 X看作本元。去掉平坦方程组中$X \subseteq U$这个条件，就得到广义平坦方程组。

定义 8.1.8 一个广义平坦方程组(generalized flat system)是一个三元组$\varepsilon = \langle X, A, e\rangle$，其中，$X$ 和 A 是两个不相交的集合，e 是一个函数：

$$X \to \wp(X \cup A)。$$

下面定义广义平坦方程组的解s，并讨论广义平坦方程组的未定元和原子。

定理8.1.4 每一个广义平坦方程组$\varepsilon = \langle X, A, e\rangle$都有一个唯一的解$s$，并且存在一个使用相同原子集$A$的平坦方程组$\varepsilon' = \langle Y, A, e'\rangle$使得solution-set$(\varepsilon) =$ solution-set(ε')。

证明 使用一个与A不相交的本元集代替X。根据强充足性公理，对于每一个$x \in X$，令$y_x = \mathrm{new}(x, A)$。令

$$Y = \{y_x: x \in X\}。$$

那么$Y \subseteq U$，$Y \cap A = \varnothing$。令ε'是平坦方程组$\langle Y, A, e' \rangle$，这里

$$e'(y_x) = \{y_z: z \in e_x \cap X\} \cup (e_x \cap A)。$$

那么ε'有一个解s'，通过$s_x = s'(y_x)$得到原来方程组ε的一个解s。这就证明了存在性。对于唯一性的证明，ε的任一解s都可以诱导出ε'的解s'。因为s'是唯一的，所以s是唯一的。

定义8.1.9 令a是一个集合，考虑广义平坦方程组$\varepsilon = \langle X, A, e \rangle$，其中，$A = \mathrm{support}(a)$，$X = \mathrm{TC}(\{a\}) - A$，并且对于任意的$x \in X$，$e_x = x$，则称这样的方程组$\varepsilon$为$a$的典范平坦方程组（canonical flat system）。

未定元集X上的恒等函数是a的典范平坦方程组的解。对于任意的$x \in X$，因为X是传递的并且$\mathrm{support}(x) \subseteq A$，所以

$$x = (x \cap X) \cup (x \cap A)。$$

据此，可以得出如下结论。

定理8.1.5 对于任意的$A \subseteq U$，$V[A] = V_{\mathrm{afa}}[A]$。即，如果$a$是一个集合并且$\mathrm{support}(a) \subseteq A$，那么存在一个平坦方程组$\varepsilon = \langle X, A, e \rangle$使得$a \in \text{solution-set}(\varepsilon)$。特别地，$V[U] = V_{\mathrm{afa}}[U]$。

证明 因为在定理 8. 1. 3 中已经证明了 $V_{\mathrm{afa}}[A] \subseteq V[A]$，所以只需证明 $V[A] \subseteq V_{\mathrm{afa}}[A]$也成立。令 a 是 $V[A]$的任意元素，即 a 是一个集合并且 $\mathrm{support}(a) \subseteq A$。令$\varepsilon_a$是 a 的典范平坦方程组。因为 $a \in X$，$a = s_a$ 属于ε_a的解集，所以ε_a的解是 X 上的恒等函数。根据定理 8.1.4，存在一个使用相同原子集 A 的平坦方程组ε'，ε'和ε有相同的解集。因此，$a \in \text{solution-set}(\varepsilon')$。这就证明了 $V[A] \subseteq V_{\mathrm{afa}}[A]$。因为 $V_{\mathrm{afa}}[A] \subseteq V[A]$，并且 $V[A] \subseteq V_{\mathrm{afa}}[A]$，所以 $V[A] = V_{\mathrm{afa}}[A]$。如果 $A = U$，那么 $V[U] = V_{\mathrm{afa}}[U]$。

反基础公理 AFA 保证每一个平坦方程组都有一个唯一的解，那么，在基础公理 FA 下，什么样的方程组有解呢？令$<$定义在一个平坦方程组的未定元上，$x < y$当且仅当$y \in e_x$。如果$<$在未定元集X上是良基的，则称这个平坦方程组是良基的。莫斯托夫斯基坍塌引理告诉我们每一个良基方程组有一个唯一的解。

定理 8.1.6 FA 等价于在 ZFC^-中的断言：只有良基平坦方程组有解。

第二节 方程组之间的互模拟关系

在实际运用中，会遇到不同的方程组有相同的解的情况。

例 8.2.1

$$\begin{aligned} \varepsilon:\ x &= \{y, z, w\}, \\ y &= \{p, w\}, \\ z &= \{w\}, \end{aligned}$$

$$
\begin{aligned}
& w = \{z, w\}; \\
\mathcal{E}'\text{：}\ & x' = \{y', z'\}, \\
& y' = \{p, z'\}, \\
& z' = \{z'\}。
\end{aligned}
$$

ε和 ε'是两个方程组，这个两个方程组的共同原子集是 $A = \{p\}$。令 s 为ε的解，令 $s_z = s_w$，可得 $s'(x') = s_x$，$s'(y') = s_y$，$s'(z') = s_z$，这样就可以得到ε'的解。因此 s 也是ε'的解。

在什么样的条件下，两个方程组有相同的解呢？换言之，如果两个方程组有相同的解，那么在这两个方程组之间必定存在一种特殊的关系，这种特殊的关系就是互模拟关系。

定义 8.2.1　令 $A \subseteq U$，并且令$\varepsilon = \langle X, A, e\rangle$和$\varepsilon' = \langle X', A, e'\rangle$是以 A 为相同原子集的两个广义平坦方程组。方程组ε和ε'之间的一个 A-互模拟关系（A-bisimulation relation）是一个满足如下条件的关系 R，$R \subseteq X \times X'$：

（1）假定 xRx'，那么对于每一个未定元 $y \in e_x \cap X$，存在一个未定元 $y' \in e'_{x'} \cap X'$，使得 yRy'；

（2）假定 xRx'，那么对于每一个未定元 $y' \in e'_{x'} \cap X'$，存在一个未定元 $y \in e_x \cap X$，使得 yRy'；

（3）如果 xRx'，那么 e_x 和 $e'_{x'}$有相同的原子。即，$e_x \cap A = e'_{x'} \cap A$。

如果在ε和ε'之间存在如下两个性质的一个 A-互模拟关系 R：

（1）对于每一个 $x \in X$，存在一个 $x' \in X'$使得 xRx'；

（2）对于每一个 $x' \in X'$，存在一个 $x \in X$ 使得 xRx'。

那么，称ε和ε'是 A-互模拟的（A-bisimular），记作$\varepsilon \equiv \varepsilon'$。

在使用时，通常把"A-互模拟关系"和"A-互模拟"中的"A"省略掉，从而简称为互模拟关系和互模拟。容易看出，例 8.2.1 中的两个方程组ε和ε'是互模拟的。它们之间的互模拟关系 R 为

$$R = \{\langle x, x'\rangle, \langle y, y'\rangle, \langle z, z'\rangle, \langle w, z'\rangle\}。$$

定理 8.2.1　令ε和ε'是具有相同原子集 A 的两个平坦方程组，其中，$A \subseteq U$。solution-set(ε) = solution-set(ε')当且仅当$\varepsilon \equiv \varepsilon'$。

证明　从左向右的证明。假定 solution-set(ε) = solution-set(ε')。令 s 和 s'分别是ε和ε'的解。定义 $X \times X'$上的一个关系 R，使得 xRx'当且仅当 $s(x) = s'(x')$。要证明由 solution-set(ε) = solution-set(ε')可以得出 R 是一个互模拟关系。首先假定 $x \in X$，使得 $s_x \in$ solution-set(ε)，那么存在某个 $x' \in X'$使得 $s_x = s'(x')$，因此 xRx'。另一个方向的情况与此类似。其次，假定 xRx'且 $y \in e_x \cap X$。因为 $s_y \in s_x = s'(x')$，所以必须存在某个 $y' \in e'(x')$使得 $s_y = s'(y')$，因此 yRy'。同样，另一个方向的情况与此类似。最后，如果 $s_x = s'(x')$，那么这些集合必须有相同的本元。s_x 中的本元集是 $e_x \cap A$，因为每一个 s_y 是一个集合。这对于 $s'(x')$也成立。因此 $e_x \cap A = e'_{x'} \cap A$。

所以 R 是一个互模拟关系。

从右向左的证明。假定在ε和ε'之间有一个互模拟关系 R。现在要证明如果 xRx'，那么 $s_x = s'(x')$。首先，假定 $a \in$ solution-set(ε)，那么对于某个 $x \in X$，$a = s_x$。根据定义 8.2.1，存在某个 x'，使得 xRx'。因此 $s_x = s'(x')$。所以 $a = s_x = s'(x') \in$ solution-set(ε')。这就证明了 solution-set$(\varepsilon) \subseteq$ solution-set(ε')。同理可以证明 solution-set$(\varepsilon') \subseteq$ solution-set(ε)。

下面只需要证明当 xRx'时，$s_x = s'(x')$。我们在相同原子集 $A \subseteq U$ 上构造一个新的广义平坦系统ε^*。ε^*的未定元集 X^*为 $\langle x, x'\rangle$，使得 xRx'。如在例 8.2.1 中，ε 和 ε'之间的互模拟关系 R 为：$R = \{\langle x, x'\rangle, \langle y, y'\rangle, \langle z, z'\rangle, \langle w, z'\rangle\}$。广义平坦方程组$\varepsilon^*$可以表示为

$$\langle x, x'\rangle = \{\langle y, y'\rangle, \langle z, z'\rangle, \langle w, z'\rangle\},$$
$$\langle y, y'\rangle = \{p, \langle w, z'\rangle\},$$
$$\langle z, z'\rangle = \{\langle w, z'\rangle\},$$
$$\langle w, z'\rangle = \{\langle z, z'\rangle, \langle w, z'\rangle\}。$$

一般形式是，对于所有的$\langle u, u'\rangle \in X^*$，

$$e^*_{\langle u, u'\rangle} = \{\langle v, v'\rangle \in X^*: v \in e_u \text{ 并且 } v' \in e'_{u'}\} \cup (A \cap e_u)。$$

这就定义了广义平坦方程组ε^*。ε^*有两个定义在 X^*上的候选解，分别是函数 $s^1_{\langle u,u'\rangle} = s_u$，$s^2_{\langle u, u'\rangle} = s'_{u'}$。由 R 是互模拟关系，要证明 $s^1_{\langle u, u'\rangle} = s_u$ 和 $s^2_{\langle u, u'\rangle} = s'_{u'}$都是$\varepsilon^*$的解。考虑 s^1，s^2 的情况与 s^1 类似。假定$\langle u,u'\rangle$是新的未定元。需证明

$$s^1_{\langle u, u'\rangle} = \{s^1_{\langle v, v'\rangle}: \langle v, v'\rangle \in e^*_{\langle u, u'\rangle}\} \cup (A \cap e^*_{\langle u, u'\rangle})。 \quad (*)$$

取元素 $b \in s^1_{\langle u,u'\rangle} = s_u$。因为 s 是ε的一个解，所以 b 要么是 s_w 形式，对于某个 $w \in X \cap e_1(u)$。要么 b 是一个本元 $z \in A \cap e^1u$。如果 b 是 s_w 形式，那么存在某个 $w' \in X' \cap e'_v$ 使得 wRw'。这意味着$\langle w, w'\rangle \in X^*$。因此 $b = s_w = s^1_{\langle w, w'\rangle}$属于（*）右边。如果 b 是本元，由 $e^*_{\langle u, u'\rangle}$的定义可知，$z \in A \cap e^*_{\langle u, u'\rangle}$。

这就完成了（*）式一半的证明，现在来看另一半证明。假定我们有（*）右边的一个元素 $s^1_{\langle v, v'\rangle}$，其中，$v \in e_u$ 并且 $v' \in e'_{u'}$。我们需要证明 $s^1_{\langle v, v'\rangle} \in s^1_{\langle u, u'\rangle}$。但是 $s^1_{\langle v, v'\rangle} = s_v$ 并且 $s_u = s^1_{\langle u, u'\rangle}$。因为 s 是ε的一个解，所以 $s_v \in s_u$。假定 $z \in A \cap e^*_{\langle u, u'\rangle}$。那么根据 $e^*_{\langle u, u'\rangle}$的定义可知，$z \in (A \cap e_u)$。因此 $z \in s^1_u = s^1_{\langle u, u'\rangle}$。

通过以上证明，我们得出 s^1 和 s^2 都是ε^*的解。根据 AFA 的唯一性条件，$s^1 = s^2$。这就意味着对于所有的$\langle u, v\rangle \in R$，$s_u = s_v$。即为所求。

定理 8.2.2 以 A 为原子集的广义平坦方程组上的互模拟关系是一个等价关系。即，互模拟关系是自返的、对称的和传递的。

证明 令 s 和 s'分别是方程组ε和ε'的解，关系 R 是ε与ε'之间的一个 A-互模拟关系。由定理 8.2.1，令 R 满足 xRx'当且仅当 $s(x) = s'(x')$。$\forall x \in X$，$s(x) = s(x)$，所以 xRx，即互模拟关系有自返性。$\forall x \in X$，$\forall y \in X$，如果 xRy，可得 $s(x) = s(y)$，即 $s(y) = s(x)$，所以 yRx，即互模拟关系有对称性。$\forall x \in X$，$\forall y \in X$，$\forall z \in X$，如

果 xRy 且 yRz，可得 $s(x)=s(y)$ 且 $s(y)=s(z)$，所以 $s(x)=s(z)$，即 xRz，即互模拟关系有传递性。

第三节　广义方程组和广义解引理

虽然平坦解引理很直观，但是因为它要求写出原子集和未定元集，所以实际使用起来很不方便。下面的两个例子说明了这一点。

例 8.3.1　假定要找到一个满足下面条件的集合 x：

$$x=\langle p, x\rangle,$$

因为

$$\langle p, x\rangle=\{\{p\},\{p, x\}\},$$

所以，集合 x 是非良基集合。用方程组（2）代替方程 $x=\langle p, x\rangle$：

$$\begin{aligned} x &= \{y, z\}, \\ y &= \{p\}, \\ z &= \{p, x\}。\end{aligned} \tag{2}$$

显然，可以把方程组（2）记作平坦方程组，这个平坦方程组的未定元集 $X=\{x, y, z\}$，原子集 $A=\{p\}$，然后直接应用平坦解引理，就可以求出 x。

例 8.3.2　假定原子行为集 $\text{Act}=\{a, b\}$，要得到包含 s_1 和 s_2 这两个元素的集合 S，其中，s_1 和 s_2 满足下面的方程：

$$\begin{aligned} s_1 &= \{\langle a, s_1\rangle, \langle b, s_2\rangle\}, \\ s_2 &= \{\langle a, s_1\rangle, \langle a, s_2\rangle\}。\end{aligned}$$

如果还像例 1.3.1 那么做，就非常麻烦，这就需要找到一种简单的方法，即寻求一条普遍适用的解引理。

广义解引理的第一步是给出广义方程组的概念。

定义 8.3.1　一个（广义）方程组(general system of equations)是一个三元组 $\varepsilon=\langle X, A, e\rangle$，其中，集合 $X\subseteq U$，集合 $A\subseteq U$，$A\cap X=\varnothing$，e 是一个函数：

$$X\rightarrow V[X\cup A]。$$

函数 e 在 $V[X\cup A]$中的取值有两点需要注意。首先，它允许 support(b)（b 为方程右边的任意集合）包含在 $X\cup A$ 中。其次，因为形如 $x=x$ 的方程的解不是唯一的，这和解引理的精神相悖，所以为了避免出现形如 $x=x$ 这样的方程，它就禁止本元在方程的右边出现，因为本元不在 $V[X\cup A]$中。此外，形如 $x=a(a\in A)$ 的方程的解是一个原子，而我们要求的解是一个集合，所以，我们不希望解形如 $x=a(a\in A)$ 的方程。

例 8.3.3　令 p 为任意的本元，并且令 $y, z\in U$，定义一个广义方程组 $\varepsilon=\langle X, A, e\rangle$，其中，$X=\{y, z\}$，$A=\{p\}$，$e_y=\{\Omega, p,\{z\}\}$，$e_z=\langle y, z, z\rangle$。广义方程组 ε 的解是一个定义在 $\{y, z\}$ 上的函数 s，使得

$$s_y=\{\Omega, p,\{s_z\}\},$$

$$s_z = \langle s_y, s_z, s_z \rangle。$$

需要注意的是，$A = \text{support}\{s\}$。

广义解引理的核心问题是定义函数 s 是广义方程组的解。直观上，s 是一个解，如果它对任意的 $v \in X$ 指派一个集合 s_v，s_v 是代入的结果，对于每一个在 e_v 的传递闭包中出现的未定元 x 来说，s_v 是 s_x 代入的结果。首先，我们必须证明代入的过程是良定义的。为了证明代入的过程可以在 AFA 中得以确证，我们要证明存在一个代入运算 $\text{sub}(s, b)$，b 中的 x 被 s_x 代入。下面给出代入这一概念。

定义 8.3.2 代入(substitution)是一个函数 s，s 的定义域是一个本元集。代入运算(substitution operation)是一个运算 sub，sub 的定义域是包含有序对$\langle s, b\rangle$的一个类，其中，s 是一个代入并且 $b \in U \cup V[U]$，满足以下条件：

（1）如果 $x \in \text{dom}(s)$，那么 $\text{sub}(s, x) = s_x$；

（2）如果 $x \in U\text{-dom}(s)$，那么 $\text{sub}(s, x) = x$；

（3）对于所有的集合 b，$\text{sub}(s, b) = \{\text{sub}(s, p) : p \in b\}$。

通常，sub 被看作最大的代入运算。$\text{sub}(s, b)$ 被记作 $b[s]$。

在使用解引理的过程中，经常会用到代入。那么，代入一定存在吗？代入后的结果是唯一的吗？下面的定理给出了肯定的回答。

定理 8.3.1 存在一个唯一的运算 $\text{sub}(s, b)$，满足代入的共递归条件，并且对于所有的有序对$\langle s, b\rangle$，使得 $\text{dom}(s) \subseteq U$ 且 $b \in U \cup V[U]$。

证明 定义 $\text{sub}(s, b) = c$，如果 s 是一个函数，其定义域为本元集，并且下述条件成立：

（α）$b \in \text{dom}(s)$ 并且 $c = s_b$；

（β）$b \in U\text{-dom}(s)$ 并且 $c = b$；

（γ）$b \in V[U]$，并且下述条件成立。

令 $X = (\text{TC}(\{b\} \cup \text{rng}(s))) - U$，并且令 $A = (\text{TC}(\{b\} \cup \text{rng}(s))) \cap U$。令$\mathcal{E}' = \langle X, A, e'\rangle$是通过 $e'_z = \{s_x : x \in z \cap \text{dom}(s)\} \cup \{x : x \in z \cap (A - \text{dom}(s))\} \cup (z \cap X)$ 给出的广义方程组。令 sol 为$\mathcal{E}'$的解。那么 $c = \text{sol}(b)$。

为了弄清 sub 的定义，我们需要知道 sub 的定义域，并且它满足共递归条件。显然，它有恰当的定义域，我们只需要验证共递归条件。定义 8.3.2 中的（1）和（2）很明确，下面验证（3）。对于集合 b，我们用$\mathcal{E}_b = \langle X_b, A_b, e_b\rangle$表示方程组，用 sol_b 表示方程组的解。对于另一个集合 b'，另一个方程组$\mathcal{E}_{b'}$的解 $\text{sol}_{b'}$决定 $\text{sub}(s, b')$。如果 $b' \in b - U$，那么$\mathcal{E}_{b'}$是$\mathcal{E}_b$ 的一个子系统。因此，$\text{sol}_{b'}(b') = \text{sol}_b(b') \in \text{sol}_b(b)$。所以

$$\begin{aligned} \text{sub}(s, b) = \text{sol}_b(b) &= \{s_x : x \in b \cap \text{dom}(s)\} \\ &\cup \{x : x \in b \cap (A - \text{dom}(s))\} \\ &\cup \{\text{sub}(s, b') : b' \in b - A\}。\end{aligned}$$

对于 $x \in b \cap \text{dom}(s)$，$\text{sub}(s, x) = s_x$。并且对于 $x \in b \cap (A - \text{dom}(s)) \subseteq U -$

dom(s)，sub$(s, x) = x$。因此，

$$\text{sub}(s, b) = \{\text{sub}(s, p) : p \in b\}。$$

这正是条件（3）要求的。

下面证明其唯一性。假定 sub′同样遵从共递归条件，并且被定义在所有有序对$\langle s,b\rangle$上。固定 s。令 R 是集合和本元上的如下关系：

$$R=\{\langle \text{sub}(s, b), \text{sub}'(s, b)\rangle: b \in U \cup V[U]\}。$$

我们断言 R 到集合上的限制是集合上的一个互模拟关系。我们取有序对$\langle \text{sub}(s, b), \text{sub}'(s, b)\rangle$并验证这一条件。

假定 $z \in U \cap \text{sub}(s, b)$。因为 b 是一个集合，对于某个 $x \in b \cap U$，z 是 sub(s, x)形式。并且 $z = \text{sub}(s, x) = s_x = \text{sub}'(s, x)$，因此 z 也属于 sub′(s, b)。本元的情况与此类似。

假定 c 是一个集合并且 c 属于 sub(s, b)。那么如果 $b \in U$，我们有 $c \in s_b = \text{sub}'(s, b)$。另外，如果 b 是一个集合，那么对于某个 $p \in b$，c 是 sub(s, p)形式。并且$\langle \text{sub}(s, p), \text{sub}'(s, p)\rangle$是 R 中集合的一个有序对。

因此，对于所有的集合 b，sub$(s, b) = \text{sub}'(s, b)$。

定义8.3.3　令$\varepsilon = \langle X, A, e\rangle$是一个广义方程组。$\varepsilon$的解是一个函数$s$，$s$的定义域dom$(s) = X$，使得对于每一个$x \in X$，

$$s_x = e_x[s]。$$

我们再看例1.3.3，通过使用代入的定义，很容易得出s是广义方程组ε的解。

定理8.3.2　每一个广义方程组ε都有一个唯一的解s。此外，ε的解集是$V[A]$的子集，其中，A是ε的原子集。

证明　s 的存在性和唯一性是定义8.3.3和平坦解引理的一个直接结论。由定义8.3.3和定理8.1.3可知，ε的解集是$V[A]$的子集。

定理8.3.3　令$\varepsilon = \langle X, A, e\rangle$是一个广义方程组。存在一个平坦方程组$\varepsilon' = \langle Y, A, e'\rangle$，其中，$X \subseteq Y$，使得下述条件成立：

（1）如果s是ε的一个解，那么s扩展为方程组ε'的一个唯一的解s'。

（2）如果s'是ε'的一个解，并且s等于s'到X的限制，那么s是ε的一个解。

特别地，ε的解s和ε'的解s'之间存在着一一对应的关系。

证明　（1）令

$$Y = (X \cup \bigcup_{x \in X} \text{TC}\ (e_x)) - A。$$

注意，

$$Y \cup A = (Y - X) \cup X \cup A。$$

对于$x \in X$，令$e'_x = e_x$。注意，每一个这样的e'_x都是$Y \cup A$的一个子集。每一个$y \in Y - X$也是$Y \cup A$的一个子集，并且令$e'_y = y$。这就给出了一个平坦方程组ε'。

下面验证和解有关的断言。令s是的ε一个解。通过

$$s'_y = y[s] \tag{3}$$

定义Y上的一个映射s'。因为对于$x \in X$，

$$s_x = x[s],$$

所以s'扩展了X上的函数s。检查（3）中的s'是ε'的一个解。

因为

$$A \cap X = \varnothing,$$

所以，对于任意的$a \in A$，

$$a[s] = a = a[s']。$$

代入的定义和Y的传递性蕴涵着对于所有的$y \in Y - X$，

$$\begin{aligned} s'_y &= y[s] \\ &= \{z[s]: z \in y\} \cup (y \cap A) \\ &= \{s'_z: z \in y\} \cup (y \cap A) \\ &= e'_y[s']。\end{aligned}$$

对于$x \in X$，

$$s'_x = s_x = e_x[s]。$$

因此，

$$\begin{aligned} s'_x &= \{z[s]: z \in e_x\} \\ &= \{z[s]: z \in e_x \cap (Y - X)\} \cup \{s_z: z \in e_x \cap X\} \cup (e_x \cap A) \\ &= \{s'_z: z \in e_x \cap (Y - X)\} \cup \{s'_z: z \in e'_x \cap X\} \cup (e'_x \cap A) \\ &= e'_x[s']。\end{aligned}$$

这就证明了s'是ε'的一个解。

（2）假定ε'的一个解是s'。令s等于s'到X的限制。只需要证明s是ε的一个解。

首先断言对于所有的$y \in Y$，

$$s'_y = y[s]。$$

为了证明这个断言，令

$$R = \{\langle s'_y, y[s]\rangle: y \in Y\}。$$

检查R是集合上的互模拟关系。假定$R(s'_y, y[s])$。令$z \in s'_y \cap U$。那么由平坦方程组的解的定义，

$$z \in e_y \cap A = y \cap A。$$

因为

$$X \cap Z = \varnothing,$$

所以

$$z = z[s] \in y[s]。$$

另外，假定$z \in y[s] \cap U$。因为s的值域是集合，只有当$p \notin \mathrm{dom}(s)$时，$p[s] \in U$是可能的。因为$z = z[s]$，所以得到$z \notin \mathrm{dom}(s)$。从而得出$z \in A$。因此$z \in s'_y$。

再者，假定 c 是一个集合，并且 $c \in s'_y$。那么对于某个 $v \in Y$，c 必须是形如 s'_v 的一个式子。但是 $R(c, v[s])$，因此我们已证经明了这是互模拟的部分条件。对证明的后一部分，假定 c 是属于 $y[s]$的一个集合。由定义 8. 3. 2 的条件（3），对

于某个 $v \in Y$，c 是形如 $v[s]$的一个式子。因为 v 是一个集合，并且 Y 是传递的，$v \in Y$，故 $R(s'_v, v[s])$。

$$
\begin{aligned}
s'_x &= \{s'_z: z \in e_x - A\} \cup (e_x \cap A) \\
&= \{s'_z: z \in e_x \cap (Y - X)\} \cup \{s'_z: z \in e_x \cap X\} \cup (e_x \cap A) \\
&= \{z[s]: z \in e_x \cap (Y - X)\} \cup \{z[s]: z \in e_x \cap (X \cup A)\} \\
&= e_x[s]。
\end{aligned}
$$

这就完成了该证明。

定理8.3.4　AFA等价于在ZFC⁻中断言：每一个广义方程组都有一个唯一的解。

证明　AFA 的最初表述是平坦解引理。假定在 ZFC⁻和平坦解引理下，已经证明了定理 8.3.2。

令$\varepsilon = \langle X, A, e\rangle$是一个平坦方程组。从平坦方程组的定义可知，$A$是与$X$不相交的任意集合。令$B = \text{support}(A)$，所以$B \subseteq U$。如果需要，可以用一个与$B$不相交的新本元集代替$X$；代入之后得到的新方程组有一个唯一的解当且仅当原来的方程组有一个唯一的解。那么每一个e_x属于$P(A \cup X) \subseteq V[X \cup B]$。所以我们可以把$e$看作一个映射$e$：$X \to V[X \cup B]$。结论是$\varepsilon' = \langle X, B, e\rangle$是一个广义方程组。令$s$是它的解。因为$X$和support$(A)$是不相交的，对于所有的$a \in A$，有$a[s] = a$。由此可以得出$s$是$\varepsilon$的一个解。相反，如果$s$是任意这样的解，那么$s$是$\varepsilon'$的解。

在集合论中，定义一个集合或类的常用方法是把想要的类取为某个单调算子的唯一固定点[①]。但是，在 AFA 下，固定点不再是唯一的，而是有很多个不同的固定点，有最小固定点，最大固定点[②]，最小固定点和最大固定点之间的固定点。奥采尔在《非良基集合》中证明了循环的方程或方程组的解可以看作某个单调算子的最大固定点的子集[③]。

第四节　ZFA 的一致性

前面我们讨论了反基础公理 AFA 的解引理表达，我们知道用 AFA 替换 ZFC 系统中的基础公理 FA 得到 ZFA，本节我们证明 ZFA 的一致性，以避免在 ZFA 中出现新的悖论。

ZFA 的一致性最早出现在福蒂和弘赛尔 1983[④]年的论文中，奥采尔在《非良基集合》中证明了每一个完全系统都是 ZFC⁻ + AFA 的一个模型[⑤]。在奥采尔之后，又有很多学者构造 ZFC⁻ + AFA 的模型，下面我们采用巴威斯在《恶性循环》一书

---

① 令 Γ 是一个算子。如果 $X \subseteq Y$ 蕴涵 $\Gamma(X) \subseteq \Gamma(Y)$，那么称 Γ 是单调的。如果 $\Gamma(X)=X$，那么称 X 是 Γ 的固定点。

② 假设 X 是 Γ 的固定点，如果对于 Γ 的每一个固定点 Y，都有 $X \subseteq Y$，那么称 X 是 Γ 的最小固定点；如果对于 Γ 的每一个固定点 Y，都有 $Y \subseteq X$，那么称 X 是 Γ 的最大固定点。

③ Aczel P. 1988. Non-Well-Founded Sets. Stanford: CSLI Publications: 73-79.

④ Forti M, Honsell F. 1983. Set Theory with Free Construction Principles. Annali Scuola Normale Supeiore di Pisa, Classe di Scienze, 10: 493-522.

⑤ Aczel P. 1988. Non-Well-Founded Sets. Stanford: CSLI Publications: 36.

中构造 ZFA 的模型的方法，证明 ZFA 的一致性。

根据哥德尔不完全性定理，我们不能在 ZFA 中证明其一致性，所以只能得到一个相对一致性的结论，即，如果 ZFC 是一致的，那么 ZFA 是一致的。基本思路是：①构造 ZFC^-的一个强外延的模型 M；②说明如何把 M 扩展为 M_{afa}，在 M_{afa} 中，所有的平坦方程组都有一个唯一有解，ZFC^-的所有公理都成立；③定义所有点平坦方程组 $e=\langle\varepsilon, x\rangle\in M$ 的类，定义$\langle\varepsilon, x\rangle\equiv\langle\varepsilon', x'\rangle$当且仅当存在$\varepsilon_x$和$\varepsilon'_{x'}$的互模拟关系 R 使得 xRx'，检查 R 是一个等价关系，e 的等价类记作$[e]$；④通过$[\langle\varepsilon, x\rangle]\in[\langle\varepsilon', y\rangle]$当且仅当存在一个元素 $z\in e'_y\cap X'$，使得$\langle\varepsilon, x\rangle\equiv\langle\varepsilon', z\rangle$把等价类的集合转换成一个集合论结构，$M_{afa}$ 的本元和 M 的本元相同；⑤证实 M_{afa} 满足 ZFC^-的所有公理；⑥找到一个从 M 到 M_{afa} 的嵌入 $a\mapsto\overline{a}$。这个嵌入必须是单射的，并且它有 $a\in b$ 在 M 中这一性质当且仅当$\overline{a}\in\overline{b}$在 M_{afa} 中；⑦证实解引理在 M_{afa} 中成立。

一、模型 M 和 M_{afa}

给定一个平坦方程组$\varepsilon=\langle X, A, e\rangle$和$\varepsilon$的一个未定元 x，我们想要除去与通过解指派给 x 的值无关的所有未定元。令 X_x 为包含 x 的 X 的最小子集，使得对于所有的 y，如果 $y\in X_x$，那么 $b_y\subseteq X_x$。令 A_x 为在任意 e_y 中出现的原子集，y 取遍 X_x 的值。因此 $A_x=\cup\{c_y: y\in X_x\}$。现在令$\varepsilon_x$为方程组$\langle X_x, A_x, e_x\rangle$，其中 e_x 是 e 到 X_x 的限制。

模型 M 从有序对$\langle\varepsilon, x\rangle$来构建，其中，$\varepsilon=\langle X, A, e\rangle$是 A 上的一个方程组并且ε属于 M，$x\in X$，$X_x=X$，$A_x=A$，$A\subseteq U$。$X_x=X$ 和 $A_x=A$ 仅仅确保ε中的任何事物实际上都与 x 有关，因此也与 s_x 有关。我们称有序对$\langle\varepsilon, x\rangle$为点平坦方程组（pointed flat systems of equations），下文中，我们使用加粗的字母，如 $\boldsymbol{e}$ 和 $\boldsymbol{e}'$等来表示点方程组。我们令 $\wp S$ 为所有点平坦方程组或本元的类。最后，我们令 p 和 q 取遍 $\wp S$。

定义

$$\langle\varepsilon, x\rangle\equiv\langle\varepsilon', x'\rangle$$

当且仅当 $A=A'$并且存在ε_x和$\varepsilon'_{x'}$之间的一个 A-互模拟关系 R 使得 xRx'。

模型 M_{afa} 中的集合本质上是关于$\equiv$的点平坦方程组的等价类。因为这些等价类是真类，所以我们希望 M_{afa} 的元素是集合。强充足性公理蕴涵着存在一个真类 $C\subseteq U$ 和 C 的元素的有序对的一个真类$<$，$<$是 C 的良序。每一个 $x\in C$ 给出一个序数 α_x。对每一个 $X\subseteq C$，我们得到一个序数 $\alpha_X=\sup_{x\in X}\alpha_x$。如果 $X\subseteq C$，我们称 $\boldsymbol{e}=\langle\langle X, A, e\rangle, x\rangle$是标准的（standard）点平坦方程组，如果$\langle Y, A, e'\rangle\equiv\varepsilon$，那么 $\alpha_X\leqslant\alpha_Y$。对于每一个点方程组 F，存在唯一一个与之等价的标准点方程组 $\boldsymbol{F}'$。我们定义

$$[\boldsymbol{e}]=\{\boldsymbol{f}:\boldsymbol{f}\text{ 是标准的点平坦方程组并且 }\boldsymbol{f}\equiv\boldsymbol{e}\}。$$

为了定义 M_{afa} 中的从属关系，我们把 M 的点方程组上的关系 E 定义如下

$$\langle\varepsilon, x\rangle E\langle\varepsilon', y\rangle\text{当且仅当存在某个 }z\in e'_y\cap X'\text{使得}\langle\varepsilon, x\rangle\equiv\langle\varepsilon'_z, z\rangle。$$

这个定义的思想是：假定$\langle \varepsilon, x\rangle$和$\langle \varepsilon', y\rangle$属于$M$并且二者之间有$E$关系。令$s$和$s'$分别是$\varepsilon$和$\varepsilon'$的解。那么集合$s_x$和$s'_z$是相等的，因为$\equiv$是一个互模拟关系。但是由于$s'_z \in s'_y$，这意味着$s_x = s'_z \in s'_y$。

关键是属于M的点方程组命名M_{afa}中的集合。因此M_{afa}中的从属关系应该以M中的方程组来定义。这就是E起作用的地方。我们把M_{afa}中集合之间的从属关系定义如下。

（1）$[\langle \varepsilon, x\rangle] \in [\langle \varepsilon', y\rangle]$在$M_{\text{afa}}$中当且仅当$\langle \varepsilon, x\rangle E\langle \varepsilon', y\rangle$在$M$中。

下面，把$\equiv$和E扩展为联系本元和点方程组。如果$x \in U$，并且$p \in \wp S$，那么我们定义$x \equiv p$当且仅当$x = p$。如果p是M的一个本元，我们说

$$pE\langle \varepsilon, x\rangle \text{当且仅当} p \in c_x$$

在我们构造的模型M_{afa}中。

（2）$p \in [\langle \varepsilon, x\rangle]$在$M_{\text{afa}}$中当且仅当$p \in e_x$。

下面，我们证实M_{afa}中从属关系的定义独立于等价类的代表元的选择。这就是定理 8.4.1 中（3）和（4）的内容。

定理 8.4.1　关于$\wp S$上的关系$\equiv$和E：

（1）$\equiv$是一个等价关系；

（2）如果$y \in e_x \cap X$，那么$\langle \varepsilon_y, y\rangle E\langle \varepsilon, x\rangle$；

（3）如果$e_1 \equiv e_2$，$f_1 \equiv f_2$，e_1Ef_1，那么e_2Ef_2；

（4）如果$\boldsymbol{e} \equiv \boldsymbol{f}$并且$p E\boldsymbol{e}$，那么$pE\boldsymbol{f}$；

（5）$\boldsymbol{e} \equiv \boldsymbol{f}$当且仅当下述条件成立：

a. 对于每一个$\boldsymbol{e}'E\boldsymbol{e}$存在某个$\boldsymbol{f}'E\boldsymbol{f}$使得$\boldsymbol{e}' \equiv \boldsymbol{f}'$；

b. 对于每一个$\boldsymbol{f}'E\boldsymbol{f}$存在某个$\boldsymbol{e}'E\boldsymbol{e}$使得$\boldsymbol{e}' \equiv \boldsymbol{f}'$；

c. 对于所有的本元p，$pE\boldsymbol{e}$当且仅当$pE\boldsymbol{f}$。

证明　（1）通过定理 8.2.2 可证。

（2）根据关系E的定义可证。

（3）通过$\equiv$的传递性和关系E的定义可证。

（4）通过$\equiv$的自返性和关系E的定义可证。

（5）用$\langle \varepsilon, x\rangle$表示$\boldsymbol{e}$，用$\langle \varepsilon', y\rangle$表示$\boldsymbol{f}$。

首先证明从左向右的方向。假定$\langle \varepsilon, x\rangle \equiv \langle \varepsilon', y\rangle$。我们证明（a）。假定$\langle F, u\rangle E\langle \varepsilon, x\rangle$。根据$E$的定义可知，存在某个$z \in e_x \cap X$，使得$\langle F, u\rangle \equiv \langle \varepsilon_z, z\rangle$。又因为$\langle \varepsilon, x\rangle \equiv \langle \varepsilon', y\rangle$，所以存在某个$v \in e'_y \cap X'$，使得$\langle \varepsilon_z, z\rangle \equiv \langle \varepsilon'_v, v\rangle$。根据$\equiv$的传递性，$\langle F, u\rangle \equiv \langle \varepsilon'_v, v\rangle$。由（2）可得，$\langle \varepsilon'_v, v\rangle E\langle \varepsilon', y\rangle$。（b）的证明与（a）类似，（c）通过（4）可证。

现在证明从右向左的方向。假定（a）~（c）均成立。$X \times X'$上的关系R^*通过uR^*v当且仅当$\langle \varepsilon_u, u\rangle \equiv \langle \varepsilon'_v, v\rangle$给出。然后应用（a）~（c）和（2），$R^*$是$\varepsilon$和$\varepsilon'$之间的一个互模拟关系，所以$xR^*y$，即$\boldsymbol{e} \equiv \boldsymbol{f}$。

可以看出，M_{afa}中的集合为M的点方程组的等价类集，M_{afa}中的本元和M的本元相同，M_{afa}中的从属关系通过（1）和（2）定义。到目前为止，我们有一个强外延的模型M和在M的基础上构造的模型M_{afa}，我们将在本节的最后一小节（即“三、ZFA”）中证实 ZFC$^-$和 AFA 在M_{afa}中都成立。下面，我们进一步讨论点平坦方程组。

二、平坦互模拟方程组

首先，我们需要一个一般的构造，它取点方程组集或本元集并给出另一个点方程组。

定理 8.4.2 令$S \subseteq \wp S$。存在唯一一个点方程组S^+使得对于所有的$p \in \wp S$，pES^+当且仅当对于某个$q \in S$，$p \equiv q$。再者，如果$\boldsymbol{e}$是任意一个具有这一性质的点方程组，那么$\boldsymbol{e} \equiv S^+$。

证明 首先证明S^+的存在性。令$S_0 = S - U$。根据充足性公理，我们假定在S_0的方程组中使用的未定元集是两两不相交的。我们需要的点方程组S^+的未定元集是S中元素的未定元集的并，连同一个新的未定元，比如这个新的未定元是z。我们称这个大集合为X。S^+的原子是S_0中的方程组的原子的并，连同所有在$S \cap U$中的本元。S^+的方程是$\varepsilon \in S_0$的方程的并，加上至少一个：

$$z = \{x_\varepsilon: \varepsilon \in S_0\} \cup (S \cap U)。$$

这里，x_ε是点方程组ε的可区分的未定元。

S^+的唯一性通过定理 8.4.1 的（5）得以证明。

例 8.4.1 考虑平坦方程组$\boldsymbol{\varepsilon} = \langle\{x,y\}, \{a,b\}, e\rangle$，其中$e$由如下两个方程给出：

$$x = \{a,y\},$$

$$y = \{b,x\}。$$

用e_x表示点方程组$\langle\varepsilon, x\rangle$，用$e_y$表示点方程组$\langle\varepsilon, y\rangle$。$\{a, e_y\}^+$为点方程组$\langle\langle\{x, y, z\}, \{a, b\}, e'\rangle, z\rangle$，其中，$e'_x = \{a, y\}$，$e'_y = \{b, x\}$，$e'_z = \{a, y\}$，则$e_x$与$\{a, e_y\}^+$之间的互模拟关系为$\{\langle x, x\rangle, \langle y, y\rangle, \langle x, z\rangle\}$。$\{b, e_x\}^+$为点方程组$\langle\langle\{x, y, z\}, \{a, b\}, e'\rangle, z\rangle$，其中$e'_x = \{a, y\}$，$e'_y = \{b, x\}$，$e'_z = \{b, x\}$，则$e_y$与$\{a, e_x\}^+$之间的互模拟关系为$\{\langle x, x\rangle, \langle y, y\rangle, \langle y, z\rangle\}$。

定义 8.4.1 （1）一个平坦互模拟方程组（flat bisimulation system）是一个三元组$\varepsilon = \langle X, A, e\rangle$，其中，集合$X \subseteq U$，集合$A \subseteq U$，$A \cap X = \varnothing$，$e$是一个函数：

$$X \to \wp(X \cup A);$$

（2）我们把X称作ε的未定元集，把A称作ε的原子集。对于每一个$v \in X$，令$b_v =_{\mathrm{df}} e_v \cap X$，令$c_v =_{\mathrm{df}} e_v \cap A$；

（3）ε的互模拟解（bisimulation solution）是一个函数s，s的定义域为X，对于每一个$x \in X$给出一个点方程组并且在互模拟$s_x \equiv (\{s_y: y \in b_x\} \cup c_x)^+$的意义上满足每一个方程。

如果ε为任意平坦方程组，那么在 ZFC⁻中，我们就不能求ε的解。如果ε是一个平坦互模拟方程组，在 ZFC⁻中，ε就有一个唯一的解。下面，我们证明这一结论。

定理 8.4.3　令$\varepsilon = \langle X, A, e\rangle$是一个平坦互模拟方程组。那么$\varepsilon$有一个互模拟解$s$。而且，在下述意义上，$s$是一个唯一的解：如果$t$是$\varepsilon$的任意互模拟解，那么对于所有的$x \in X$，$t_x \equiv s_x$。

证明　ε的互模拟解通过$s_x = \varepsilon_x$给出。为了证实$s_x = \varepsilon_x$成立，我们必须证明对于所有的$x \in X$，

$$\varepsilon_x \equiv (\{\varepsilon_y : y \in b_x\} \cup c_x)^+$$

其实质是例 8.4.1 的推广。

其存在性的证明非常复杂，下面我们通过一个例子来说明这一思想。假定我们有下列互模拟方程组ε：

$$\begin{aligned} x &= \{p, y, z\}, \\ y &= \{q, x\}, \\ z &= \varnothing。\end{aligned} \tag{4}$$

ε的互模拟解给出三个点方程组，比方说是F，G和H，使得

$$\begin{aligned} F &\equiv \{p, G, H\}^+, \\ G &\equiv \{q, F\}^+, \\ H &\equiv \varnothing^+。\end{aligned}$$

令$F = \langle\langle X, A, e\rangle, x'\rangle$，$G = \langle\langle Y, B, f\rangle, y'\rangle$，$H = \langle\langle Z, C, g\rangle, z'\rangle$。可以得出$A = B = \{p, q\}$，$C = \varnothing$。

X，Y和Z对应于方程组ε中的变量。假定集合X，Y和Z是两两不相交的。有了两两不相交的变量，我们可以把所有点方程组放到一起成为一个大方程组，我们称这个大方程组为s，$s_{x'} = F$，$s_{y'} = G$，并且$s_{z'} = H$。

令T为下面的关系：

$$T = \{\langle u, v\rangle \in (X \cup Y \cup Z) \times \{x, y, z\} : s_u \equiv s_{v'}\}。$$

T中$\langle u, x\rangle$意思是$s_u \equiv s_{x'}$。T中包含有对$\langle x', x\rangle$，$\langle y', y\rangle$和$\langle z', z\rangle$。我们需要$X \cup Y \cup Z$中的变量与方程组（4）的原子集$\{x, y, z\}$之间有T关系。

令$T_x = T \cap (X \times \{x, y, z\})$，$T_y = T \cap (Y \times \{x, y, z\})$，$T_z = T \cap (Z \times \{x, y, z\})$。我们断言$T_x$是$s_x$和$\varepsilon_x$之间的一个互模拟，$T_y$是$s_y$和$\varepsilon_y$之间的一个互模拟，$T_z$是$s_z$和$\varepsilon_z$之间的一个互模拟。

假定$\langle u, x\rangle$属于T_x，这意味着$s_u \equiv s_{x'}$。因为$s_{x'} \equiv \{p, s_{y'}, s_{z'}\}^+$，我们得到$e_u \cap U = \{p\}$，并且如果$e_u$中的元素$v$不是本元，我们说$v$与$s_{y'}$或者$s_{z'}$是互模拟的。对于$e_u$中不是本元的元素$v$，我们说$\langle v, y\rangle$或者$\langle v, z\rangle$属于$T_x$，这个断言的逆也成立。这就证明了$T_x$有往复性。

检查T_x以正确的方式保留原子，注意$s_{x'}$的原子集与ε_x的原子集相同，这个相

同的原子集为$\{p, q\}$；类似的断言对于T_y和T_z也成立。这意味着如果$\langle u, v\rangle \in T$，$s_u$的原子与$\varepsilon_v$的原子相同。

T_x是一个互模拟关系，X的每一个元素与$\{x, y, z\}$的某个元素相联系。

定理 8.4.3 对于证明 ZFA 的一致性至关重要，它说明在 ZFC^-中，我们能解互模拟的方程组，并且其解是“接近唯一的”。

三、ZFA

我们要证明 ZFA 系统中的公理在M_{afa}中成立，即 ZFC^-的公理和 AFA 在M_{afa}中均成立。首先证明 ZFC^-的公理在M_{afa}中成立，然后证明 AFA 在M_{afa}中也成立。

要证明公理φ在M_{afa}中成立，把φ转换为在M中关于点方程组的一个陈述φ^{tr}。然后证明φ^{tr}在 ZFC^-中。

转换的过程是：使用$\in$和$=$写出φ，然后用E替换$\in$，用$\equiv$替换$=$，用点方程组上的量词“对于所有的点方程组 $\boldsymbol{e}$”替换量词“对于所有的集合 x”，用点方程组上的量词“存在某个点方程组 $\boldsymbol{e}$”替换量词“存在某个集合 x”。下面以外延公理为例说明转换过程。

例 8.4.2 外延公理 $\forall a \forall b\, [\forall p\,(p \in a \leftrightarrow p \in b) \to a = b]$。通过转换，我们得到

$$\text{外延公理}^{tr} \quad \forall e \forall f\, [\forall p\,(pEe \leftrightarrow pEf) \to e \equiv f]。$$

在转换中，像 p 和 q 这样的变量取 PS 的任意元素，所以其可能是本元或点方程组。下面我们看看这一转换过程如何起作用。M_{afa}是点方程组（和本元）的等价类的集合。M_{afa}中公理的形式证明要求我们用等价类来处理。首先，我们必须证明用集合论语言表达的任意公式的真或假独立于等价类的代表元的选择，这可以通过归纳得以证明。此外，对任意的公式

$$M_{afa} \vDash \varphi([e_1], \cdots, [e_n]) \quad \text{当且仅当} \quad M \vDash \varphi^{tr}(e_1, \cdots, e_n)。$$

给定 ZFA 的一个公理φ，我们将考虑它的转换φ^{tr}，我们证明φ^{tr}在 ZFC^-中。由此得出M满足φ^{tr}，因此M_{afa}满足φ。下面我们证明公理的转换。

对集公理$\forall p \forall q \exists a\, [p \in a \wedge q \in a]$的转换对集^{tr}是$\forall e \forall f\ \ \exists g\, [eEg \wedge f\, Eg]$。

下面我们证明并集公理$\forall a \exists b\, (\forall c \in a)\, (\forall p \in c) p \in b$ 的转换。令 $e = \langle\langle X, A, e\rangle, x\rangle$是一个点方程组。令

$$S = \{y \in X: (\exists z \in e_x)\, y \in e_z\}。$$

令$f = \{e_y: y \in S\}^+$。那么$(f = \ \cup e)^{tr}$，$(f = \ \cup e)^{tr}$为$(f \equiv \ \cup e)$。

再看幂集公理$\forall a \exists b \forall c\, (c \subseteq a \to c \in b]$的转换。首先，我们给出一个一般的定义：如果$e_1$的每一个$E$-元素与$e_2$的某个$E$-元素是互模拟的，那么我们称点方程组$e_1$是$e_2$的一个$E$-子集($E$-subset)。即$(e_1 \subseteq e_2)^{tr}$。假定$\boldsymbol{e} = \langle \varepsilon, x\rangle$是一个点方程组，其中，$\varepsilon = \langle X, A, e\rangle$。我们需要$e$的$E$-元素也是$e$的$E$-子集。对于每一个$Y \subseteq X$，$B \subseteq A$，令

$$e_{Y,B}=(\{e_y: y\in Y\}\cup B)^{+}。$$

每一个 $e_{Y,B}$ 都是 e 的一个 E-子集。更重要的是，对于某个 $Y\subseteq X$，$B\subseteq A$，e 的每一个 E-子集都是 $e_{Y,B}$ 形式。这是由定理 8.4.2 和 E-子集的定义得出的。由收集公理，我们同样考虑

$$f=\{e_{Y,B}: Y\subseteq X, B\subseteq A\}^{+}。$$

f 是一个点方程组，并且

$$[\forall e\exists f\forall g(g\subseteq e\rightarrow g\in f]^{\mathrm{tr}}。$$

$$[\forall e\exists f\forall g(g\subseteq e\rightarrow g\in f]^{\mathrm{tr}} 为 [\forall e\exists f\forall g(g\subseteq e\rightarrow gEf]。$$

验证收集公理模式和分离公理模式的关键在于 M_{afa} 作为 M 内的一个类是“本质定义”的，在此，省略这些细节。我们在证明 AFA 之后，再证明选择公理。下面我们来看无穷公理。

我们需要 M_{afa} 是 M 的一个扩展。对集合来说，就意味着集合的类可以被嵌入到点方程组的类里。为了做到这一点，我们令 a 为一个集合。由定理 8.1.5，存在一个平坦方程组ε使得 $a\in$ solution-set(ε)。事实上，定理 8.1.5 中的ε是一个同构于 a 的典范方程组的平坦方程组。对于每一个集合 a，固定这样的一个平坦方程组ε_a。然后令$\overline{a}$为点方程组$\langle\varepsilon_a, a\rangle$。对于所有集合 $b\in a$，$\overline{b}E\overline{a}$。相反，如果$fE\overline{a}$，那么对于某个 $b\in a$，$f\equiv\overline{b}$。

回到无穷公理。令ω为自然数。在公理中ω的性质是

$$\varnothing\in\omega\wedge\forall b\,[b\in\omega\rightarrow(\exists c\in\omega)\,c=b\cup\{b\}]。$$

因此 $\overline{\varnothing}E\overline{\omega}$，并且对于每一个 e，$eE\overline{\omega}$，对于某个 n，$e\equiv\overline{n}$。

令 e 为一个点方程组，使得 $eE\overline{\omega}$。那么对某个 $n\in\omega$，$e\equiv\overline{n}$。现在，$\overline{n}$有下面的性质：对于所有的点方程组 f，$fE\overline{n+1}$ 当且仅当要么 $f\equiv\overline{n}$要么 $fE\overline{n}$。由此得出$(\overline{n+1}=\overline{n}\cup\{\overline{n}\})^{\mathrm{tr}}$。这就意味着$(\overline{n+1}=e\cup\{e\})^{\mathrm{tr}}$。

这个论证证明$\overline{\omega}$满足无穷公理的转换：

无穷公理 ^{tr} $\exists a\,[\varnothing\in a\wedge\forall b\,[b\in a\rightarrow(\exists c\in a)\,c=b\cup\{b\}]]^{\mathrm{tr}}$。

现在我们讨论一下映射 $a\longmapsto\overline{a}$的性质。关系 S 是集合上的互模拟：aSb 当且仅当$\overline{a}\equiv\overline{b}$。我们想回到模型 M 和 M_{afa}。因为我们已经假定 M 是强外延的，我们看到 $a\longmapsto[\overline{a}]$是一个从 M 到 M_{afa} 的单射。此外，这时很容易检查 $a\in b$ 在 M 中当且仅当$[\overline{a}]\in[\overline{b}]$在 M_{afa} 中。让模型 M 嵌入模型 M_{afa} 是我们构造模型的目标之一。

下面我们来看强充足性公理。因为强充足性公理中有一个二元函数符号 new，我们就需要一个新的函数，比如说是 n，我们可以通过 $n(a, b)$ 转换 new(a, b)。我们取 $n(e,f)=$ new$([e]$, support$([f]))$。映射 n 有性质：如果 $e\equiv e'$，$f\equiv f'$，那么 $n(e,f)\equiv(e',f')$。如果 e 与 e'之间不存在互模拟关系，那么 $n(e,f)\neq(e',f')$。最后，如果$(f\subseteq U)^{\mathrm{tr}}$，那么 support$(f)$是 f 的所有 E-元素的集合。所以$(n(e,f)\notin f)^{\mathrm{tr}}$。

我们在 M_{afa} 中讨论 AFA，我们将证明 M_{afa} 满足平坦解引理。平坦解引理是说每一个平坦方程组都有一个唯一的解。在证明 AFA 的转换之前，我们需要一些新

的定义。

给定 $a \in \wp S$ 且 $b \in \wp S$，我们有一个点方程组 $\{a, b\}^+$。这个点方程组有 a 和 b 作为它的 E-元素。现在我们定义 $\langle a, b\rangle^+ = \{\{a\}^+, \{a, b\}^+\}^+$，我们通过定义 $\langle a, b, c\rangle^+ = \langle a, \langle b, c\rangle^+\rangle^+$ 把这个运算扩展到三元。

如果 f：$\wp S \to \wp S$，那么 f^+ 是由下式给出的一个点方程组：

$$f^+ = \{\langle a, f(a)\rangle^+ : a \in \mathrm{dom}(f)\}^+。$$

我们需要更多的符号和一些关于整个体系的引理。如果 $\varepsilon = \langle X, A, e\rangle$ 是 M 中的一个平坦方程组，那么 ε^+ 是由下式给出的 M 的点方程组：

$$\varepsilon^+ = \langle X^+, A^+, \{\langle x, (e_x)^+\rangle^+ : x \in X\}\rangle^+。$$

定理 8.4.4　令 e，f，g 和 h 为点方程组。

（1）(“$g = \{e, f\}$”)^{tr} 当且仅当 $g \equiv \{e, f\}^+$；

（2）(“$g = \langle e, f\rangle$”)^{tr} 当且仅当 $g \equiv \langle e, f\rangle^+$；

（3）(“$g = \langle e_1, e_2, e_3\rangle$”)^{tr} 当且仅当 $g \equiv \langle e_1, e_2, e_3\rangle^+$；

（4）(“$e \subseteq U$”)^{tr} 当且仅当对于某个 $A \subseteq U$，$e \equiv A^+$。

证明　只给出从左向右的证明。我们来看（1）。“$g = \{e, f\}$”表示 $e \in g, f \in g$。如果 $h \in g$，那么 $h = e$ 或者 $h = f$。对 $e \in g, f \in g$，$h \in g$，$h = e$ 和 $h = f$ 进行转换，得到 eEg，fEg 和 hEg，$h \equiv e$ 或者 $h \equiv f$。由定理 8.4.3 得到 $g \equiv \{e, f\}^+$。

对于（2），假定(“$g = \langle e, f\rangle$”)^{tr}。这意味着存在 h_1 使得(“$h_1 = \{e, f\}$”)^{tr}，存在 h_2 使得“$h_2 = \{f, f\}$”)^{tr}，(“$g = \{h_1, h_2\}$”)^{tr}。由（1），我们得到 $h_1 \equiv \{e, f\}^+$，$h_2 \equiv \{f, f\}^+$，$g \equiv \{h_1, h_2\}^+$。把这些互模拟放在一起得到 $g \equiv \{e, f\}^+$。

（3）的证明与（2）类似。

对于（4），假定(“$e \subseteq U$”)^{tr}。这意味着对于所有的 $p \in \wp S$，如果 pEe，那么 $p \in U$。用 $\langle X, A, e, x\rangle$ 表示 $\boldsymbol{e}$。我们断言 $e(x) \cap X = \varnothing$。因为如果 $y \in e(x) \cap X$，那么 $e_y Ee$。这与(“$e \subseteq U$”)^{tr} 相矛盾。$e(x) \cap X = \varnothing$ 蕴涵着 $X = X_x = \{x\}$。根据 $\wp S$ 的定义，A 必须是本元集。因此，$e \equiv \mathrm{A}^+$。

定理 8.4.5　令 e，f，g 和 h 是点方程组。

（1）(“f 是一个函数”)^{tr} 当且仅当存在一个函数 f：$\wp S \to \wp S$ 使得下述两个条件成立：

（a）如果 $f(p) \equiv f(q)$，那么 $p \equiv q$；

（b）$f^+ \equiv f$；

（2）假定 f：$\wp S \to \wp S$ 并且 $f^+ \equiv f$。那么(“$f(g) = h$”)^{tr} 当且仅当存在某个 $g' \equiv g$ 和 $h' \equiv h$ 使得 $f(g') = h'$；

（3）令 $S \subseteq \wp S$，并且令 f：$S \to \wp S$，g：$S \to \wp S$，那么对于所有的 $p \in S$，$f(p) \equiv g(p)$ 当且仅当 $f^+ = g^+$；

（4）(“e 是一个原子是本元的平坦方程组”)^{tr} 当且仅当存在一个平坦互模拟方程组 ε 使得 $\boldsymbol{e} \equiv \varepsilon^+$；

（5）（“e 是一个平坦方程组并且 $\mathbf{s}$ 是 e 的一个解”）^{tr} 当且仅当存在一个平坦互模拟方程组ε使得 $e \equiv \varepsilon^+$和ε的一个互模拟解 s 使得 $s^+ \equiv \mathbf{s}$。

证明　只给出从左向右的证明。对于（1），令 $f = \langle\langle X, A, e\rangle, x\rangle$。对于每一个 $y \in e_x$，（“f_y 是一个有序对”）^{tr}。由定理 8.4.4（2）可得，对于每一个 $y \in e_x$，存在一个点方程组的有序对$\langle p_y, q_y\rangle$使得$\langle p_y, q_y\rangle^+ \equiv f_y$。由收集公理，对于每一个 $y \in e_x$，令 S 为一个包含有序$\langle p_y, q_y\rangle$的集合。由选择公理，我们可以找到 S 的一个子集$f \subseteq S$，使得

（c）对于每一个$\langle p, q\rangle \in S$，存在某个$\langle p', q'\rangle \in f$使得 $p \equiv p'$；

（d）如果$\langle p, q\rangle$和$\langle p', q'\rangle$是f的两个不相同元素，那么 p 与 p'之间不存在互模拟关系。

条件（d）保证f是一个函数并且（1a）成立。我们断言$f^+ \equiv f$。足以证明对于每一个 $y \in e_y$，存在某个$\langle p, q\rangle \in f$使得$\langle p, q\rangle^+ \equiv f_y$。我们知道存在某个$\langle p_y, q_y\rangle \in S$，使得$\langle p_y, q_y\rangle^+ \equiv f_y$。由条件（c），存在某个$\langle p, q\rangle \in f$使得 $p \equiv p_y$。对于$\langle p, q\rangle$，存在某个 $z \in e_x$ 使得$\langle p, q\rangle^+ \equiv f_z$。那么

$$(\text{“}f\text{是一个函数，}\langle p_y, q_y\rangle^+，p_y \equiv p，\langle p, q\rangle^+ \in f\text{”})^{\mathrm{tr}}。$$

所以 $q_y \equiv q$。因此$\langle p, q\rangle^+ \equiv \langle p_y, q_y\rangle^+ \equiv f_y$。这就完成了（1）的证明。

在（2）中，我们得到（“$\langle g, h\rangle \in f$”）^{tr}。因为$f^+ \equiv f$，存在一个对$\langle g', h'\rangle \in f$使得$\langle g, h\rangle \equiv \langle g', h'\rangle$。由定理 8.4.4（2），$g \equiv g'$并且 $h \equiv h'$。

下面，我们证明（3）。令 eEf^+。那么存在某个 $p \in S$，使得 $e \equiv \langle p, f(p)\rangle^+$。因为$f(p) \equiv g(p)$，$e \equiv \langle p, g(p)\rangle^+ Eg^+$。我们得出$f^+$和 g^+有相同的 E-元素。因此$f^+ \equiv g^+$。

我们来看（4）的证明。我们知道存在 e_1，e_2 和 e_3，使得 $e = \langle e_1, e_2, e_3\rangle^+$。此外，存在 X，$A \subseteq U$ 和 e_1 使得 $e_1 \equiv X^+$且 $e_2 \equiv A^+$。由（1），存在一个函数 e，使得 $e^+ \equiv e_3$。现在对于每一个 $x \in X$（“$e_3(x) \subseteq e_1 \cup e_2$”）^{tr}。因此对于每一个 x，存在某个 $b_x \subseteq X \cup A$，使得 $e_3(x) \equiv (b_x)^+$。令 e 为通过 $e_x = b_x$ 定义在 X 上的函数。$\varepsilon = \langle X, A, e\rangle$是一个平坦方程组，那么

$$\{\langle x, (e_x)^+\rangle^+ : x \in X\} \equiv e_3。$$

并且因此

$$\varepsilon^+ = \langle X^+, A^+, e^+\rangle^+ \equiv \langle e_1, e_2, e_3\rangle^+ = e。$$

（5）是这条引理最重要的一部分，其便于证明定理 8.4.6。它联系了平坦方程组的解和互模拟解这两个概念。由（4），我们可以找到$\varepsilon = \langle X, A, e\rangle$使得$\varepsilon^+ \equiv e$。由（1），我们可以找到一个定义在 X 上的函数 s，使得 $s^+ \equiv s$。对于所有的 $x \in X$，

$$(\text{“}s_x = \{s_y : y \in b_x\} \cup c_x\text{”})^{\mathrm{tr}}。$$

这就表明对于所有的$p \in \wp S$，pEs_x 当且仅当要么 $p \in c_x$，要么对于某个 $y \in b_x$，$s_x \equiv b_x$。由定理 8.4.2，

$$s_x \equiv (\{s_y : y \in b_x\} \cup c_x)^+。$$

由（2），对于每一个 $x \in X$，$s_x \equiv s_x$。因此对于 $x \in X$，

$$s_x \equiv (\{s_y: y \in b_x\} \cup c_x)^+。$$

这就证明了 s 是ε的一个互模拟解。

定理 8.4.6 $\mathrm{AFA}^{\mathrm{tr}}$: 对于所有的点方程组 e，如果（“e 是一个平坦方程组”）^{tr}，那么存在 s 使得（“s 是 e 的一个解”）^{tr}，并且对于所有的 f，如果（“f 是 e 的一个解”）^{tr}，那么 $s \equiv f$。

证明 我们知道 $\mathrm{ZFA}^{\mathrm{tr}}$，并且由定理 8.3.4，我们只需要考虑原子是本元的平坦方程组。假定（“e 是一个原子是本元的平坦方程组”）^{tr}。然后由定理 8.4.5（4），令ε是一个等价于它的互模拟方程组；令 X 为ε的未定元集。由定理 8.4.3，令 s 是ε的一个互模拟解。由定理 8.4.5（5），（“s^+是ε的一个解”）^{tr}。再者，如果（“f 是一个解”）^{tr}，那么存在ε的一个互模拟解 t 使得 $t^+ \equiv f$。但是对于所有的 $x \in X$，由定理 8.4.3 的唯一性断言可得，$t_x \equiv s_x$。由定理 8.4.5（3），$t^+ \equiv s^+$。$f \equiv t^+$是我们已经证明的事实。

我们来看选择公理的转换。假定（“f 是一个关系”）^{tr}。和在定理 8.4.5（1）的证明中所作的那样，对于每一个 $y \in e_x$，令 S 是一个包含对$\langle p_y, q_y \rangle$的集合。由选择公理，我们可以找到 S 的一个子集 f，f 有定理 8.4.5（1）和（2）的性质。然后应用定理 8.4.5（1）从右向左的方向得到（“e 是一个和 f 有相同定义域的函数”）^{tr}。

第九章 集合的典范装饰与方程组的典范解

埃泽尔在《非良基集合论》中表明，在集合论 ZFC⁻+AFA 中，每个图有唯一装饰；莫斯和巴威斯在《恶性循环》中提出了与 AFA 等价的解引理：每个方程组有唯一解。但是，在集合论 ZFC⁻+SAFA 和 ZFC⁻+FAFA 中，每个图并非只有一个装饰，每个方程组并非只有一个解。能否对图的装饰和和方程组的解做一些限制，使得每个图都有一个具有某种性质的唯一装饰以及每个方程组都有具有某种性质的唯一解呢？本章尝试着回答这些问题。

本章首先讨论了方程、方程组和解引理（本文称之为 AFA 解引理），接着介绍了哈里士定义的一系列互模拟坍塌概念，主要是迭代互模拟坍塌和完全坍塌[①]，最后在可达点图的典范装饰概念的基础上得出方程组的典范解，并最终得出：在上述三种具体的非良基集合论中，每个方程组有唯一的典范解。本章的主要研究工作是：提出并证明"在 ZFC⁻+AFA~中每个可达点图都有唯一的典范装饰""在 ZFC⁻+AFA~中每个方程组都有唯一的典范解（本章称之为 AFA~解引理）"。

本章主要参考了埃泽尔《非良基集合论》[②]中图装饰理论以及巴威斯《恶性循环》[③]中方程组的解理论，特别是哈里士的博士论文《图同构集合论》[④]中互模拟坍塌和典范装饰理论。

第一节 AFA 解引理

一、AFA~集合论

在《非良基集合论》中，埃泽尔讨论了三种正则互模拟，由此产生了三种不同的非良基公理：AFA，FAFA，SAFA。因为这三种正则互模拟对满系统是绝对的，可以证明集合论 ZFC⁻+AFA~相对于 ZFC⁻是一致的。

对于一个给定的正则互模拟~，我们用 $V^{\sim}$表示 ZFC⁻+AFA~的域。互模拟对应了集合相等标准，也就是说，如果两个集合的典范图具有~关系，那么在具有公理 AFA~的集合论中，这两个集合一定相等。AFA~也蕴涵了每个~-外延的可达点图同构于 $V^{\sim}$中某个唯一集合的典范图。我们知道，对每个可达点图 G，G 是$\equiv_A$-外延的 $\Rightarrow G$ 是$\trianglelefteq^t$-外延的 $\Rightarrow G$ 是$\trianglelefteq^*$-外延的。这就蕴涵了从 AFA，经过 SAFA 到 FAFA，

---

① Harnish S. 1998. GST: A Theory of Hyperset. Ph.D. Dissertation, Bluffton College: 42-48.

② Aczel P. 1988. Non-Well-Founded Sets. Stanford: CSLI Publications: 3-17.

③ Barwise J, Moss L. 1996. Vicious Circles: On the Mathematics of Non-Well-Founded Phenomena. Stanford: CSLI Publications: 67-76.

④ Harnish S. 1998. GST: A Theory of Hyperset. Ph.D. Dissertation, Bluffton College: 36-55.

集合相等的标准变得越来越严格，非良基集合的域变得越来越丰富。

为了从直观上显示非良基集合论（AFA，SAFA，FAFA）域之间的区别，以及为了谈论方程组的解在这些集合论中的区别，考虑图 9.1。

这个图在这三种集合论中有着不同的装饰方式。从 AFA，经过 SAFA，到 FAFA，图 G 获得的装饰越来越多。下面我们用图 9.2 来描述装饰图 G 的集合。

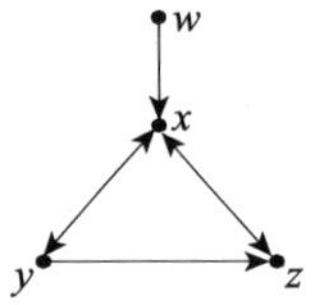

图 9.1　可达点图 G

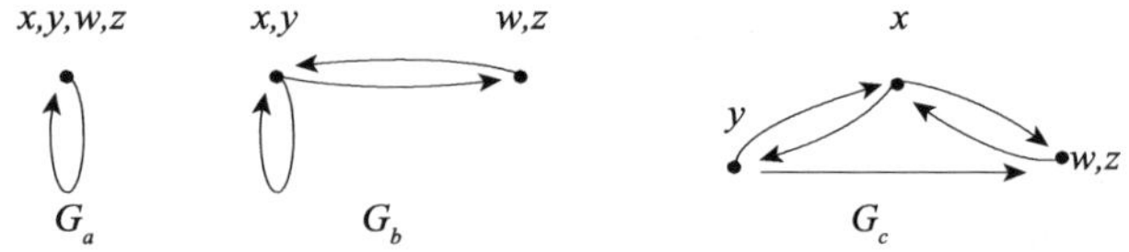

图 9.2　图 G 的装饰集合的典范图

G_a所描述的集合被称为Ω，在 ZFC^- + AFA 集合论中，它是图 G 的唯一装饰，G_b和 G_c都不是强外延的；在 ZFC^- + SAFA 集合论中，图 G 有两个装饰，它们是图 G_a 和 G_b所刻画的集合，G_c不是斯科特外延的；在 ZFC^-+ FAFA 集合论中，图 G 有三个装饰，它们是图 G_a，G_b和 G_c所刻画的集合。

二、方程和方程组

非良基集合论最近的很多应用都使用了解引理，它是埃泽尔非良基公理的一个后承，因此我把它称为 AFA 解引理。这个引理的几个版本使用了带有本原的集合论，如莫斯和巴威斯的《恶性循环》就是在这种扩展的集合论中描述解引理的①。然而，纯集合的域可用来模型带有本原的集合论，因此，本章我们在纯集合的背景下讨论方程、方程组及其解。

定义 9.1.1　令 A 和 X 是不相交的集合。A 被称为常量集，X 被称为变元集。假设 v 是从 X 到 $\wp(X)$（X 的幂集）的函数，c 是从 X 到 $\wp(A)$（A 的幂集）的函数，那么$\Sigma = \langle A, X, c, v\rangle$被称为方程组。对于 X 的每个变元 x，c 和 v 通过下面的关于 x 的方程（以后称为 x 方程）规定了 x 的元素：

$$x = c(x) \cup v(x)\text{。}$$

例 9.1.1　令$\Sigma_1 = \langle A, X, c, v\rangle$，这里 $A = \{0, 1\}$，$X = \{x, y\}$，$c(x) = c(y) = \{0, 1\}$，$v(x) = \{y\}$，$v(y) = \varnothing$。换句话说，Σ_1是下面的方程组：

$$x = \{0, 1, y\}，y=\{0, 1\}\text{。}$$

例 9.1.2　令$\Sigma_2 = \langle A, X, c, v\rangle$，这里 $A = \varnothing$，$X=\{x, y, w, z\}$，$c(x) = c(y) = c(w) = c(z) = \varnothing$，$v(x) = \{y, z\}$，$v(y) = \{x, z\}$，$v(z) = \{x\}$，$v(w) = \{x\}$。换言之，$\Sigma_2$是下面的方程组：

$$w = \{x\}，x = \{y, z\}，$$

① Barwise J, Moss L. 1996. Vicious Circles: On the Mathematics of Non-Well-Founded Phenomena. Stanford: CSLI Publications: 67-76.

$$y = \{x, z\}, \quad z = \{x\}。$$

方程组Σ_2与图 9.1 中的图 G 有一种内在联系，我们将在本章第三节揭示这种联系，并且讨论Σ_1和Σ_2在 AFA~中的典范解。

定义 9.1.2　假定$\Sigma = \langle A, X, c, v\rangle$是一个方程组，$s$ 是一个函数，其定义域 $\mathrm{dom}(s)$ 是 X 的一个非空子集。假设 $x \in X$ 和$\{x\} \cup v(x) \subseteq \mathrm{dom}(s)$，如果 s 满足

$$s(x) = c(x) \cup \{s(y) \mid y \in v(x)\},$$

那么 s 被称为 x 方程的一个解。如果对所有的 $x \in X$，s 都是 x 方程的一个解，那么 s 被称为方程组$\Sigma = \langle A, X, c, v\rangle$的一个解。

三、AFA 解引理（在 AFA 下的解引理）

定理 9.1.1　令$\Sigma = \langle A, X, c, v\rangle$是一个方程组，假设 AFA，那么$\Sigma$有唯一解。

证明　见《恶性循环》第 99 页定理 8.4①。

这个解的唯一性在 SAFA 和 FAFA 下不成立。例如，方程组Σ_2在 SAFA 下有两个解，这两个解的典范图同构于图 9.2 所示的 G_a和 G_b；方程组Σ_2在 FAFA 下有三个解，这些解的典范图同构于图 9.2 所示的 G_a，G_b和 G_c。稍后我们将证明Σ_2在 SAFA 和 FAFA 下只有一个典范解，为了定义典范解，我们首先引入迭代互模拟坍塌概念。

第二节　互模拟坍塌

一、迭代互模拟坍塌

令~是一个正则互模拟，~-坍塌的基本思想是把一个可达点图 G 的某些具有一定关系的结点同一化，这个一定关系就是指被同一化的结点的子图具有~-关系。所谓同一化就是将这些结点放到 G 的结点集的同一个子集里，并把这样的子集作为坍塌图的结点。因此 G 的~-坍塌图的结点是 G 的结点集的不相交的子集，新的结点集就是 G 的结点集的一个划分。正则互模拟下的坍塌是通过超穷递归迭代完成的，反复的坍塌会产生越来越粗糙的原始图的结点集的划分。为理解这些概念，下面考虑一个例子。

例 9.2.1　令Σ_3是下面的方程组：

$$x = \{y\}, \quad y = \{y, z\}, \quad z = \{x, u, v, 1, 3\}, \quad u = \varnothing, \quad v = \{u\}。$$

这个方程组可以用图 9.3 表示出来。

在任意的正则互模拟下，这个图可以坍塌成下面的结构（图 9.4）。

为了定义~-坍塌概念，我们先引入下面的概念。

① Barwise J, Moss L. 1996. Vicious Circles: On the Mathematics of Non-well- founded Phenomena. Stanford: CSLI Publications: 99.

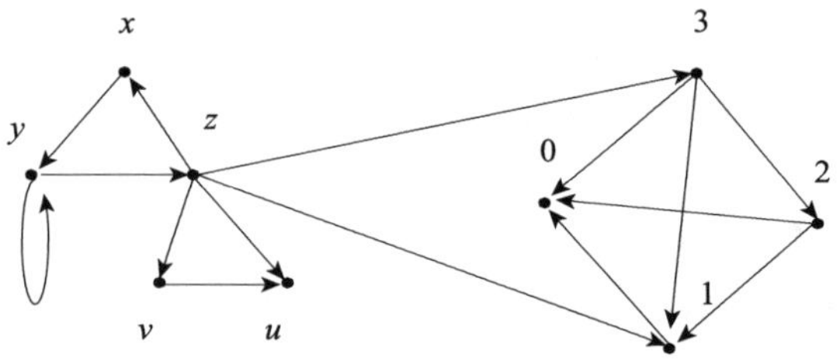

图 9.3 方程组$\sum_3$的∈-图

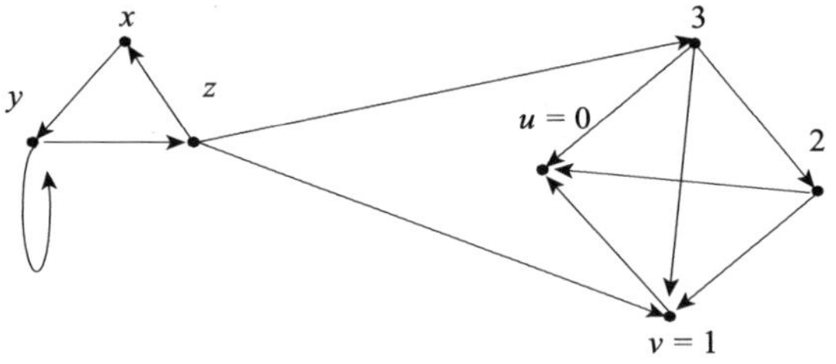

图 9.4 方程组$\sum_3$的∈-图的坍塌

定义 9.2.1 P是x的一个划分当且仅当P是x的非空的不相交的子集的集合，并且这些子集的并等于x。对每个$y \in x$，x的子集A被称为P中y的划分单元当且仅当$y \in A \in P$。

定义 9.2.2 一个可达点图H是可达点图G的结点划分图当且仅当H的结点集N_H是G的结点集N_G的一个划分，H的始点p_H是G的始点p_G在N_H中的划分单元，G的边在这些划分子集之间被保持。精确地说，

$$\forall S_1, S_2 \in N_H(\langle S_1, S_2 \rangle \in E_H \leftrightarrow \exists n_1 \in S_1, \exists n_2 \in S_2 \langle n_1, n_2 \rangle \in E_G)。$$

注意从该定义开始，我们约定对任意的可达点图G，N_G表示G的结点集，E_G表示G的边集，p_G表示G的始点。从这个定义可看出划分N_H完全确定了E_H和p_H，并因此确定了可达点图H。如果n是原始图G的一个结点，我们使用$[n]_H$表示n的等价类（或n的划分单元）。换言之，$n \in [n]_H \in N_H$。使用等价类记法，我们可以重新表述上面的等价关系如下：

$\langle [n]_H, [m]_H \rangle \in E_H$当且仅当$\exists n', m' \in N_G$使得$[n']_H=[n]_H$，$[m']_H=[m]_H$，$\langle n', m' \rangle \in E_G$。

结点划分图的一个例子是每个可达点图的单元素集的同构像。

定义 9.2.3 H是G的单元素集同构像（用$G^{(0)}$表示）当且仅当H是G的结点划分图，并且H的结点恰好是G的结点的单元素集。也就是，

$$\forall S(S \in N_H \leftrightarrow (\exists n \in N_G)(S = \{n\}))。$$

对于每个$n \in N_G$，映射$f(n) = \{n\}$生成了G和$G^{(0)}$之间的一个同构。现在我们准备定义迭代~-坍塌。固定一个正则互模拟~，对任意一个可达点图G，很明显~导出了N_G上的一个等价关系，我们用$R_{G,\sim}$表示这个等价关系。详言之，对任意的$m, n \in N_G$，$m R_{G,\sim} n \leftrightarrow G_m \sim G_n$。这就导出了下面的概念。

定义 9.2.4 可达点图 G 的一个结点 n 的~-等价类是下面的集合：

$$[n]_{G,\sim} = \{m \in N_G \mid G_m \sim G_n\}。$$

这些等价类生成了 G 的结点集的一个划分，并确定了一个唯一的结点划分图。

定义 9.2.5 令~是某个正则互模拟，对每个可达点图 G，G 的一次~-坍塌是具有下面结点集的结点划分图：

$$N = \{[n]_{G,\sim} \mid n \in N_G\}。$$

G 的一次~-坍塌用 G' 表示。

图 9.5 就是图 9.3 的一次~-坍塌，使用了等价类作为坍塌图的结点。

对每个正则互模拟~来说，$\sum_3$ 的∈-图只需一次坍塌就可以变成~-外延的。然而，对许多图来说，一次坍塌是不够的。例如考虑下面用 G_i 表示的图（图 9.6），在芬斯勒互模拟$\trianglelefteq^*$下，每个 G_i 需要 i 次$\trianglelefteq^*$-坍塌才能变成$\trianglelefteq^*$-外延的。

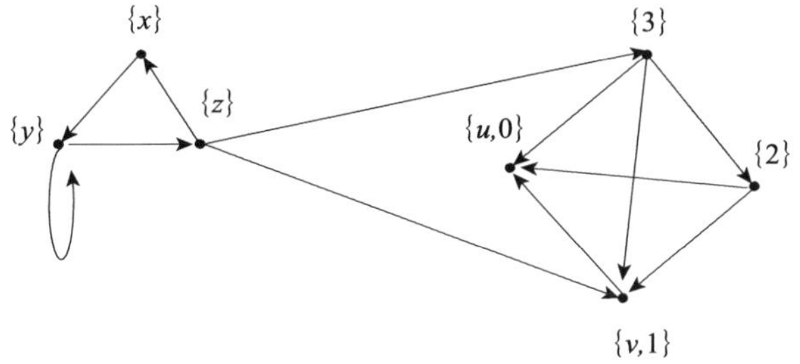

图 9.5 方程组$\sum_3$的∈-图的 1~-坍塌

为了处理这样的图，我们递归地定义一个可达点图 G 的第α ~-坍塌。基本的思想是从结点划分图 $G^{(0)}$开始，这是 G 的同构拷贝，被称为第 0~-坍塌。我们将迭代 G 的 1 次 ~-坍塌从而获得第α~-坍塌，记作 $G^{(\alpha)}$。如果α是序数β的后继，我们在 $G^{(\beta)}$上运用一次~-坍塌就得到 $G^{(\alpha)}$。如果α是一个极限序数，我们取先前结点坍塌所产生的等价类的并。因为一个可达点图 G 的每个结点划分图完全由 N_G 的划分确定，所以 $G^{(\alpha)}$是唯一的。

定义 9.2.6 令~是一个正则互模拟，G 是任意可达点图，G 的迭代~-坍塌对每个序数α进行定义，它们是 G 的结点划分图。结点等价类$[n]_{G,\alpha}$和第α~-坍塌 $G^{(\alpha)}$通过超穷归纳同时定义如下①：

$\alpha = 0$：对 G 中的每个结点 n，可达点图 $G^{(0)}$的结点$[n]_{G,0}$是 n 的单元素集；

$$[n]_{G,0}=\{n\};$$

$G^{(0)}= G$ 的结点划分图，它的结点集 $N_G{}^{(0)}= \{[n]_{G,0} \mid n \in N_G\}$。

$\alpha = \beta + 1$：对 G 的每个结点 n，可达点图 $G^{(\beta+1)}$的结点$[n]_{G,\beta+1}$是可达点图 $G^{(\beta)}$的结点$[n]_{G,\beta}$的~-等价类的并；

① Harnish S. 1998. GST: A Theory of Hyperset. Ph.D. Dissertation, Bluffton College: 45-46.

$$[n]_{G,\beta+1} = \cup[[n]_{G,\beta}]_{G^{(\beta)},\sim}$$
$$= \cup\{[m]_{G,\beta}\in N_G^{(\beta)} \mid G^{(\beta)}{}_{[m]_{G,\beta}} \sim G^{(\beta)}{}_{[n]_{G,\beta}}\}$$
$$= \{m \in N_G \mid G^{(\beta)}{}_{[m]_{G,\beta}} \sim G^{(\beta)}{}_{[n]_{G,\beta}}\};$$

$G^{(\beta+1)}= G$ 的结点划分图，它的结点集 $N_G^{(\beta+1)}=\{[n]_{G,\beta+1} \mid n \in N_G\}$。

$\alpha=$ 一个极限序数：对 G 的每个结点 n，可达点图 $G^{(\alpha)}$ 的结点$[n]_{G,\alpha}$是前面所得到的所有等价类$[n]_{G,\beta}$(对所有的$\beta<\alpha$)的并；

$$[n]_{G,\alpha}=\cup_{\beta<\alpha}[n]_{G,\beta}$$
$$=\cup\{[n]_{G,\beta}\in N_G^{(\beta)} \mid \beta<\alpha\};$$

$G^{(\alpha)}= G$ 的结点划分图，其结点集 $N_G^{(\alpha)}=\{[n]_{G,\alpha} \mid n \in N_G\}$。

为了强调正则互模拟，我们也可以用$[n]_{G,\sim,\alpha}$表示 $G^{(\alpha)}$ 的结点，使用 $G^{(\alpha,\sim)}$表示 G 的第α~-坍塌。相反，如果可达点图 G 在文中很清楚时，我们也往往用$[n]_\alpha$代替$[n]_{G,\alpha}$表示 $G^{(\alpha)}$的结点。

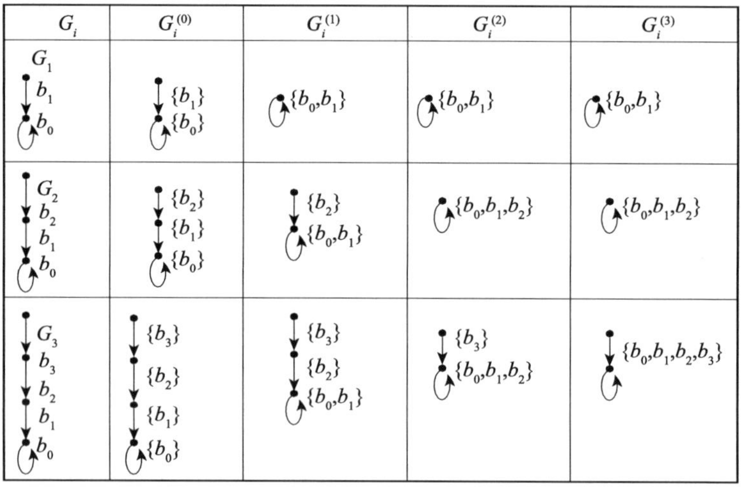

图 9.6　G_i 的迭代≌*-坍塌

现在我们可以完全描述图 9.6 中各个 G_i 的迭代坍塌了，下面给出 G_i 的自然扩张，即图 9.7，它需要第$\omega+1$≌*-坍塌才能得到≌*-外延图，然而只需要第 2≌^{t}-坍塌就能得到≌^{t}-外延图。

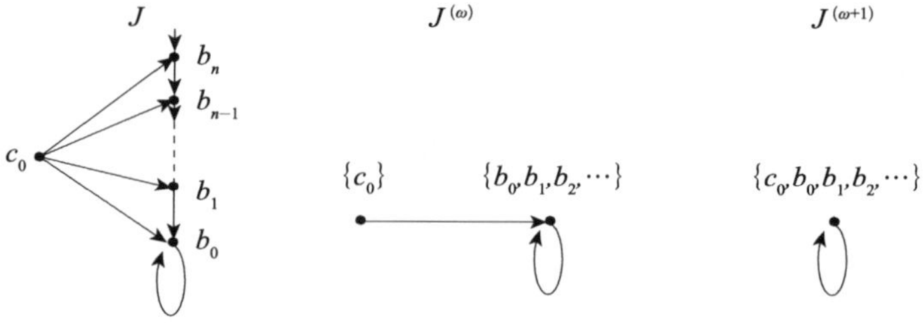

图 9.7　图 J 及其第ω+1≌*-坍塌

再看图 9.8，它需要第 $2\omega+1$ $\unlhd^*$-坍塌才能得到$\unlhd^*$-外延图，然而只需要第 3 $\unlhd^t$-坍塌就能得到$\unlhd^t$-外延图。

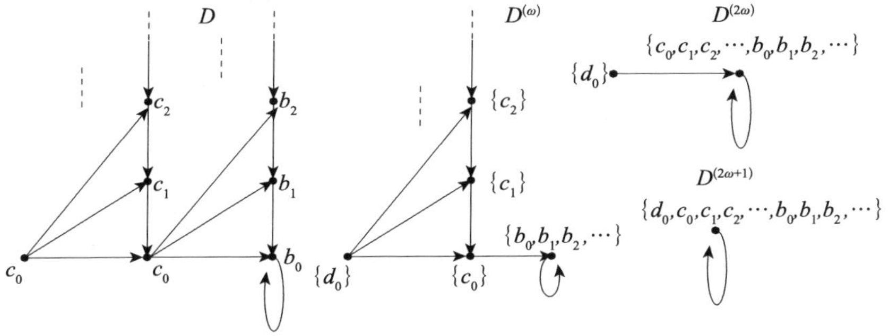

图 9.8　图 D 及其 $2\omega+1\unlhd^*$-坍塌

很容易证明可达点图 G 的第 2 ~-坍塌同构于 G 的坍塌的坍塌，即 $G^{(2)}\unlhd G''$。下面我们给出关于迭代坍塌的一个重要定理：不失不得边定理。

定理 9.2.1　假定~是一个正则互模拟，G 是一个可达点图，α是一个序数。那么 G 的迭代~-坍塌“既不失去也不能得到边”。具体地说：

（1）不失去边：如果 $m\to n\in E_G$，那么$[m]_\alpha\to[n]_\alpha\in E_G{}^{(\alpha)}$；

（2）没得到边：如果$[m]_\alpha\to[n]_\alpha\in E_G{}^{(\alpha)}$，那么对某个 $n'\in[n]_\alpha$，$m\to n'\in E_G$。

证明　哈里士《同构图集合论》第 46 页定理 96 在假定~是一个半正则互模拟时证明了上述结论①，因为半正则互模拟比正则互模拟弱，即半正则互模拟包含正则互模拟，这个定理的证明也可用于正则互模拟条件下的相关定理的证明之中，即这个结论对正则互模拟也成立，即上述定理 9.2.1 成立。

定理 9.2.2　假定~是一个正则互模拟，G 是一个可达点图，α和β是序数，n 是 G 的一个结点，那么下面的性质成立：

（1）$\beta<\alpha\Rightarrow[n]_{G,\beta}\subseteq[n]_{G,\alpha}$；

（2）$G^{(0)}\unlhd G$；

（3）$G^{(1)}=G'$；

（4）$G^{(\alpha+1)}\unlhd(G^{(\alpha)})'=(G^{(\alpha)})^{(1)}$；

（5）一般来说，$(G^{(\alpha)})^{(\beta)}\unlhd G^{(\alpha+\beta)}$；

（6）$(G_n)^{(\alpha)}\unlhd G^{(\alpha)}{}_{[n]_{G,\alpha}}$；

（7）对于 n 可达的每个结点 m，$(G_n)^{(\alpha)}{}_{[m]_{G_n,\alpha}}\unlhd(G_m)^{(\alpha)}\unlhd G^{(\alpha)}{}_{[m]_{G,\alpha}}$；

（8）对每个非零的序数α，

$$[n]_{G,\alpha}=\{m\in N_G|\ \text{对某个}\gamma<\alpha,\ G^{(\gamma)}{}_{[m]_{G,\gamma}}\unlhd G^{(\gamma)}{}_{[n]_{G,\gamma}}\}。$$

证明　哈里士《同构图集合论》第 48 页定理 97 在假定~是一个半正则互模拟

① Harnish S. 1998. GST: A Theory of Hyperset. Ph.D. Dissertation, Bluffton College: 96.

时证明了上述结论[①]，因为半正则互模拟比正则互模拟弱，即半正则互模拟包含正则互模拟，这个定理的证明也可用于正则互模拟条件下的相关定理的证明之中，即这个结论对正则互模拟也成立，即上述定理 9.2.2 成立。

二、完全坍塌

定义 9.2.7 如果 G 的迭代坍塌变成常量，那么 G 的最后的迭代~-坍塌被称为 G 的完全~-坍塌，用 $G^{(\#)}$ 表示。形式化地描述如下：

$G^{(\#)}=G^{(\alpha)}$，这里α是满足 $G^{(\alpha)}=G^{(\alpha+1)}$的最小序数。

下面的定理保证所有的可达点图都有完全~-坍塌。

定理 9.2.3 假定~是一个正则互模拟，G 是一个可达点图。如果κ是 N_G 的基数，那么 G 有一个完全的~-坍塌 $G^{(\#)}$，并且对某个$\alpha<\kappa^+$，$G^{(\#)}=G^{(\alpha)}$。

证明 哈里士《同构图集合论》第 48 页定理 99 在假定~是一个半正则互模拟时证明了上述结论[②]，因为半正则互模拟比正则互模拟弱，即半正则互模拟包含正则互模拟，这个定理的证明也可用于正则互模拟条件下的相关定理的证明之中，即这个结论对正则互模拟也成立，即上述定理 9.2.3 成立。

注意，一个~-外延的可达点图 G 只有不足道的~-坍塌，这是因为对每个序数 α，$G^{(\alpha)}=G^{(0)}\cong G$。

定理 9.2.4 对每个可达点图 G，它的完全~-坍塌 $G^{(\#)}$是~-外延的。

证明 如果 $G^{(\alpha)}=G^{(\#)}$，那么 $G^{(\alpha)}=G^{(\alpha+1)}$。假定 $G^{(\alpha)}{}_{[n]_\alpha}\sim G^{(\alpha)}{}_{[m]_\alpha}$，根据第$\alpha$+1~-坍塌定义可知$[n]_{\alpha+1}=[m]_{\alpha+1}$。但是 $G^{(\alpha)}=G^{(\alpha+1)}$，所以$[n]_\alpha=[n]_{\alpha+1}=[m]_{\alpha+1}=[m]_\alpha$。所以 $G^{(\alpha)}$是~-外延的，即 $G^{(\#)}$是~-外延的。

定理 9.2.5 假定~是一个正则互模拟，G 是一个可达点图，n 是 G 的任意结点，α是任一序数，那么下面的性质成立：

（1）如果 G 是~-外延的，那么 $G^{(\alpha)}\cong G$；

（2）如果 G_n 是~-外延的，那么 $G^{(\alpha)}{}_{[n]_\alpha}$ 是~-外延的。

证明 很容易证明，这里略。

第三节 AFA~解引理

一、典范装饰

令 G 是一个可达点图，那么在 ZFC⁻+ AFA~里可能有多个集合装饰 G。然而，仅仅一个集合提供典范且自然装饰。这个装饰是自然的，这是因为：原始可达点图 G 的边对应了装饰 G 的结点的集合之间的属于关系。如果我们进一步假定正则互模拟~描述了集合相等标准，那么对于任意的两个结点，如果它们的子图

① Harnish S. 1998. GST: A Theory of Hyperset. Ph.D. Dissertation, Bluffton College: 97.
② Harnish S. 1998. GST: A Theory of Hyperset. Ph.D. Dissertation, Bluffton College: 99.

具有~关系，那么它们应该有相同的装饰，因此，我们可以把这些结点放在 N_G 的同一个划分子集里，从而实现这些结点的同一化。迭代地进行~-坍塌最终会产生完全坍塌 $G^{(\#)}$，它是~-外延的可达点图。公理 AFA~断定这个~-外延的可达点图一定同构于某个唯一集合的典范图。下面我们定义一个映射，稍后将证明它是 G 的一个装饰。

定义 9.3.1 假设 AFA~，令 G 是一个可达点图。G 的典范装饰是定义域为 N_G 的映射 $d^{\sim}$，且满足对任一 $n \in N_G$，

$d^{\sim}(n)$=一个唯一的集合 a，且 a 的典范图 $G_a \cong (G_n)^{(\#)}$。

装饰 G 的始点的集合 $d^{\sim}(p_G)$ 被称为 G 的典范装饰集合，也称为 G 的典范集合。

定理 9.3.1 假设 AFA~，那么每个图都有唯一的典范装饰。

证明 对任一可达点图 G 和任一正则互模拟，G 的完全坍塌 $G^{(\#)}$ 是唯一的，并且由定理 9.2.4 可知，$G^{(\#)}$ 是~-外延的。公理 AFA~断定这个~-外延的可达点图一定同构于某个唯一集合的典范图，这个唯一集合就是 G 的典范装饰集合，所以 G 的典范装饰是唯一的。

二、典范解

我们将通过典范装饰得出方程和方程组的典范解，最终得到 AFA 解引理的扩展版——AFA~解引理。我们先定义单个方程的典范解，然后扩展到方程组的典范解。下面的定义中，用 TC(x)表示任一集合 x 的传递闭包。

定义 9.3.2 假定$\Sigma = \langle A, X, c, v\rangle$是一个方程组，并且 $x \in X$。不失一般性，我们假定 X 与 A 的传递闭包不相交。定义Σ的变量 x 的$\in$-图 $G_x = \langle p_x, N_x, E_x\rangle$如下：

（1）$p_x = x$;

（2）$V_x = \{y \in X \mid x$ 通过一个有穷的变元序列可达 $y\}$。换言之，$V_x = \{y \in X \mid X$ 中存在一个序列$\langle x_i\rangle_{i \leqslant k}$使得 $k \geqslant 0$，$x_0 = x$，$x_k = y$，并且$\forall i < k(x_{i+1} \in v(x_i))\}$；

（3）$C_x = \cup_{y \in V_x}\mathrm{TC}(c(y))$；

（4）$N_x = V_x \cup C_x$（也可以把 N_x 写成 N_{G_x}）；

（5）$E_x = \{\langle y, z\rangle \in V_x \times V_x \mid z \in v(y)\} \cup \{\langle y, z\rangle \in C_x \times C_x \mid z \in y\} \cup \{\langle y, z\rangle \in V_x \times C_x \mid z \in c(y)\}$（有时也把 E_x 写作 E_{G_x}）。

显然，结点集 N_x 是 x 可达的变元集和常量集的不相交的并。边集分成三类：第一类是由函数 v 规定的方程组中的变量有序对；第二类是由$\in$确定的 C_x 中的常量有序对；第三类是函数 c 规定的 $V_x \times C_x$ 中的有序对。这三组完全表达了所有的边的类型：从变元到变元，从常量到常量，从变元到常量。很显然，对每个变元 x，G_x 是一个可达点图。最后，我们方程组Σ的典范解定义为函数 $s^{\sim}$，使得对每个 $x \in X$，$s^{\sim}(x)$= 可达点图 G_x 的典范装饰集合。

例 9.3.1 方程组Σ_3的变元 x 的$\in$-图 G_x 如图 9.3 所示，G_x 在 AFA，SAFA 和

FAFA 下的完全坍塌$(G_x)^{(\#)}$是相同的，如图 9.5 所示。典范图同构于$(G_x)^{(\#)}$的那个唯一的集合就是 G_x 的典范装饰集合，因此也就是方程组Σ_3 的变元 x 的典范解。所以方程组Σ_3 的变元 x 在 AFA，SAFA 和 FAFA 下的典范解是相同的；进一步可得，方程组Σ_3 的每个变元在 AFA，SAFA 和 FAFA 下的典范解是相同的，因此Σ_3 在 AFA，SAFA 和 FAFA 下的典范解是相同的。

三、AFA~解引理

AFA 解引理有两个组成部分：存在性和唯一性。在 AFA~下，一个方程组可能有多个解，我们的 AFA~解引理将断定方程组典范解的存在性和唯一性。$s^{\sim}$的定义保证了唯一性。要保证存在性，就要证明 $s^{\sim}$确实是方程组的一个解。现在就来证明这个问题。

定理 9.3.2　假定$\Sigma = \langle A, X, c, v\rangle$是一个方程组，~是一个正则互模拟，假定 AFA~，那么定义 9.3.2 中的函数 $s^{\sim}$是Σ的一个解。因此每个方程组有一个唯一的典范解。

证明　固定某个$x \in X$，据定义9.1.2我们只需证明$s^{\sim}(x) = c(x) \cup \{s^{\sim}(y) \mid y \in v(x)\}$。

首先，我们证明 $s^{\sim}(x) \subseteq c(x) \cup \{s^{\sim}(y) \mid y \in v(x)\}$。令 $m \in s^{\sim}(x)$，那么 m 的典范图同构于 $s^{\sim}(x)$ 的典范图的一个子图，并且该子图的始点是其母图($s^{\sim}(x)$ 的典范图的)始点的一个直接后继。因为 $s^{\sim}(x)$ 是 G_x 的典范集，所以 $s^{\sim}(x)$ 的典范图同构于$(G_x)^{(\#)}$，因此 m 的典范图一定同构于$(G_x)^{(\#)}$的一个子图，并且子图的始点（设为$[n]_\#$，这里 $n \in N_x$）是其母图$(G_x)^{(\#)}$的始点$[x]_\#$的一个直接后继，即$[x]_\# \to [n]_\# \in E_{(G_x)^{(\#)}}$（因此 m 的典范图同构于$(G_x)^{(\#)}{}_{[n]_\#}$）。根据定理 9.2.1 没有得到边性质可知，存在某个 $n' \in [n]_\#$，$x \to n' \in E_x$（因此 m 的典范图同构于$(G_x)^{(\#)}{}_{[n']_\#}$）。由 G_x 的定义可知，$n' \in c(x)$或 $n' \in v(x)$。

假设 $n' \in c(x)$。由 G_x 的定义可知，n'的典范图就是$(G_x)_{n'}$，同构于$((G_x)_{n'})^{(\#)}$(因为$(G_x)_{n'}$是~-外延的)。根据定理 9.2.2 的第 6 条，$((G_x)_{n'})^{(\#)} \cong (G_x)^{(\#)}{}_{[n']_\#}$，再根据上述结论“$m$ 的典范图同构于$(G_x)^{(\#)}{}_{[n']_\#}$”，所以 m 的典范图与$((G_x)_{n'})^{(\#)}$同构，因此与$(G_x)_{n'}$同构，即 m 的典范图与 n'的典范图同构。因为典范图是~-外延的，AFA~保证每个~-外延的可达点图同构于一个唯一集合的典范图，所以 m 的典范图与 n' 的典范图同构于同一个集合的典范图，因此 $m = n'$。故 $m \in c(x) \subseteq c(x) \cup \{s^{\sim}(y) \mid y \in v(x)\}$。

假设 $n' \in v(x)$。我们用 Can(m)表示 m 的典范图，那么由上面我们已得知

$$\text{Can}(m) \cong (G_x)^{(\#)}{}_{[n']_\#} \cong ((G_x)_{n'})^{(\#)}。$$

现在我们来证明上述同构蕴涵了 $m = s^{\sim}(n')$。显然$((G_x)_{n'})^{(\#)} = (G_{n'})^{(\#)}$，并且它们都是~-外延的，AFA~保证了它们同构于唯一集合的典范图，所以$(G_{n'})^{(\#)}$只同构于 m 的典范图，故 m 是 $G_{n'}$的典范集，根据 $s^{\sim}$的定义可得 $s^{\sim}(n') = m$。因为 $n' \in v(x)$，所以 $m = s^{\sim}(n') \in \{s^{\sim}(y) \mid y \in v(x)\} \subseteq c(x) \cup \{s^{\sim}(y) \mid y \in v(x)\}$。这就完成了定理的第

一部分证明。

现在我们来证明 $c(x)\cup\{s^{\sim}(y)\,|\,y\in v(x)\}\subseteq s^{\sim}(x)$。令 $m\in c(x)\cup\{s^{\sim}(y)\,|\,y\in v(x)\}$，我们分两种情况进行证明。

假设 $m\in c(x)$，因为 m 是常量，根据 G_x 的定义，则 m 在 G_x 中的子图是~-外延的，因此在完全坍塌中保持~-外延性，即 $\mathrm{Can}(m)\cong(G_x)_m\cong((G_x)_m)^{(\#)}$，并根据定理 9.2.2（6），可知 $((G_x)_m)^{(\#)}\cong(G_x)^{(\#)}{}_{[m]_\#}$。因为 $m\in c(x)$，根据 G_x 的构造可知 $x\to m\in E_x$，据定理 9.2.1 的不失去边的性质，$[x]_\#\to[m]_\#\in E_{(G_x)^{(\#)}}$，所以 $[m]_\#$ 是 $(G_x)^{(\#)}$ 始点的一个后继。根据 $s^{\sim}$ 的定义，$\mathrm{Can}(s^{\sim}(x))\cong(G_x)^{(\#)}$，因此 $s^{\sim}(x)$ 一定有一个元素（记作 n）使得 $\mathrm{Can}(s^{\sim}(x))_n\cong(G_x)^{(\#)}{}_{[m]_\#}$，并因此 $\mathrm{Can}(s^{\sim}(x))_n\cong\mathrm{Can}(m)$。因为 $\mathrm{Can}(s^{\sim}(x))_n=\mathrm{Can}(n)$，所以 $\mathrm{Can}(n)\cong\mathrm{Can}(m)$，AFA~决定了 $n=m$，所以 m 也是 $s^{\sim}(x)$ 的一个元素。

假设 $m\in\{s^{\sim}(y)\,|\,y\in v(x)\}$，则对某个 $y\in v(x)$，$m=s^{\sim}(y)$。根据 $s^{\sim}$ 的定义，$\mathrm{Can}(m)\cong(G_y)^{(\#)}$。然而，根据 G_x 的定义，$x\to y\in E_x$，因此 $G_y=(G_x)_y$。我们有

$$\mathrm{Can}(m)\cong(G_y)^{(\#)}=((G_x)_y)^{(\#)}\cong(G_x)^{(\#)}{}_{[y]_\#},$$

并且 $[x]_\#\to[y]_\#\in E_{(G_x)^{(\#)}}$。根据 $s^{\sim}$ 的定义，$\mathrm{Can}(s^{\sim}(x))\cong(G_x)^{(\#)}$，因此 $s^{\sim}(x)$ 一定有一个元素（记作 n）使得 $\mathrm{Can}(s^{\sim}(x))_n\cong(G_x)^{(\#)}{}_{[y]_\#}=(G_y)^{(\#)}$。因为 $\mathrm{Can}(s^{\sim}(x))_n=\mathrm{Can}(n)$，$\mathrm{Can}(m)\cong(G_y)^{(\#)}$，所以 $\mathrm{Can}(n)\cong\mathrm{Can}(m)$，AFA~决定了 $n=m$，所以 m 也是 $s^{\sim}(x)$ 的一个元素。这就完了第二部分的证明。

例 9.3.2　例 9.1.1 的方程组 Σ_1 在 AFA，SAFA 和 FAFA 有相同的典范解 $s^{\sim}$，也就是 $s^{\sim}(x)=3$，$s^{\sim}(y)=2$。

例 9.3.3　例 9.1.2 的方程组在 AFA，SAFA 和 FAFA 下有不同的典范解。在 AFA 下每个变元被指派为 Ω；在 SAFA 下，变元 x 的典范解被指派为一个两元素集合，该集合的典范图如图 9.2 中的 G_b 所刻画；在 FAFA 下，变元 x 的典范解是一个三元素集合，该集合的典范图如图 9.2 中的 G_c 所刻画。

第三部分　模态逻辑、非良基集合与互模拟

第十章　基于互模拟的模态逻辑与非良基集合论之关系

本章借助互模拟讨论了模态逻辑与非良基集合论的关系。第一节介绍了模态逻辑的两种语义：克里普克模型和非良基集合模型，证明了这两种语义的相互可推演性，并比较了二者的外延关系；第二节从模型的视角讨论了集合上的互模拟与模态等价的关系。

本章的主要研究工作是：给出了模态逻辑的克里普克语义和集合论语义相互推演的过程，证明了“非良基集合模型描述了互模拟等价的克里普克模型类”和“模态逻辑在集合上的互模拟下具有不变性”，讨论了集合上的互模拟与模态等价的关系。

本章的主要参考文献是巴威斯和莫斯著《恶性循环》第 11 章①。

第一节　互模拟与模态逻辑语义

本节使用第二章第四节给出的模态语言 $\mathrm{ML}_\infty(\Diamond, \Phi)$（简写成 ML_∞），该语言的合式公式集用 $\mathrm{Form}_\infty(\Diamond, \Phi)$ 表示。多模态语言的情况是一个自然的推广。

一、模态逻辑的克里普克语义

定义 10.1.1　模态语言 $\mathrm{ML}_\infty(\Diamond, \Phi)$ 的克里普克模型 M 是一个三元组 $\langle W, R, V\rangle$，这里 W 是一个状态集，R 是 W 上的一个二元关系，V: $\Phi \to P(W)$ 是一个赋值函数，它给Φ的每个元素指派 W 的一个子集。一个点克里普克模型是一个有序对 $\langle M, w\rangle$，这里 M 是一个克里普克模型，$w \in W$。

定义 10.1.2　令 $M = \langle W, R, V\rangle$ 是模态语言 $\mathrm{ML}_\infty(\Diamond, \Phi)$ 的一个克里普克模型，$\mathrm{Form}_\infty(\Diamond, \Phi)$ 中的公式在 M 的某个状态 w 上的可满足关系定义如下：

$M, w \vDash p$ 当且仅当 $w \in V(p)$，这里 $p \in \Phi$；

$M, w \vDash \neg\varphi$ 当且仅当 $M, w \nvDash \varphi$；

$M, w \vDash \bigvee\Gamma$ 当且仅当存在 $\varphi \in \Gamma$，$M, w \vDash \varphi$，这里 $\Gamma \subseteq \mathrm{Form}_\infty(\Diamond, \Phi)$ 是集合；

$M, w \vDash \Diamond\varphi$ 当且仅当存在 $v \in W$，Rwv 并且 $M, v \vDash \varphi$。

如果以Φ作为本原集形成非良基集合的域 $V_{\mathrm{afa}}(\Phi)$，则使用 $V_{\mathrm{afa}}(\Phi)$ 中的集合，就可对上述的克里普克模型进行装饰，现在给出克里普克模型的装饰定义。

---

① Barwise J, Moss L. 1996. Vicious Circles: On the Mathematics of Non-well-founded Phenomena. Stanford: CSLI Publications: 131-158.

定义 10.1.3　令 $M = \langle W, R, V\rangle$是模态语言 $ML_\infty(\Diamond, \Phi)$ 的一个克里普克模型，它的一个装饰是一个函数 $d: W \to V_{afa}(\Phi)$，d 给 M 的每个状态 w 指派 $V_{afa}(\Phi)$ 中的一个集合，且满足

$$d(w) = \{d(v) \mid Rwv\} \cup \{p \in \Phi \mid w \in V(p)\}。$$

如果$\langle M, w\rangle$是一个点克里普克模型，d 是它的装饰，那么$\langle M, w\rangle$被称为 w 的装饰集 $d(w)$ 的图像。

令 $M = \langle W, R, V\rangle$是模态语言 $ML_\infty(\Diamond, \Phi)$ 的一个克里普克模型，d 是它的一个装饰，对 M 的任意状态 w 和对任意的公式$\varphi \in Form_\infty(\Diamond, \Phi)$，假设我们定义 $d(w) \vDash \varphi$为 $M, w \vDash \varphi$，那么可以证明下面的定理成立。

定理 10.1.1　令 $M = \langle W, R, V\rangle$是模态语言 $ML_\infty(\Diamond, \Phi)$ 的一个克里普克模型，d 是它的一个装饰，那么对 M 的任意状态 w 和对任意的公式$\varphi \in Form_\infty(\Diamond, \Phi)$，我们有

（1）$d(w) \vDash p$ 当且仅当 $p \in d(w)$，这里 $p \in \Phi$；

（2）$d(w) \vDash \neg\varphi$当且仅当 $d(w) \nvDash \varphi$；

（3）$d(w) \vDash \bigvee\Gamma$当且仅当存在$\varphi \in \Gamma$，$d(w) \vDash \varphi$，这里$\Gamma \subseteq Form_\infty(\Diamond, \Phi)$；

（4）$d(w) \vDash \Diamond\varphi$当且仅当存在 $v \in W$，$d(v) \in d(w)$ 并且 $d(v) \vDash \varphi$。

证明　（1）$d(w) \vDash p \Leftrightarrow M, w \vDash p \Leftrightarrow w \in V(p) \Leftrightarrow p \in d(w)$。这里第一步推导是根据 $d(w) \vDash \varphi$的定义，第二步推导依据定义 10.1.2，第三步推导依据定义 10.1.3。

（2）$d(w) \vDash \neg\varphi \Leftrightarrow M, w \vDash \neg\varphi \Leftrightarrow M, w \nvDash \varphi \Leftrightarrow d(w) \nvDash \varphi$。

（3）$d(w) \vDash \bigvee\Gamma \Leftrightarrow M, w \vDash \bigvee\Gamma \Leftrightarrow \exists\varphi \in \Gamma\, M, w \vDash \varphi \Leftrightarrow \exists\varphi \in \Gamma d(w) \vDash \varphi$。

（4）$d(w) \vDash \Diamond\varphi \Leftrightarrow M, w \vDash \Diamond\varphi \Leftrightarrow \exists v \in W(Rwv \wedge M, v \vDash \varphi) \Leftrightarrow \exists v \in W(d(v) \in d(w) \wedge d(v) \vDash \varphi)$。

定理 10.1.1 预示了模态逻辑的一种新的语义学：集合论语义学。

二、模态逻辑的集合论语义

考虑 $V_{afa}(\Phi)$，它是含有本原集Φ的非良基集合论的论域。我们在这样的集合上解释一个模态语言如下：如果一个原子语句 p 是某个集合的元素，那么它在那个集合上为真，否则它在那个集合上为假；模态算子解释为集合之间的属于关系。

定义 10.1.4　令 a 是 $V_{afa}(\Phi)$ 的任一集合, φ是 $Form_\infty(\Diamond, \Phi)$ 的任意公式，p 是Φ中的元素，定义φ在 a 上可满足如下关系：

$a \vDash p$ 当且仅当 $p \in a$；

$a \vDash \neg\varphi$当且仅当 $a \nvDash \varphi$；

$a \vDash \bigvee\Gamma$当且仅当存在$\varphi \in \Gamma$，$a \vDash \varphi$，这里$\Gamma \subseteq Form_\infty(\Diamond, \Phi)$是集合；

$a \vDash \Diamond\varphi$当且仅当存在集合 $b \in a$ 并且 $b \vDash \varphi$成立。

如果把 a 作为模型 M 的点 w 的装饰，那么定理 10.1.1 恰好同于定义 10.1.4。

这说明集合论语义是克里普克语义的一个推论。

我们也可从$ML_\infty(\Diamond, \Phi)$的集合论语义学推出$ML_\infty(\Diamond, \Phi)$的克里普克语义学。

定理 10.1.2　令$M = \langle W, R, V\rangle$是模态语言$ML_\infty(\Diamond, \Phi)$的一个克里普克模型，$w$是$W$的任意状态，$d$是$M$上的装饰函数，定义$M, w \vDash \varphi$为$d(w) \vDash \varphi$，根据定义10.1.4，可以证明下面的命题成立：

（1）$M, w \vDash p$ 当且仅当 $w \in V(p)$，这里$p \in \Phi$；

（2）$M, w \vDash \neg\varphi$当且仅当$M, w \nvDash \varphi$；

（3）$M, w \vDash \bigvee\Gamma$当且仅当存在$\varphi \in \Gamma$，$M, w \vDash \varphi$，这里$\Gamma \subseteq Form_\infty(\Diamond, \Phi)$是集合；

（4）$M, w \vDash \Diamond\varphi$当且仅当存在$v \in W$，$Rwv$并且$M, v \vDash \varphi$。

证明　（1）$M, w \vDash p \Leftrightarrow d(w) \vDash p \Leftrightarrow p \in d(w) \Leftrightarrow w \in V(p)$。这里第一步推导是根据$M, w \vDash \varphi$的定义，第二步推导是依据定义10.1.4，第三步推导依据的是定义10.1.3。

（2）$M, w \vDash \neg\varphi \Leftrightarrow d(w) \vDash \neg\varphi \Leftrightarrow d(w) \nvDash \varphi \Leftrightarrow M, w \nvDash \varphi$。

（3）$M, w \vDash \bigvee\Gamma \Leftrightarrow d(w) \vDash \bigvee\Gamma \Leftrightarrow \exists\varphi \in \Gamma\, d(w) \vDash \varphi \Leftrightarrow \exists\varphi \in \Gamma\, M, w \vDash \varphi$。

（4）$M, w \vDash \Diamond\varphi \Leftrightarrow d(w) \vDash \Diamond\varphi \Leftrightarrow \exists v \in W(d(v) \in d(w) \wedge d(v) \vDash \varphi) \Leftrightarrow \exists v \in W(Rwv \wedge M, v \vDash \varphi)$。

三、两种语义之间的关系

我们知道，模态公式是互模拟不变的，所以两个具有互模拟关系的克里普克模型的状态满足相同的模态公式；并且如果两个克里普克模型是互模拟的，那么它们就是模态等价的，即具有相同的模态理论。那么我们能否简化克里普克模型，使得互模拟的克里普克模型同一化呢？埃泽尔 1988 年提出的进程代数的模型就是这样的简化模型①，各布冉迪 1999 年提出的多主体认知逻辑模型也是这样的模型②。那么非良基集合模型是否也是这样的模型呢？

假设埃泽尔的非良基公理 AFA，我们先证明如下定理。

定理 10.1.3　令$M = \langle W, R, V\rangle$是模态语言$ML_\infty(\Diamond, \Phi)$的一个克里普克模型，$a$是$V_{afa}(\Phi)$的任一集合，那么下面的命题成立：

（1）每个点克里普克模型是一个唯一集合的图像；

（2）每个集合有一个模型作为它的图像；

（3）两个点克里普克模型是互模拟的当且仅当它们是同一个集合的图像，进一步，两个克里普克模型是互模拟的当且仅当装饰它们的集合是相同的；

（4）如果$\langle M, w\rangle$是集合a的一个图像，那么对于每个$\phi \in Form_\infty(\Diamond, \Phi)$

$$M, w \vDash \phi \quad 当且仅当 \quad a \vDash \phi。$$

证明　（1）$\langle M, w\rangle$是模态语言$ML_\infty(\Diamond, \Phi)$的任一点克里普克模型，根据 AFA，

① Aczel P. 1988. Non-Well-Founded Sets. Stanford: CSLI Publications: 71-100.

② Gerbrandy J. 1999. Bisimulations on Planet Kripke. Technical Report DS-1999-01, Institute for Logic, Language and Computation, University of Amsterdam: 25-34.

每个图有唯一装饰，点克里普克模型也是图，所以$\langle M,w\rangle$也有唯一装饰，设为 d，根据装饰的定义，$\langle M, w\rangle$就是 $d(w)$ 的图像。

（2）对于每个集合 $a\in V_{\mathrm{afa}}(\Phi)$来说，我们也可以把它转换成模态语言 $\mathrm{ML}_{\infty}(\Diamond,\Phi)$的一个克里普克模型。令 $W=\mathrm{TC}(\{a\})$，R 是 W 上的属于关系$\in$，V 是从Φ到 $P(W)$的一个赋值函数，且满足：对于任意的 $p\in\Phi$，任意的 $w\in W$，$w\in V(p)\Leftrightarrow p\in w$，那么 $M=\langle W,R,V\rangle$是模态语言 $\mathrm{ML}_{\infty}(\Diamond,\Phi)$的一个克里普克模型，并且它是以 a 为始点的点模型$\langle M,a\rangle$。这样的一个模型称为Φ上集合 a 的典范模型。$\langle M,a\rangle$就是集合 a 的图像。

（3）我们先证明后半部分。令 $M=\langle W,R,V\rangle$和 $M'=\langle W',R',V'\rangle$是模态语言 $\mathrm{ML}_{\infty}(\Diamond,\Phi)$的两个互模拟的克里普克模型，它们的装饰分别为 d 和 d'，设从 M 到 M'的全互模拟关系为 Z，所以一个模型中的每个状态总能在另一模型找到与之互模拟的状态，根据巴威斯和莫斯《恶性循环》[①]中的定理 10.8 可知互模拟状态的装饰是相同的，因此装饰这两个模型所用的集合也是相同的。形式化表示为：

$$d[W]=\{d(w)\mid w\in W\}=\{d'(w')\mid w'\in W'\}=d'[W']。$$

现在看第一部分的证明。令$\langle M,w\rangle$和$\langle M',w'\rangle$是模态语言 $\mathrm{ML}_{\infty}(\Diamond,\Phi)$的两个互模拟的点克里普克模型，所以 w 和 w'是互模拟的，根据上面的结论，装饰它们的集合是相同的，即 $d(w)=d'(w')$，因此$\langle M,w\rangle$和$\langle M',w'\rangle$是同一个集合的图像。

（4）假设$\langle M,w\rangle$是集合 a 的一个图像，d 是$\langle M,w\rangle$的装饰，即 $d(w)=a$。对于每个$\phi\in\mathrm{Form}_{\infty}(\Diamond,\Phi)$，我们归纳证明如下：

（i）$\phi=p\in\Phi$：

$$M,w\vDash p\Leftrightarrow w\in V(p)\Leftrightarrow p\in d(w)=a\Leftrightarrow a\vDash p。$$

（ii）$\phi=\neg\varphi$：

$$M,w\vDash\neg\varphi\Leftrightarrow M,w\nvDash\varphi\Leftrightarrow a\nvDash\varphi\Leftrightarrow a\vDash\neg\varphi。$$

（iii）$\phi=\bigvee\Gamma(\Gamma\subseteq\mathrm{Form}_{\infty}(\Diamond,\Phi))$：

$$M,w\vDash\bigvee\Gamma\Leftrightarrow\exists\varphi\in\Gamma\, M,w\vDash\varphi\Leftrightarrow\exists\varphi\in\Gamma\, a\vDash\varphi\Leftrightarrow a\vDash\bigvee\Gamma。$$

（iv）$\phi=\Diamond\varphi$：

$$M,w\vDash\Diamond\varphi\Leftrightarrow\exists v\in W(Rwv\wedge M,v\vDash\varphi)\Leftrightarrow\exists d(v)\in V_{\mathrm{afa}}(\Phi)\,(d(v)\in d(w)\wedge d(v)\vDash\varphi)\Leftrightarrow d(w)\vDash\Diamond\varphi\Leftrightarrow a\vDash\Diamond\varphi。$$

既然集合和它们的图像满足相同的模态公式，这意味着我们可以使用集合代替克里普克模型作为模态逻辑语义：不使用互模拟等价的整类克里普克模型，仅仅使用与该等价类相对应的一个集合作为模态逻辑的模型。上述证明了非良基集合模型描述了互模拟等价的克里普克模型类。

① Barwise J, Moss L. 1996. Vicious Circles: On the Mathematics of Non-well- founded Phenomena. Stanford: CSLI Publications: 129.

第二节　集合上的互模拟与模态等价

一、集合上的互模拟和模态等价的含义

定义 10.2.1　$V_{afa}(\Phi)$上的一个二元关系 S 是一个Φ-互模拟关系当且仅当对$V_{afa}(\Phi)$中的任意集合 a,b，如果 aSb，那么

（i）对每个集合 $c \in a$，存在一个集合 $d \in b$，使得 cSd；

（ii）对每个集合 $d \in b$，存在一个集合 $c \in a$，使得 cSd；

（iii）$a \cap \Phi = b \cap \Phi$。

定义 10.2.2　令 a,b 是 $V_{afa}(\Phi)$中的任意集合，如果对于任意的模态公式$\phi \in \text{Form}(\Diamond, \Phi)$（或 $\text{Form}_\infty(\Diamond, \Phi)$），$a \vDash \phi \Leftrightarrow b \vDash \phi$，那么称 a 和 b 相对于模态语言 $\text{ML}(\Diamond, \Phi)$（或 $\text{ML}_\infty(\Diamond, \Phi)$）是模态等价的。

二、集合上的互模拟与模态等价的关系

我们知道模态公式在克里普克模型上的互模拟下具有不变性，那么采用集合论语义学，模态公式在集合上的互模拟下是否具有不变性呢？

定理 10.2.1　令 a, b 是 $V_{afa}(\Phi)$中任意集合，S 是 $V_{afa}(\Phi)$上的一个Φ-互模拟关系，且 aSb，那么对于任意的模态公式$\phi \in \text{Form}(\Diamond, \Phi)$，$a \vDash \phi \Leftrightarrow b \vDash \phi$。

证明　我们施归纳于公式ϕ的结构进行证明如下。

（i）$\phi = p$：

$$a \vDash p \Leftrightarrow p \in a \Leftrightarrow p \in a \cap \Phi \Leftrightarrow p \in b \cap \Phi \Leftrightarrow p \in b \Leftrightarrow b \vDash p。$$

（ii）$\phi = \neg\psi$：

$$a \vDash \neg\psi \Leftrightarrow a \nvDash \psi \Leftrightarrow b \nvDash \psi \Leftrightarrow b \vDash \neg\psi。$$

（iii）$\phi = \psi \vee \varphi$：

$$a \vDash \psi \vee \varphi \Leftrightarrow a \vDash \psi \vee a \vDash \varphi \Leftrightarrow b \vDash \psi \vee b \vDash \varphi \Leftrightarrow b \vDash \psi \vee \varphi。$$

（iv）$\phi = \Diamond\psi$：

$$a \vDash \Diamond\psi \Leftrightarrow \exists a' \in a \quad a' \vDash \psi \Leftrightarrow \exists b' \in b(a'Sb' \wedge b' \vDash \psi) \Leftrightarrow b \vDash \Diamond\psi。$$

很容易证明$\phi \in \text{Form}_\infty(\Diamond, \Phi)$，此结论也成立。

这个定理是独立于任何具体非良基公理的，我把这个定理称为模态逻辑在集合上的互模拟下不变性定理，它说明：在集合论语义学上，互模拟蕴涵了模态等价性。那么，$V_{afa}(\Phi)$上的两个集合是模态等价的是否蕴涵了它们是Φ-互模拟的呢？如果不作任何限制，这个结论不成立，如下面的定理所言。

定理 10.2.2　令ω是自然数（有穷序数）集，并且令$\omega^* = \omega \cup \{\omega^*\}$。那么$\omega^*$和$\omega$满足相同的有穷模态公式$\varphi \in \text{Form}(\Diamond, \Phi)$，明显$\omega^*$和$\omega$不是$\Phi$-互模拟的，即按

照 AFA，它们不是相同的集合[①]。

证明 我们将证明，对于所有的有穷公式φ，下面是等价的：

（1）$\omega \vDash \varphi$;

（2）仅仅对于有穷大的 n 来说，$n \vDash \varphi$不成立；

（3）对于无穷大的 n，$n \vDash \varphi$;

（4）$\omega^* \vDash \varphi$。

对于原子公式φ，易证这个等价性：一个纯集合满足公式φ当且仅当φ是永真式$\top$。因此，对于原子公式来说，（1）~（4）是等价的。

现在假定（1）~（4）对φ是等价的。我们证明（1）~（4）对$\neg\varphi$是等价的。为此，我们将证明四个蕴涵式。

（1）⇒（2）：假定$\omega \vDash \neg\varphi$，因此$\omega \nvDash \varphi$。既然对于$\varphi$来说，（3）蕴涵（1），我们有（3）的否定。也就是说，仅仅存在无穷大的 n，使得 $n \vDash \varphi$。因此，对于所有有穷大的 n，$n \vDash \neg\varphi$。这就是（2）。

（2）⇒（3）：假定对于有穷大的 n，$n \vDash \neg\varphi$不成立，那么（3）对于φ不成立。既然对于φ来说，（2）蕴涵（3），可知对于有穷大的 n，$n \vDash \varphi$是成立的。因此，一定存在无穷大的 n 满足$\neg\varphi$，此即（3）。

（3）⇒（4）：假定存在无穷大的 n 使得 $n \vDash \neg\varphi$，那么（2）对于φ是假的。既然对于φ来说，（4）蕴涵（2），那么对于φ来说，我们有（4）的否定，这就意味着$\omega^* \nvDash \varphi$，因此$\omega^* \vDash \neg\varphi$。

（4）⇒（1）：假定$\omega^* \vDash \neg\varphi$。那么$\omega^* \nvDash \varphi$，因此$\omega \nvDash \varphi$，所以$\omega \vDash \neg\varphi$。

现在假定（1）~（4）的等价性对于φ和ψ成立。我们证明对于$\varphi \wedge \psi$，（1）⇒（2）；其他步骤如上，这里略。假设$\omega \vDash \varphi \wedge \psi$。因此，我们有 N，M 使得对于所有的 $n \geqslant N$，$n \vDash \varphi$; 并且对所有的 $n \geqslant N$，$n \vDash \psi$。那么，对于所有的 $n \geqslant \max\{N, M\}$，$n \vDash \varphi \wedge \psi$。

最后，我们证明等价性对于$\Diamond\varphi$成立。如果$\omega \vDash \Diamond\varphi$，那么存在某个 n 使得 $n \vDash \varphi$。那么，对于所有的 $m \geqslant n$ 来说，$m \vDash \Diamond\varphi$。因此（2）对于$\Diamond\varphi$成立。正如前所示，（2）总蕴涵（3）。假设（3）对于$\Diamond\varphi$成立，我们有至少一个 n，使得 $n \vDash \varphi$。因此，$\omega^* \vDash \Diamond\varphi$。这就证明了（3）⇒（4）。现在假定（4）对于$\Diamond\varphi$成立，我们分两种情况证明（1）：或者存在某个 $n \in \omega$，$n \vDash \psi$; 或者$\omega^* \vDash \varphi$。如果某个 n 满足φ，那么$\omega \vDash \Diamond\varphi$。如果$\omega^* \vDash \varphi$，那么由归纳假设，某个 n 满足φ。因此$\omega \vDash \Diamond\varphi$。

此定理告诉我们，在基本模态语言 Form$(\Diamond, \Phi)$中，集合上的模态等价性不蕴涵互模拟性。那么能否作一定的限制，使得在一定条件下模态等价性蕴涵互模拟性呢？答案是肯定的。我们可以从两个方面进行限制：模态语言和集合模型的类型。我们先对集合模型的类型进行限制，首先考虑遗传有穷的集合。

---

① Barwise J, Moss L. 1996. Vicious Circles: On the Mathematics of Non-well-founded Phenomena. Stanford: CSLI Publications: 135.

定义 10.2.3　令Φ是任意的本元集，令 a 是一个集合，$TC(a)$中的本元构成的集合为 $support(a)$。如果 $support(a)\subseteq\Phi$，并且每个集合 $b\in TC(\{a\})$都是有穷的，那么集合 a 被称为Φ上遗传有穷的。Φ上所有遗传有穷的集合类表示为 $HF^1(\Phi)$。

对于所有遗传有穷的集合类来说，我们有下面的定理。

定理 10.2.3　令 $a, b\in HF^1(\Phi)$。如果 a 和 b 满足相同的 $Form(\Diamond, \Phi)$-公式，那么 a 和 b 是Φ-互模拟的。

证明　定义 $HF^1(\Phi)$上的关系$\approx$为“$a\approx b$ 当且仅当 a 和 b 满足相同的 $Form(\Diamond, \Phi)$-公式”。现在证明$\approx$是 $HF^1(\Phi)$上的一个Φ-互模拟关系。假设 $a\approx b$，很明显，a 和 b 满足相同的原子命题，并且这些原子命题都在Φ中。根据集合论语义，a 和 b 就包含相同的本元，并且这些本元都在Φ中，即 $a\cap\Phi=b\cap\Phi$成立。

对任意的集合 $a'\in a$，需要找到一个集合 $b'\in b$ 使得 $a'\approx b'$。假设没有这样的 b'，那么对每个集合 $b'\in b$，都存在某个$\psi_{b'}$使得 $a'\vDash\psi_{b'}$且 $b'\nvDash\psi_{b'}$，即 $b'\vDash\neg\psi_{b'}$。注意 b 一定有集合元素，否则 $b\vDash\Box\bot$，这样会得出 $a\vDash\Box\bot$，这与假设集合 $a'\in a$ 相矛盾！因为 $b\in HF^1(\Phi)$，所以 b 只有有穷多个集合元素，故只有有穷多个这样的$\psi_{b'}$，所以就可以用逻辑合取词“$\wedge$”把所有这样的公式连接起来，从而形成一个 $Form(\Diamond, \Phi)$-公式，令这个公式为ψ。显然 $a'\vDash\psi$，所以 $a\vDash\Diamond\psi$。由已知 $a\approx b$，所以 $b\vDash\Diamond\psi$，这就要求存在一个集合 $b'\in b$，使得 $b'\vDash\psi$，但是 $b'\nvDash\psi$。因此对任意的集合 $a'\in a$，存在一个集合 $b'\in b$ 使得 $a'\approx b'$。同样我们可以证明：对于任意的集合 $b'\in b$，存在一个集合 $a'\in a$ 使得 $a'\approx b'$。

综上所述，a 和 b 是Φ-互模拟的。如果假设 AFA，那么 $a=b$。

这个定理和定理 10.2.1 一起说明：对于遗传有穷的集合类来说，集合上的模态等价性与互模拟是一致的。现在证明在语言 $Form_\infty(\Diamond, \Phi)$中，一致性也成立。

定理 10.2.4　令 $a, b\in V_{afa}(\Phi)$，如果 a 和 b 满足相同的 $Form_\infty(\Diamond,\Phi)$-公式，那么它们是$\Phi$-互模拟的。

证明　定义 $V_{afa}(\Phi)$上的关系$\approx$为“$a\approx b$ 当且仅当 a 和 b 满足相同的 $Form_\infty(\Diamond, \Phi)$-公式”。现在证明$\approx$是 $V_{afa}(\Phi)$上的一个Φ-互模拟关系。假设 $a\approx b$，很明显，a 和 b 满足相同的原子命题，并且这些原子命题都在Φ中。根据集合论语义，a 和 b 就包含相同的本元，并且这些本元都在Φ中，即 $a\cap\Phi=b\cap\Phi$成立。

对任意的集合 $a'\in a$，我们需要找到一个集合 $b'\in b$ 使得 $a'\approx b'$。假设没有这样的 b'，那么对每个集合 $b'\in b$，都存在某个$\psi_{b'}$使得 $a'\vDash\psi_{b'}$且 $b'\nvDash\psi_{b'}$，即 $b'\vDash\neg\psi_{b'}$。同样 b 一定有集合元素。用无穷合取词“$\bigwedge$”把所有这样的公式连接起来，从而形成一个 $Form_\infty(\Diamond, \Phi)$-公式$\psi=\bigwedge\{\psi_{b'}|b'\in b\}$。显然 $a'\vDash\psi$，所以 $a\vDash\Diamond\psi$。由已知 $a\approx b$，所以 $b\vDash\Diamond\psi$，这就要求存在一个集合 $b'\in b$，使得 $b'\vDash\psi$，但是 $b'\nvDash\psi$。因此对任意的集合 $a'\in a$，存在一个集合 $b'\in b$ 使得 $a'\approx b'$。同样我们可以证明：对于任意的集合 $b'\in b$，存在一个集合 $a'\in a$ 使得 $a'\approx b'$。

综上所述，a 和 b 是Φ-互模拟的。如果假设 AFA，那么 $a = b$。

这个定理和定理 10.2.1 一起说明：对于无穷模态语言 $\mathrm{Form}_{\infty}(\Diamond, \Phi)$ 来说，集合上的模态等价性与互模拟是一致的。

参 考 文 献

一、著作

范本特姆．2008．逻辑、信息和互动．刘奋荣，余俊伟等译．北京：科学出版社

李娜．2006．数理逻辑的思想与方法．天津：南开大学出版社.

王世强．1984．模型论基础．北京：科学出版社.

张家龙．2002．模态逻辑与哲学．北京：中国社会科学出版社.

张锦文．1999．公理集合论导论．北京：科学出版社.

张清宇，郭世铭，李小五．1997．哲学逻辑研究．北京：社会科学文献出版社.

Aczel P. 1988. Non-Well-Founded Sets. Stanford: CSLI Publications.

Atanassov K T, Gargov G.1990. Intuitionistic fuzzy logic. Comptes Rendus de l'Academie bulgare des Sciences, 3: 9-12.

Bartlett S J, Suber P. 1987. Self-reference: Reflections on Reflexivity. New York: Springer.

Barwise J, Etchemendy J. 1987. The Liar: An Essay in Truth and Circularity. Oxford: Oxford University Press.

Barwise J, Moss L. 1996. Vicious Circles: On the Mathematics of Non-well-founded Phenomena. Stanford: CSLI Publications.

Barwise J, Perry J. 1999. Situations and Attitudes. Stanford: CSLI Publications.

Barwise J. 1975. Admissible Sets and Structures. New York: Springer.

Blackburn P, de Rijke M, de Venema Y . 2001. Modal Logic. Cambridge: Cambridge University Press.

Chang C C, Keisler H J. 1990. Model Theory. Amsterdam: North-Holland Press.

Clark M. 2002. Paradoxes from A to Z. New York: Routledge.

Devlin K. 1984. Constructibility. New York: Springer.

Devlin K. 1993. The Joy of Sets. New York: Springer.

Erickson G W, Fossa J A. 1998. Dictionary of Paradoxes. Lanham: University Press of America.

Fagin R, Halpern J Y, Moses Y, et al. 1995. Reasoning about Knowledge. Cambridge: MIT Press.

Gabbay D M, Guenthner F. 2004. Handbook of Philosophical Logic.vol .11. New York: Springer.

Gardner M. 1984. Puzzles from Other Worlds: Fantastical Brain Teasers from Isaac Asimov's Science Fiction Magazine. New York: Vintage Books.

Gupta A, Belnap N. 1993. The Revision Theory of Truth. Cambridge: MIT Press.

Hrbacek K, Jech T. 1999. Introduction to Set Theory. 3rd ed. New York: Marcel Dekker Press, Inc.

Hughs G, Creswell M. 1984. A Companion to Modal Logic. New York: Methuen Press.

Jech T. 2002. Set Theory. New York: Spinger.

Koons K C. 1992. Paradoxes of Belief and Strategic Rationality. Cambridge: Cambridge University Press.

Kunen K. 1980. Set Theory. Amsterdam: North-Holland Press.

Martin R L. 1984. Recent Essays on Truth and the Liar Paradox. Oxford: Oxford University Press.

Milner R. 1989. Commuciation and Concurrency. Englewood Cliff: Prentice-Hall Inc.

Milner R. 1999. Commuciation and Mobile Systems: The π-Calculus. Cambridge: Cambridge University Press.

Moss L S. 2008. Non-Well-Founded Set Theory. Stanford: Encyclopedia of Philosophy.

Popkorn S. 1994. First steps in Modal Logic. Cambridge: Cambridge University Press.

Rescher N. 2001. Paradoxes: Their Roots, Range, and Resolution. Chicago: Open Court Publishing Company.

Sainsbury R M. 1995. Paradoxes. 2nd ed. Cambridge: Cambridge University Press.

Sangiorgi D. 2009. Bisimulation and Coinduction, part 1: Behavious, Fixed-points. Unpublished manuscript.

Smullyan R. 1983. 5000 B.C. and Other Philosophical Fantasies. New York: St. Martin's Press.

van Benthem J. 1996. Exploring Logical Dynamics. Stanford: CSLI Publications.

van Benthem J. 2007. Handbook of Modal Logic. Amsterdam: Elsevier Press.

Yablo S. 2006. Circularity and Paradox:Self-reference. Stanford: CSLI Press.

二、论文类

杜平，姚从军．2013．互模拟及其与模态等价之间的关系．毕节学院学报，31（8）：8-14.

杜文静．2010．反基础公理的模型研究．天津：南开大学.
贾国恒．2007．情境语义学及其解悖方案研究．南京：南京大学.
李娜，史璟．2009．集合论的反基础公理．哲学动态，(9)：100-105.
李娜，姚从军．2010．互模拟的一些基本性质．云南师范大学学报，42（5）：68-73.
李娜，姚从军．2010．互模拟理论的逻辑研究述评．哲学动态，(4)：104-107.
李娜，赵鹏．2011．解悖方法研究近况．哲学动态，(11)：100-103.
史璟．2009．论模态逻辑的集合论语义．逻辑学研究，2（4）：82-96.
王建芳．2002．语义悖论与情境语义学——论情境语义学对语义悖论的消解．南开大学博士学位论文.
熊明．2009．塔斯基定理与真理论悖论.中山大学博士学位论文.
姚从军，霍书全.2013.基于互模拟的两种模态逻辑模型构造方法及其应用.重庆理工大学学报，27（9）：13-20.
姚从军，李健.2013.基于互模拟和有界互模拟的模态逻辑模型之间的关系.毕节学院学报，31（4）：1-7.
姚从军．2009．互模拟与非良基集合．重庆工学院学报，23（8）：21-25.
姚从军．2009．模型等价性的一个充分必要条件．学术论坛，32（10）：27-30.
姚从军.2009.同构、P-态射、互模拟与模态等价性.西南大学学报，36(2)：64-69.
姚从军．2010．走进模态逻辑的互模拟．科学技术哲学研究，27（3）：36-39.
姚从军．2011．双模拟与模态逻辑．重庆理工大学学报，25（8）：77-82.
姚从军．2012．非良基公理的本质及其应用．湖北大学学报，39（5）：17-20.
姚从军．2012．基于互模拟的模态逻辑与非良基集合论之间的关系．毕节学院学报，30（1）：33-39.
姚从军．2012．双模拟及其一些基本性质．湖南科技大学学报，15（4）：35-37.
姚从军．2012．图的典范装饰与方程组的典范解．逻辑学研究，5（2）：75-87.
姚从军.2014.非良基公理及非良基集合论的域.湖南科技大学学报，17(1)：33-40.
张清宇．2005．循环并不可恶——《恶性循环：非良基现象的数学》评介．哲学动态，(4)：59-61.
周晓聪．2009．代数与共代数方法及其运用讲义．http://www.cs.sysu.edu. cn/ ~zxc/report/coalgebra.pdf [2009-10-10].
Abad J V. 2008. The inclosure scheme and the solution to the paradoxes of self-reference. Synthese, 160: 183-202.
Abramsky S. 1991. A domain equation for bisimulation. Inform and Comput, 92B

（2）: 161-218.

Aczel P. 1977. An introduction to inductive definitions// Jon Barwise, ed. Handbook of Mathematical Logic. Amsterdam: North Holland Press: 729-780.

Agassi J. 1964. Variations on the liar' s paradox. Studia Logic, 15: 237-238.

Antonelli G A. 1994. Non-Well-Founded sets via revision rules. Journal of Philosophical Logic, 23（6）: 633-679.

Atanassov. 1995. Remark on intuitionistic fuzzy logic and intuitionistic Logic. Mathware & Soft Computing, 2（2）: 151-156.

Baldan P. 1987. Bisimulation and abstract homomorphisms. Journal of Computer and System Sciences, 34（2）:210-235.

Baltag A. 1998. STS: A Structural Theory of Sets. PhD Dissertation, Indiana University.

Baltag A. 2002. A logic for suspicious players: Epistemic actions and belief updates in games. Bulletin of Economic Research, 54（1）: 307-378.

Barrett G, Lafortune S. 1998. Bisimulation, the supervisory control problem and strong model matching for finite state machines. Discrete Event Dynamic Systems: Theory and Application, 8: 377-429.

Barwise J, Moss L. 1991. Hypersets. The Mathematical Intelligencer, 13（4）: 31-41.

Barwise J, Perry J. 1981. Situations and attitudes. The Journal of Philosophy, 78（11）: 668-691.

Barwise J, Perry J. 1985. Shifting situations and shaken attitudes. Linguistics and Philosophy, 8: 105-161.

Barwise J. 1981. Scenes and other situations. The Journal of Philosophy, 78（7）: 369-397.

Bernardi C, D' Agostino G. 1996. Translating the hypergame paradox: Remarks on the set of founded elements of a relation. Journal of Philosophical Logic, 25: 545-557.

Bhave S V. 1992. The liar paradox and Many-valued logic. The Philosophical Quarterly, 42（169）: 465-479.

Bloom B, Istrail S, Meyer A R. 1987. Bisimulation can't be traced. Journal of the Acm, 42（1）:232-268.

Bochvar DA. 1938. On a three valued logical calculus and its application to the analysis of contradictions. Mathematicskij Sbornik（N.S.）, 4（46）: 287-308.

Briaiss, Nestmann U. 2006. Open bisimulation// Baeten J, Phillips I. Proceedings of the 12th Workshop on Express- iveness in Concurrency（EXPRESS'05）.

vol.154. New York: Springer: 109-123.

Busi N, van Glabbeek R, Gorrieri R. 1996. Axiomatising ST bisimulation equivalence. E-R.Olderog, 105: 169-188.

Christensen S, Hüttel, Stirling C. 1995. Bisimulation equivalence is decidable for all context-free processes. Information and Computation, 121（12）: 143-148

Church A. 1976. A comparison of russell's resolution of the semantical antinomies with that of Tarski. The Journal of Symbolic Logic, 41（4）: 747-760.

Clark M. 1999. Recalcitrant variants of liar paradox. Analysis, 59（2）: 117-126.

Cook R T. 2004. Patterns of paradox. The Journal of Symbolic Logic, 69（3）: 767-774.

de Giacomo G. Hennessy milner logic and bisimulation. 2003. http://www.dis.uniroma1.it/~degiacom/didattica/software-services/lectures/Lecture02-03/hennessymilnerbisimulation.pdf［2009-2-10］.

de Nicola R, Vaandrager F. 1995. Three logics for branching, bisimualtion.Journal of the Association for Computing Machinery, 42（2）: 458-487.

de Rijke M . 1992. The modal logic of inequality. Journal of Symbolic Logic, 57 : 566-584.

Doberkat E, Omodeo E. 2007. Investigations into theory and application of bisimulations in modal logic and concurrency theory. Ernst, 7（9）: 163-198.

Dovier A, Piazza C， Policriti A. 2004. An efficient algorithm for computing bisimulation equivalence. Theoretical Computer Science, 311（5）: 42-56.

Etchemendy J. 1988. Tarski on truth and logic consequence. The Journal of Symbolic Logic, 53（1）: 51-79.

Fagin R, Halpern J Y, Vardi M Y. 1991. A model-theoretic analysis of knowledge. Journal of the Association for Computing Machinery, 38（2）:382-428.

Fagin R. 1994. A quantitative analysis of modal logic. The Journal of Symbolic Logic, 59（1）:209-252.

Finsler P. 1972. Uber die grundlagen der mengenlehre. I.Math Zeitschrift, 25: 683-713.

Fisler K, Vardi M Y. 2002. Bisimulation minimization and symbolic model checking. Formal Methods in System Design, 21: 39-78.

Fitting M. 2002. Bisimulation and boolean vectors. Advances in Modal logic, 4（2）: 35-57.

Forti M, Honsell F. 1983. Set theory with free construction principles. Annali Scuola Normale Supeiore di Pisa, Classe di Scienze, 10: 493-522.

French T. 2005. Bisimulation quantified logics: Undecidability//Proceedings of

FSTT- CS'05, LNCS.Vol. 3821. New York: Springer: 396-407.

French T. 2006. Bisimulation quantified modal logics: Decidability. Advances in Modal Logic, 6: 147-166.

Gaifman H. 1992. Pointers to truth. The Journal of Philosophy, 89: 223-261.

Gentilini R, Plazza C, Policriti A. 2003. From bisimulation to simulation: Coarsest partition probolems. Journal of Automated Reasoning, 31: 73-103.

Gerbrandy J. 1999. Bisimulations on planet kripke. Technical Report DS-1999-01, Institute for Logic, Language and Computation, University of Amsterdam.

Giovanna D' Agostino G. 1998. Modal logic and Non-Well-Founded Set Theory: Translation, Bisimulation, Interpolation. Ph.D thesis, University of Amsterdam.

Giovanna D'Agostino, Lenzi G. 2005. An axiomatization of bisimulation quantifiers via the μ-calculus. Theoretical Computer Science, 338（3）: 119-132.

Gupta A. 1982. Truth and paradox . Journal of Philosophical Logic, 11: 1-60.

Hajek P, Paris J, Shepherdson J. 2000. The liar paradox and fuzzy logic. The Journal of Symbolic, 65（1）: 339-346.

Harnish S. 1998. GST: A Theory of Hyperset. Ph.D.Dissertation, Bluffton College.

Hart W D. 1992. On Non-Well-Founded sets. Critica: Revista Hispanoamericana de Filosofoa, 24（72）: 3-21.

Hennessy M, Milner R. 1985. Algebraic laws for nondeterminisim and concurrency. JACM, 32（1）:137-161.

Hennessy M. 2002. An introduction to bisimulation theory. Lecture notes, University of Sussex.

Herzberger H G. 1967. The truth-conditional consistency of natural languages. The Journal of Philosophy. 64（2）: 29-35.

Herzberger H G. 1982. Naive semantics and the liar paradox. The Journal of Philosophy, 79（9）: 479-497.

Hodges W, Erik C.W.Krabbe E C W. 2002. Dialogue foundation. http://www.ozsl.uu.nl/articles/krabbe02.pdf [2012-12-15].

Hollenberg M J. 1998. Logic and Bisimulation. Ph.D.Dissertation, University of Utrecht.

Hollenberg M. 1995. Hennessy-Milner classes and process algebra// Ponse A, de Rijke M , de Venema Y, ed. Modal logic and Process Algebra: A Bisimulation Perspective. Vol. 53. Stanford: CSLI Publication: 187-216.

Jeffrey A, Rathke J. 1999. Towards a theory of bisimulation for local names. LICS, 215（8）:128-146.

Kang E. 2008. Bisimulation and modal logic. http://math.mit.edu/~rosen/18.504/bisimulation.pdf [2008-12-12].

Kauffman L H. 1999. Virtual logic—the metagame paradox. Cybernetics & Human Knowing, 6（4）: 73-79.

Keene G B. 1983. Self-referent, inference and the liar paradox. Mind, 92（367）: 430-433.

King P J. 1994. Reconciling austinian and russellian accounts of liar paradox. Journal of Philosophical Logic, 23: 451-494.

Kripke S. 1975. Outline of a theory of truth. The Journal of Philosophy, 72（19）: 690-716.

Li N, Du W. 2009. Axioms of extensionality of Non-Well-Founded sets. Studies in Logic, 2（3）: 28-36.

Lurie J. 1999. Anti-admissible sets. The Journal of Symbolic Logic, 64（2）: 407-435.

Makkai M. 1977. Admissible sets and infinitary logic//Jon Barwise ed. Handbook of Mathematical Logic. Amsterdam: North-Holland Press: 233-280.

Malcolm G. 1996. Behavioural equivalence, bisimulation, and minimal realization// M. Haveraacn, O.Owe, O.J.Dahl. Recent Trends in Data Type Specification, Notes Comp Sci. Berlin: Springer: 359-378.

Manuela L Bujorianu M L, Bujorianu M C.2008. Bisimulation, logic and reachability analysis for markovian systems. http://eprints.eemcs.utwente.nl/12112/01/MTNS08-02.pdf [2012-12-10].

Merro M, Nardelli F Z. 2003. Bisimulation proof methods for mobile ambients. // Baeten J C M, Lenstra J K, Parrow J. Lecture Notes in Computer Science. Vol. 2719. New York: Springer: 584-598.

Milner R, Sangiorgi D. 1992. Barbed bisimulation//Proc of 19-the International Colloqu ium on Automata, Languages and Programming（ICALP'92）, LNCS. Vol.623. New York: Springer: 135-159.

Milner R, Sangiorgi D. 1992. Techniques of weak bisimulation up-to// Caires L, Italiano G F, Monteiro L, Yung M. Lecture Notes in Computer Science. Vol. 3580. New York: Springer: 730-741.

Misra J. 2005. Notes on bisimulation. http://www.cs.utexas.edu/~cathyliu/395T-S07/ClassNotes.dir/Bisimulation.pdf [2009-12-10].

Moss L S 2008. Non-Well-Founded sets// Zalta E N, Nodelman U, Allen C. Stanford Encyclopedia of Philosophy. vol.15. Stanford: CSLI Publication: 35-72.

Moss L. 1989. Book review of "The liar: An essay on truth and circularity". American Mathematical Society, 20（2）:25-26.

Nielsen M, Joyal A, Winskel G. 1996. Bisimulation from open maps. Information and Computation, 127: 164-185.

Nikolov N G. 2002. A fuzzy and intuitionistic fuzzy account of the liar paradox. Mathware & Soft Computing, 9（1）: 25-32.

Otto M. 2006. Bisimulation invariance and finite models. Notes in Logic, Logic Colloquium , 2:276-298.

Panangaden P. 2009. Notes on labelled transition systems and bisimulation. http://www. cs.mcgill.ca/~prakash/Courses/comp330/Notes/lts09.pdf [2009-12-12].

Patterson A. 1997. Bisimulation and propositional intuitionistic logic// Mazurkiewicz A, Winkowski J. Lecture Notes in Computer Science. Vol. 1243. New York: Springer:347-360.

Priest G. 1979. The logic of paradox. Journal of Philosophical Logic, 8: 219-241.

Priest G. 1994. The structure of the paradoxes of self-reference. Mind, 103: 25-34.

Rieger A. 2000. An argument for finsler-Aczel set theory. Mind, 109（434）: 241-253.

Sangiorgi D. 1998. On the bisimulation proof method. Journal of MSCS,（8）: 68-82.

Sangiorgi D. 2005. Bisimulation and coinduction: From the origins to today // Aceto L, Gordon A D. Algebraic Process Calculi: The first 25 years and beyond, BRICS NS-05-3. Vol.139. Amsterdam: Elsevier Press: 229-233.

Sangiorgi D. 2006. Bisimulation and coinduction: Some Problems. Electronic Notes in Theoretical Computer Science, 162: 311-315.

Sangiorgi D. 2007. On the origins of bisimulation and coinduction. Technical Report 24, Department of Computer Science, University of Bologna.

Schlenker P. 2007.The elimination of self-reference: Generalized yablo-series and the theory of truth . Journal of Philosophical Logic, 36: 251-307.

Scott D. 1960. A different kind of model of set theory. Unpublished paper presented at the 1960 Standford Congress of Logic, Methodology and Philosophy of Science.

Shehtman V. 2005. Filtration via bisimulation. Advances in Modal Logics, 5: 65-73.

Shoenfield J R. 1977. Axioms of set theory//Barwise J,ed. Handbook of Mathematical Logic. Amsterdam: North Holland Press: 321-344.

Silvano Dal-Zilios. 1999. A bisimulation for the blue calculus.Technical Report

3664, INR- IA.

Simmons K. 1994. Paradoxes of denotation. Philosophical Studeies, 76（1）: 71-106.

Smith N J. 2000. The principle of uniform solution（of the paradoxes of self-reference）. Mind, 109（433）: 117-122.

Smith S.1996. Hypersets. Ph.D. Dissertation. University of Cambridge.

Stern J M. 2007. Language and the self-reference paradox. Cybernetics & Human Knowing, 14（4）: 71-92.

Stirling C. 1999. Bisimulation, Modal logic, and model checking games. Logic Journal of the IGPL（Interest Group in Pure and Applied Logics）,（1）: 103-124.

Takashi N, Tomoko O, Tzouvaras A. 2003. Classification of Non-Well-Founded sets and an application. Math.Log.Quart, 49（2）: 187-200.

Tarski A. 1939. On undecidable statements in enlarged system of logic and the concept of truth. The Journal of Symbolic Logic, 4（3）: 105-112.

Tarski A. 1956. The concept of truth in formalized languages. Logic, Semantics and Metamathematics, 18（1）: 152-278.

Thomas J.Richards T J. 1967. Self-referential paradoxes. Mind, New Series, 76（303）: 387-403.

Väänänen J. 1999. A short course on finite model theory.http:// www.math. helsinki.fi/logic/people/jouko.vaananen/shortcourse.pdf [2012-2-10].

van Benthem J , Bonnay D. 2008. Modal logic and invariance. Journal of Applied on Classical Logics,18: 153-173.

van Benthem J. 1976. Modal Correspondence Theory. Ph.D.Dissertation, University of Amsterdam.

van Benthem J. 1996. Wider still and wider resetting the bounds of logic. //The European Review of Philosophy, 8（76）: 21-44.

van Benthem J. 1998. Program constructions that are safe for bisimulation. Studia Logica, 60: 311-330.

van Glabbeek R. 1993. The linear Time-Branching time spectrum II : The semantics of sequential processes with silent moves// Best E. Proceedings CONCUR'93, Springer LNCS. Vol.715. New York: Springer: 66-81.

Visser A. 1996. Uniform interpolation and layered bisimulation// Hajek P. Godel '96, Logical Foundations of Mathematics, Computer Science and Physics- Kurt Godel's Legacy. Berlin: Springer : 139-164.

William S.Zwicker W S. 1987. Playing games with games: The hypergame paradox. The American Mathematical Monthly, 94（6）: 507-514.

Yanofsky N S. 2003. A universal approach to self-referential paradoxes, incompleteness and fixed points. The Bulletin of Symbolic Logic, 9（3）: 362-386.
Ying M S. 2002. Bisimulation indexes and their applications. Theoretical Computer Science, 275: 1-68.

后　记

本书是我主持的国家社会科学基金一般项目“互模拟理论的逻辑研究”（项目批准号：12BZX060）的最终研究成果。

在20世纪80年代，人们在计算机科学、模态逻辑和集合论中大体上是同时并且独立地发现互模拟。目前，互模拟理论在这三个领域已经发挥了日益重要的作用。本书虽然为国家社会科学基金项目的最终成果，但很多方面还未涉及，也有一些研究不够深入，因此本人对互模拟的研究还会继续下去。

本书是集体智慧和劳动的结晶。本书的写作过程中得到了我的博士生导师李娜教授、博士后合作导师邹崇理研究员的悉心指导，可以说，本研究课题的选取、资料收集、写作、修改到最后完成都浸透着二位恩师的心血和汗水，在此表示衷心感谢！感谢给予我指导和帮助的林惠民院士、何向东教授、张清宇研究员、张家龙研究员、任晓明教授、翟锦程教授、张晓芒教授、田立刚教授、王左立教授、杜国平教授、刘奋荣教授、刘新文研究员！感谢国际著名的逻辑学家，荷兰的约翰·范本特姆（Johan van Benthem）教授、美国的史蒂芬·哈尼什（Stephen Harnish）教授和意大利的大卫·圣乔治（Davide Sangiorgi）教授给我提供指导意见，并为我寄来他们的文章或专著。还要感谢杰利·格布兰迪（Jelle Gerbrandy）教授、马丁·德·莱克（Maarten de Rijke）教授、米尔纳（R.Milner）教授、艾伯特·维瑟（Albert Visser）教授、奥尔本·蓬斯（Alban Ponse）教授、伊德·维尼玛（Yde Venema）教授、迪克伦·卡拉癸立安（Dikran Karagueuzian）教授、罗布·戈特布莱特（Rob Goldblatt）教授和马尔科·霍伦伯格（Marco Hollenberg）教授给我提供电子资料或者查阅资料的网址，这为本书的写作带来了极大的方便！同时，感谢课题组成员的共同努力！

在写作过程中，我广泛借鉴和吸收了中外专家、学者的研究成果和资料，并注明出处，但无法避免挂一漏万，对可能的疏漏和大意之处，深表歉意；对参考文献的所有作者，深表感谢。

囿于作者的学识和理论水平，书中难免有不足之处，敬请各位专家、学者和同仁不吝赐教。

姚从军

2015 年 12 月